GÉOMÉTRIE ÉLÉMENTAIRE

André Gramain

GÉOMÉTRIE ÉLÉMENTAIRE

COLLECTION MÉTHODES

HERMANN, ÉDITEURS DES SCIENCES ET DES ARTS

André Gramain, né en 1943, est professeur à l'université de Tours.
Ses travaux se situent dans le domaine de la topologie différentielle.

Nouveau tirage 1999

ISBN 2 7056 6333 9

Table

Avant-propos

Cet ouvrage est issu d'un cours professé en licence de mathématiques, troisième année d'études universitaires en France. Il est destiné à des étudiants, futurs professeurs, qui auront à enseigner la géométrie dans les lycées. C'est un exposé descriptif des concepts de la géométrie élémentaire, utilisant les connaissances d'algèbre linéaire et d'analyse des premières années d'université. Le cadre de l'exposé est un espace vectoriel euclidien. Il s'agit surtout de géométrie plane, à l'exception d'un exposé général de géométrie affine et de l'étude des isométries de l'espace de dimension trois. Les méthodes analytiques de la géométrie cartésienne sont utilisées progressivement dans l'esprit d'une initiation d'usagers peu experts.

Dans les deux premiers chapitres, on traite de la géométrie métrique plane. L'étude des matrices orthogonales permet la définition des angles, des rotations et des symétries. La géométrie du triangle, et des points remarquables qui lui sont attachés, est traitée soit dans le texte, soit en exercices.

Dans le troisième chapitre, la structure d'espace affine est introduite. Les transformations affines, projections, symétries, homothéties et translations, donnent un nouveau style aux démonstrations. Le quatrième chapitre est consacré aux isométries dans un espace de dimension trois. L'introduction des quaternions permet de décrire la topologie des groupes orthogonaux en dimension trois et quatre. Les similitudes sont abordées au cinquième chapitre. Là encore, il s'agit surtout de géométrie plane.

Le sixième chapitre est une étude relativement élémentaire des cercles dans le plan (puissance d'un point, orthogonalité), et de l'inversion.

L'objectif principal est de résoudre un certain nombre de problèmes de constructions géométriques.

Le chapitre VII introduit le birapport et les homographies de la droite. Il doit être considéré comme une initiation à la géométrie projective. On y reprend la conjugaison harmonique, placée antérieurement en exercices au troisième chapitre, avec une vision plus globale.

Les coniques font l'objet des deux derniers chapitres ; l'un expose les divers modes de définition des coniques relatifs aux foyers et directrices, le second aborde analytiquement l'étude des coniques projectives et des faisceaux de coniques. On y retrouve, avec un autre point de vue, certains résultats établis antérieurement.

On a essayé de rendre l'ouvrage plus facile à consulter en veillant, au prix de redites, à l'autonomie des chapitres ou même des paragraphes. Les exercices qui accompagnent chaque chapitre sont des applications du développement du chapitre. Ils traitent pour la plupart de résultats classiques qui complètent le cours. Certains sont repris dans le développement d'un chapitre ultérieur. Une bibliographie importante, mais limitée, doit servir de guide à l'étudiant "qui veut en savoir plus". Pour la commodité du lecteur, la fin d'une démonstration est signalée par une double barre verticale : || .

CHAPITRE I

LE PLAN VECTORIEL EUCLIDIEN

Les deux premiers chapitres sont consacrés à la géométrie euclidienne plane, en particulier à la géométrie du triangle. Le modèle de plan euclidien adopté est le plan vectoriel $\mathbf{R}^2$ muni du produit scalaire et de la distance usuels. Le premier chapitre introduit les notions d'algèbre linéaire et bilinéaire, et d'analyse, nécessaires, tandis que le second chapitre est à proprement parler géométrique

Partant de la définition du produit scalaire de $\mathbf{R}^2$, et de la norme euclidienne, on étudie en détail le groupe des matrices orthogonales 2×2. La notion d'angle résulte de cette étude. Pour introduire la mesure des angles, nous avons seulement supposé le lecteur familier avec la théorie élémentaire de la convergence des séries entières. L'exponentielle complexe et les fonctions trigonométriques sont définies comme sommes de séries, et leurs propriétés d'addition sont établies. On a donné une démonstration complète du fait que l'application $\theta \mapsto e^{i\theta}$ est un revêtement du cercle par la droite. La définition du nombre π et la mesure des angles reposent sur ce théorème. Quelques notions sur les opérations de groupes, qui peuvent éclairer le lecteur, ont été données en exercice. Par analogie avec le groupe orthogonal, le groupe de Lorentz est traité en exercice.

Le deuxième chapitre étudie les isométries du plan. Une partie de la géométrie élémentaire du triangle y est abordée, en liaison avec le théorème de l'angle inscrit. Cette étude est complétée dans les chapitres suivants à l'aide des homothéties et de la notion de barycentre.

1. Produit scalaire et norme euclidienne de $\mathbf{R}^2$

Un élément de $\mathbf{R}^2$ est un couple (x_1, x_2) de deux nombres réels. Un élément de $\mathbf{R}^2$ est appelé *vecteur* et noté $\vec{x}$, avec une petite flèche, lorsque l'on fait appel à la structure d'espace vectoriel de $\mathbf{R}^2$. Lorsque $\mathbf{R}^2$ est seulement le cadre de questions affines, on parle de *points* et on omet la flèche. L'espace vectoriel $\mathbf{R}^2$ est appelé plan vectoriel réel ; les sous-espaces vectoriels de dimension 1 sont appelés droites vectorielles. La base de l'espace vectoriel $\mathbf{R}^2$ constituée des vecteurs $\vec{\epsilon}_1 = (1,0)$ et $\vec{\epsilon}_2 = (0,1)$ est appelée base canonique.

DÉFINITION 1. – *Soient* $\vec{x} = (x_1, x_2)$ *et* $\vec{y} = (y_1, y_2)$ *deux éléments de* $\mathbf{R}^2$. *On appelle* produit scalaire *de* $\vec{x}$ *et* $\vec{y}$ *le nombre réel noté* $\vec{x} \cdot \vec{y}$ *ou* $< \vec{x}, \vec{y} >$, *défini par*

$$\vec{x} \cdot \vec{y} = x_1 y_1 + x_2 y_2 .$$

Soient $\vec{x}$, $\vec{y}$, $\vec{z}$ des vecteurs de $\mathbf{R}^2$ et λ un nombre réel. On a

$$\vec{x} \cdot \vec{y} = \vec{y} \cdot \vec{x}, \tag{1}$$

$$(\vec{x} + \vec{y}) \cdot \vec{z} = \vec{x} \cdot \vec{z} + \vec{y} \cdot \vec{z}, \tag{2}$$

$$(\lambda \vec{x}) \cdot \vec{y} = \lambda (\vec{x} \cdot \vec{y}) . \tag{3}$$

Pour tout vecteur $\vec{x} = (x_1, x_2)$ de $\mathbf{R}^2$, le carré scalaire $\vec{x}^{\,2} = \vec{x} \cdot \vec{x}$ est le nombre réel positif ${x_1}^2 + {x_2}^2$. On pose

$$||\vec{x}|| = \sqrt{\vec{x} \cdot \vec{x}} = \sqrt{{x_1}^2 + {x_2}^2} . \tag{4}$$

PROPOSITION 1. – *On a les propriétés suivantes pour* $\vec{x}$ *et* $\vec{y} \in \mathbf{R}^2$, *et* $\lambda \in \mathbf{R}$:

$||\vec{x}|| \geq 0$, *et* $||\vec{x}|| = 0$ *équivaut à* $\vec{x} = 0$,

$||\lambda \vec{x}|| = |\lambda| \, ||\vec{x}||$,

$||\vec{x} + \vec{y}|| \leq ||\vec{x}|| + ||\vec{y}||$.

Les deux premières propriétés résultent immédiatement de la relation (4). La troisième sera démontrée comme conséquence de la proposition 2 qui suit.

PROPOSITION 2. – *Pour tous* $\vec{x}$ *et* $\vec{y} \in \mathbf{R}^2$, *on a*

$$|\vec{x} \cdot \vec{y}| \leq ||\vec{x}|| \, ||\vec{y}|| .$$

Démontrons d'abord la proposition 2. Soient $\vec{x}$ et $\vec{y}$ deux vecteurs non nuls de $\mathbf{R}^2$, et λ un nombre réel. En utilisant la bilinéarité du produit scalaire, on obtient

$$(\lambda \vec{x} + \vec{y})^2 = (\lambda \vec{x} + \vec{y}) \cdot (\lambda \vec{x} + \vec{y}) = \vec{x}^{\,2} \lambda^2 + 2 (\vec{x} \cdot \vec{y}) \lambda + \vec{y}^{\,2} .$$

Ainsi, le carré scalaire $(\lambda \vec{x} + \vec{y})^2$ s'exprime comme un polynôme du second degré en λ. Comme un carré scalaire est ≥ 0 pour toute valeur réelle de λ, le discriminant de ce trinôme est ≤ 0. On a donc

$$(\vec{x} \cdot \vec{y})^2 - \vec{x}^{\,2} \, \vec{y}^{\,2} \leq 0 ,$$

d'où la proposition 2. ||

On peut démontrer maintenant la dernière assertion de la proposition 1. En développant comme plus haut $(\vec{x}+\vec{y})^2$, et en appliquant la proposition 2, on a

$$\begin{aligned} \|\vec{x}+\vec{y}\|^2 &= \|\vec{x}\|^2 + 2\,\vec{x}\cdot\vec{y} + \|\vec{y}\|^2, \\ &\leq \|\vec{x}\|^2 + 2\,\|\vec{x}\|\,\|\vec{y}\| + \|\vec{y}\|^2, \\ &\leq (\|\vec{x}\| + \|\vec{y}\|)^2. \end{aligned}$$ ||

La proposition 2 exprime que $x \mapsto \|\vec{x}\|$ est une *norme* sur $\mathbf{R}^2$. Cette norme est appelée *norme euclidienne* car elle permet de définir la distance usuelle de la géométrie élémentaire. On dit que le nombre réel $\|\vec{x}\|$ est la norme, ou la longueur, du vecteur $\vec{x}$. On dit qu'un vecteur est *unitaire* si sa longueur vaut 1.

On dit que deux vecteurs $\vec{x}$ et $\vec{y}$ sont *orthogonaux* si leur produit scalaire $\vec{x}\cdot\vec{y}$ est nul.

PROPOSITION 3. – *L'ensemble des vecteurs de* $\mathbf{R}^2$ *qui sont orthogonaux à un vecteur* $\vec{x} \neq 0$ *est une droite vectorielle que l'on appelle droite vectorielle orthogonale à* $\vec{x}$.

En effet, l'application $\vec{y} \mapsto \vec{x}\cdot\vec{y}$ est une forme linéaire non nulle sur $\mathbf{R}^2$. Son noyau est un sous-espace vectoriel de codimension 1 dans $\mathbf{R}^2$, donc de dimension 1. ||

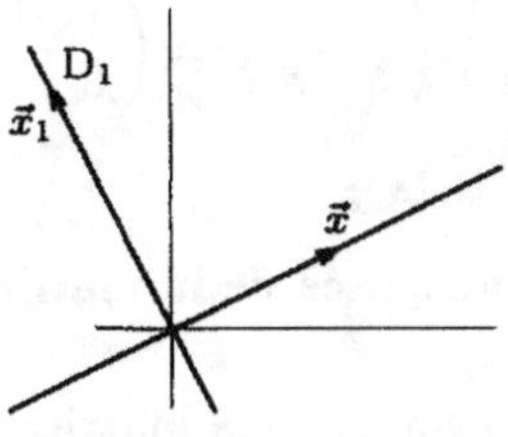

Soient D et D_1 deux droites vectorielles, et soient $\vec{x} \in D$, $\vec{x}_1 \in D_1$ deux vecteurs non nuls. Si $\vec{x}$ et $\vec{x}_1$ sont orthogonaux, tout vecteur de D est orthogonal à tout vecteur de D_1. En effet, on a

$$(\lambda\vec{x})\cdot(\lambda_1\vec{x}_1) = \lambda\lambda_1(\vec{x}\cdot\vec{x}_1) = 0.$$

Chacune des droites est la droite vectorielle orthogonale à tout vecteur non nul de l'autre. On dit que les droites vectorielles D et D_1 sont *orthogonales*. Leur intersection est réduite à 0 qui est le seul vecteur de $\mathbf{R}^2$ orthogonal à lui-même.

2. Matrices orthogonales

DÉFINITION 2. – *On dit qu'un couple* $(\vec{e}_1, \vec{e}_2)$ *de vecteurs est* orthonormal *si les vecteurs* $\vec{e}_1$ *et* $\vec{e}_2$ *sont unitaires et orthogonaux entre eux. Cela s'exprime par*

$$\|\vec{e}_1\| = \|\vec{e}_2\| = 1, \qquad \vec{e}_1 \cdot \vec{e}_2 = 0.$$

Deux vecteurs unitaires orthogonaux $\vec{e}_1$ et $\vec{e}_2$ ne peuvent être proportionnels. En effet, si l'on avait $\vec{e}_2 = \lambda \vec{e}_1$, on aurait $\vec{e}_1 \cdot \vec{e}_2 = \lambda \vec{e}_1 \cdot \vec{e}_1 = \lambda$, d'où $\lambda = 0$ et $\vec{e}_2 = 0$, ce qui est absurde. Tout couple orthonormal est donc une base de $\mathbf{R}^2$. On parlera volontiers de repère orthonormal au lieu de couple orthonormal.

Exemple. - La base canonique $(\vec{\epsilon}_1, \vec{\epsilon}_2)$ est un repère orthonormal. Les couples $(\pm\vec{\epsilon}_1, \pm\vec{\epsilon}_2)$ ou $(\pm\vec{\epsilon}_2, \pm\vec{\epsilon}_1)$ sont des repères orthonormaux.

Dans la suite, on note $M_2(\mathbf{R})$ l'algèbre des matrices carrées à deux lignes et deux colonnes, à coefficients réels.

DÉFINITION 3. – *On dit que la matrice* $A = \begin{pmatrix} a & c \\ b & d \end{pmatrix}$ *est* orthogonale *si les vecteurs colonnes* (a, b) *et* (c, d) *forment un couple orthonormal.*

La condition pour que la matrice A soit orthogonale peut s'expliciter sous diverses formes équivalentes.

(O1) $$a^2 + b^2 = 1, \qquad c^2 + d^2 = 1, \qquad ac + bd = 0,$$

(O2) $$\begin{pmatrix} a & b \\ c & d \end{pmatrix} \begin{pmatrix} a & c \\ b & d \end{pmatrix} = \begin{pmatrix} 1 & 0 \\ 0 & 1 \end{pmatrix}$$

(O3) $${}^tA\,A = 1_2,$$

où ${}^tA$ désigne la matrice transposée de la matrice A, et 1_2 la matrice unité à 2 lignes et 2 colonnes.

La condition (O3) exprime que la matrice ${}^tA$ est inverse à gauche de la matrice A. On sait qu'il est équivalent, pour une matrice carrée, de posséder une inverse à gauche ou une inverse à droite, et que ces inverses sont nécessairement égales. La condition (O3) est donc équivalente aux conditions suivantes :

(O4) $$A\,{}^tA = 1_2,$$

(O5) $$a^2 + c^2 = 1, \qquad b^2 + d^2 = 1, \qquad ab + cd = 0,$$

(O6) *la matrice* ${}^tA$ *est orthogonale.*

PROPOSITION 4. – *Pour que la matrice* A *soit orthogonale, il faut et il suffit que l'application linéaire de* $\mathbf{R}^2$ *dans* $\mathbf{R}^2$ *définie par* A *conserve le produit scalaire ; autrement dit que, pour tous vecteurs* $\vec{x}$ *et* $\vec{y}$ *de* $\mathbf{R}^2$, *on ait*

$$\mathrm{A}\vec{x} \cdot \mathrm{A}\vec{y} = \vec{x} \cdot \vec{y}.$$

Posons $\vec{e}_1 = \mathrm{A}\vec{\epsilon}_1$ et $\vec{e}_2 = \mathrm{A}\vec{\epsilon}_2$. Les vecteurs $\vec{e}_1$ et $\vec{e}_2$ sont les vecteurs colonnes de la matrice A . Supposons que l'application linéaire définie par A conserve le produit scalaire ; les vecteurs $\vec{e}_1$ et $\vec{e}_2$ forment alors un couple orthonormal, et la matrice est orthogonale par définition.

Inversement, supposons que les vecteurs $\vec{e}_1$ et $\vec{e}_2$ forment un couple orthonormal. Soient $\vec{x} = x_1\vec{\epsilon}_1 + x_2\vec{\epsilon}_2$ et $\vec{y} = y_1\vec{\epsilon}_1 + y_2\vec{\epsilon}_2$ deux vecteurs. On a alors

$$\mathrm{A}\vec{x} = x_1\vec{e}_1 + x_2\vec{e}_2, \qquad \mathrm{A}\vec{y} = y_1\vec{e}_1 + y_2\vec{e}_2,$$

d'où
$$\begin{aligned}\mathrm{A}\vec{x} \cdot \mathrm{A}\vec{y} &= x_1y_1\,\vec{e}_1^{\,2} + (x_1y_2 + x_2y_1)\,\vec{e}_1 \cdot \vec{e}_2 + x_2y_2\,\vec{e}_2^{\,2}\\ &= x_1y_1 + x_2y_2 = \vec{x} \cdot \vec{y}.\end{aligned}$$
||

PROPOSITION 5. – *Les matrices orthogonales carrées* 2×2 *sont inversibles. Pour la multiplication des matrices, elles constituent un groupe dont l'élément neutre est la matrice unité* 1_2 .

On a vu qu'une matrice orthogonale A est inversible, que l'inverse de A est la matrice transposée ${}^t\mathrm{A}$, et que ${}^t\mathrm{A}$ est une matrice orthogonale. D'après la proposition 4 (ou la condition (O3)), la matrice produit de deux matrices orthogonales est elle-même orthogonale. Il en résulte que les matrices orthogonales constituent un sous-groupe du groupe des matrices inversibles. ||

DÉFINITION 4. – *Le groupe des matrices orthogonales* 2×2 *est appelé* groupe orthogonal *de la dimension* 2 *et noté* $\mathrm{O}_2(\mathbf{R})$ *ou plus simplement* $\mathrm{O}(2)$.

Etant donné un vecteur unitaire $\vec{u} = (a, b)$ de $\mathbf{R}^2$, déterminons toutes les matrices orthogonales $\mathrm{A} = \begin{pmatrix} a & c \\ b & d \end{pmatrix}$ ayant $\vec{u}$ pour premier vecteur colonne. On sait que l'on a $a^2 + b^2 = 1$. Pour que la matrice A soit orthogonale, il faut et il suffit que l'on ait

(O5) $\qquad a^2 + c^2 = 1, \qquad b^2 + d^2 = 1, \qquad ab + cd = 0.$

Les deux premières relations donnent

$$c = \pm\sqrt{1 - a^2} = \epsilon\, b, \qquad d = \pm\sqrt{1 - b^2} = \epsilon' a,$$

où $\varepsilon = \pm 1$, $\varepsilon' = \pm 1$. La troisième relation s'écrit alors $\varepsilon\varepsilon' = -1$. On a ainsi démontré le résultat suivant :

PROPOSITION 6. – *Les matrices orthogonales* 2×2 *sont les matrices de l'une des deux formes suivantes suivantes :*

$$A_1 = \begin{pmatrix} a & -b \\ b & a \end{pmatrix} \quad \textit{et} \quad A_2 = \begin{pmatrix} a & b \\ b & -a \end{pmatrix},$$

où a *et* b *sont deux nombres réels satisfaisant à la relation* $a^2 + b^2 = 1$.

3. Matrices orthogonales directes

Le déterminant d'une matrice carrée est égal au déterminant de la matrice transposée. Si A est une matrice orthogonale, de l'égalité $A\,{}^t\!A = 1_2$, on déduit que l'on a $(\det A)^2 = 1$, d'où $\det A = \pm 1$.

On prendra garde qu'une matrice dont le déterminant est égal à ± 1 n'est pas nécessairement orthogonale. L'espace vectoriel $M_2(\mathbf{R})$ des matrices carrées 2×2 a pour dimension 4 . Les matrices de déterminant ± 1 constituent une sous-variété algébrique de dimension 3 dans $M_2(\mathbf{R})$, définie par l'équation $(ad - bc)^2 = 1$. Les matrices orthogonales constituent une variété de dimension 1 , définie par les équations (O1) , homéomorphe à la réunion disjointe de deux cercles, ainsi qu'on le verra plus loin.

PROPOSITION 7. – *Les matrices orthogonales dont le déterminant est égal à* 1 *constituent un sous-groupe du groupe orthogonal* $\mathbf{O}(2)$.

En effet, si A et B sont deux matrices, on a

$$\det(AB) = (\det A)(\det B). \qquad ||$$

DÉFINITION 5. – *Le groupe des matrices orthogonales de déterminant égal à* 1 *est appelé* groupe spécial orthogonal *et noté* $\mathbf{SO}_2(\mathbf{R})$, *ou plus simplement* $\mathbf{SO}(2)$. *Ses éléments sont appelés matrices orthogonales directes, ou matrices de rotation.*

PROPOSITION 8. – *Le groupe spécial orthogonal* $\mathbf{SO}(2)$ *est constitué des matrices de la forme* $\begin{pmatrix} a & -b \\ b & a \end{pmatrix}$, *où* a *et* b *sont des nombres réels tels que* $a^2 + b^2 = 1$.

Le groupe $\mathbf{SO}(2)$ *est commutatif. Il opère de façon simplement transitive sur l'ensemble des vecteurs unitaires de* $\mathbf{R}^2$.

Dans la prop. 6, on a fait l'inventaire des matrices orthogonales. Les matrices du type A_1 ont pour déterminant 1, celles du type A_2 ont pour déterminant -1.

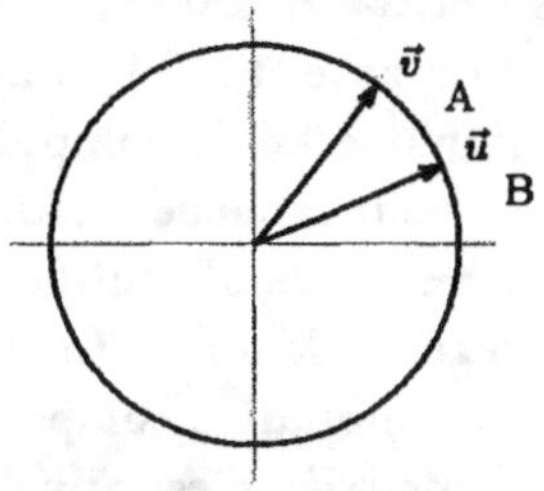

Une matrice orthogonale transforme un vecteur unitaire en un vecteur unitaire (prop. 4). Dire que l'opération du groupe $\mathbf{SO}(2)$ sur l'ensemble des vecteurs unitaires est simplement transitive, c'est dire que, étant donnés deux vecteurs unitaires $\vec{u}$ et $\vec{v}$, il existe une unique matrice orthogonale directe A telle que $A\vec{u} = \vec{v}$. D'après ce que l'on a vu à la fin du § 2 , il existe une unique matrice orthogonale directe B telle que $B\vec{e}_1 = \vec{u}$, et une unique matrice orthogonale directe C telle que $C\vec{e}_1 = \vec{v}$. On a donc $CB^{-1}\vec{u} = \vec{v}$. Inversement, si l'on a $A\vec{u} = \vec{v}$, avec $A \in \mathbf{SO}(2)$, on a $AB\vec{e}_1 = C\vec{e}_1$, d'où $AB = C$ en raison de l'unicité de la matrice orthogonale directe C telle que $C\vec{e}_1 = \vec{v}$. L'unicité de la matrice A en résulte.

Enfin, le petit calcul

$$(5) \qquad \begin{pmatrix} a & -b \\ b & a \end{pmatrix} \begin{pmatrix} c & -d \\ d & c \end{pmatrix} = \begin{pmatrix} ac - bd & -(ad + bc) \\ ad + bc & ac - bd \end{pmatrix}$$

montre la commutativité de la multiplication dans le groupe $\mathbf{SO}(2)$. ||

Remarques. – 1) Le groupe orthogonal $\mathbf{O}(2)$ n'est pas commutatif (exerc. 4).

2) Soient, comme dans la démonstration ci-dessus, B et C deux matrices orthogonales directes, et soient $\vec{u} = B\vec{e}_1$ et $\vec{v} = C\vec{e}_1$. On a alors $\vec{v} = A\vec{u}$, où A est la matrice CB^{-1}. Soit D une autre matrice orthogonale directe, et soient $\vec{u}_1 = D\vec{u}$, $\vec{v}_1 = D\vec{v}$. En raison de la commutativité du groupe $\mathbf{SO}(2)$, on a $\vec{v}_1 = A\vec{u}_1$.

4. Nombres complexes

A) *Groupe unitaire*

Le corps $\mathbf{C}$ des nombres complexes peut être défini comme le groupe additif $\mathbf{R}^2$ muni d'une loi de multiplication. Soient $u = (a, b)$,

$v = (c, d)$ deux éléments de $\mathbf{C}$; le produit uv est défini par

$$uv = (ac - bd,\, ad + bc)\,. \tag{6}$$

Cette multiplication est associative et commutative ; elle a pour élément neutre l'élément $(1,0)$ que l'on note 1. Si l'on note i l'élément $(0,1)$, la multiplication de $\mathbf{C}$ est l'unique loi de composition $\mathbf{R}$-bilinéaire qui ait 1 pour élément neutre et pour laquelle on ait $i^2 = -1$.

Le corps $\mathbf{R}$ des nombres réels s'identifie au sous-anneau de $\mathbf{C}$ constitué des nombres complexes de la forme $(a, 0)$. Le nombre complexe $u = (a, b)$ s'écrit $u = a + ib$; la première composante est appelée *partie réelle* de u et notée $\operatorname{Re} u$, la deuxième est appelée *partie imaginaire* et notée $\operatorname{Im} u$. La *valeur absolue*, ou *module*, du nombre complexe u est définie par

$$|a + ib| = \sqrt{a^2 + b^2}\,.$$

C'est la norme euclidienne du vecteur $\vec{u}$ de $\mathbf{R}^2$. La propriété intéressante est la multiplicativité de la valeur absolue :

$$|uv| = |u|\,|v|\,.$$

Elle résulte de l'identité algébrique

$$(a^2 + b^2)(c^2 + d^2) = (ad + bc)^2 + (ac - bd)^2\,. \tag{7}$$

Le *conjugué* du nombre complexe $u = a + ib$, où a, $b \in \mathbf{R}$, est le nombre complexe $\bar{u} = a - ib$. On a

$$u\,\bar{u} = a^2 + b^2 = |u|^2\,.$$

Il en résulte qu'un nombre complexe $u \neq 0$ est inversible et a pour inverse le nombre complexe $\bar{u}/|u|^2$. En particulier $\mathbf{C}$ est un corps commutatif et l'ensemble $\mathbf{C}^*$ des nombres complexes $\neq 0$ est un groupe commutatif pour la multiplication. En raison de la multiplicativité de la valeur absolue, l'ensemble des nombres complexes u tels que $|u| = 1$ est un groupe pour la multiplication ; ce groupe est appelé *groupe unitaire* de la dimension 1 et noté $\mathbf{U}(1)$, ou simplement $\mathbf{U}$.

PROPOSITION 9. – *L'application de* $\mathbf{C}$ *dans* $\mathrm{M}_2(\mathbf{R})$ *qui, au nombre complexe* $a + ib$, *où* a, $b \in \mathbf{R}$, *associe la matrice* $\begin{pmatrix} a & -b \\ b & a \end{pmatrix}$ *est un morphisme de* $\mathbf{R}$*-algèbres. Elle induit un isomorphisme de groupes de* $\mathbf{U}$ *sur* $\mathbf{SO}(2)$.

Notons $m(a + ib)$ la matrice $\begin{pmatrix} a & -b \\ b & a \end{pmatrix}$ que l'on peut écrire aussi

$$m(a + ib) = a \begin{pmatrix} 1 & 0 \\ 0 & 1 \end{pmatrix} + b \begin{pmatrix} 0 & -1 \\ 1 & 0 \end{pmatrix}.$$

L'application m de $\mathbf{C}$ dans $M_2(\mathbf{R})$ ainsi définie est $\mathbf{R}$-linéaire et injective. La comparaison des formules (5) et (6) montre que l'application m conserve la multiplication. Enfin, on a vu que les éléments de $\mathbf{SO}(2)$ sont les matrices $m(a+ib)$ telles que $a^2+b^2=1$, donc l'application m induit une bijection de $\mathbf{U}$ sur $\mathbf{SO}(2)$. ||

B) *Exponentielle complexe.*

La série entière $\sum_{n\geq 0} z^n/n!$ a un rayon de convergence infini. On définit la fonction *exponentielle*, notée exp, en posant, pour tout $z \in \mathbf{C}$,

$$\exp(z) = \sum_{n\geq 0} \frac{z^n}{n!}.$$

On sait que la somme d'une série entière est une fonction continue et dérivable à l'intérieur du disque de convergence, que la série dérivée (terme à terme) a même rayon de convergence que la série envisagée, et que sa somme est la dérivée de la somme de cette série. Ici, la fonction $\exp(z)$ est dérivable en tout point de $\mathbf{C}$, et elle a pour dérivée la fonction $\exp(z)$ elle-même.

Soient $\sum_{n\geq 0} u_n$ et $\sum_{n\geq 0} v_n$ deux séries de nombres complexes. La série produit de ces deux séries est la série $\sum_{n\geq 0} w_n$ où

$$w_n = u_0 v_n + u_1 v_{n-1} + \ldots + u_n v_0 = \sum_{p+q=n} u_p v_q.$$

Si les séries $\sum_n u_n$ et $\sum_n v_n$ sont absolument convergentes, on sait que la série $\sum_n w_n$ est absolument convergente et que l'on a

$$\sum_n w_n = \Big(\sum_n u_n\Big)\Big(\sum_n v_n\Big).$$

Soient z et z' deux nombres complexes. La série produit des deux séries $\sum_{n\geq 0} z^n/n!$ et $\sum_{n\geq 0} z'^n/n!$ est la série $\sum_{n\geq 0} w_n$ où

$$w_n = \sum_{p+q=n} \frac{z^p}{p!}\,\frac{z'^q}{q!} = \frac{(z+z')^n}{n!}.$$

Comme les deux séries sont absolument convergentes, on a donc

(8) $$\exp(z+z') = (\exp z)(\exp z').$$

Notons e le nombre réel $\exp(1)$, c'est-à-dire le nombre

$$e = 1 + \frac{1}{1!} + \frac{1}{2!} + \cdots + \frac{1}{n!} + \cdots = \sum_{n\geq 0} \frac{1}{n!}.$$

En raison de la relation (8) et de la continuité de la fonction exp, pour tout nombre réel x, on a $\exp(x) = e^x$. Par convention, lorsque z est un nombre complexe, on écrit aussi e^z au lieu de $\exp(z)$.

Par définition de $\exp(z)$, on a

$$\overline{\exp(z)} = \exp(\bar{z}).$$

Si $z = x + iy$, où x et $y \in \mathbf{R}$, on a donc $|e^z|^2 = e^z e^{\bar{z}} = e^{z+\bar{z}} = e^{2x}$, d'où

$$|e^{x+iy}| = e^x, \tag{9}$$

et, en particulier, $|e^{iy}| = 1$.

Les fonctions *cosinus* et *sinus* de la variable *réelle* θ sont définies respectivement comme partie réelle et partie imaginaire du nombre complexe $e^{i\theta}$. On écrit en abrégé $\cos\theta$ et $\sin\theta$. Par définition, on a

$$\begin{aligned} \cos\theta &= \operatorname{Re} e^{i\theta} = \frac{1}{2}(e^{i\theta} + e^{-i\theta}), \\ \sin\theta &= \operatorname{Im} e^{i\theta} = \frac{1}{2i}(e^{i\theta} - e^{-i\theta}). \end{aligned} \tag{10}$$

Ces relations sont équivalentes à

$$e^{i\theta} = \cos\theta + i\sin\theta, \qquad e^{-i\theta} = \cos\theta - i\sin\theta. \tag{11}$$

Les relations (10) et (11) sont connues sous le nom de formules d'Euler.

La relation $|e^{i\theta}| = 1$ s'écrit

$$(\cos\theta)^2 + (\sin\theta)^2 = 1.$$

De $\frac{d}{dz}(e^z) = e^z$, on déduit $\frac{d}{d\theta}(e^{i\theta}) = i\,e^{i\theta}$, d'où

$$\frac{d}{d\theta}(\cos\theta) = -\sin\theta, \qquad \frac{d}{d\theta}(\sin\theta) = \cos\theta.$$

PROPOSITION 10. – *L'application* $\epsilon : \theta \mapsto e^{i\theta}$ *est un morphisme du groupe additif* $\mathbf{R}$ *dans le groupe multiplicatif* $\mathbf{C}^*$. *Elle a pour image le groupe unitaire* $\mathbf{U}$ *et son noyau est un sous-groupe discret de* $\mathbf{R}$ *qui n'est pas réduit à* 0.

Les relations (8) et (9) montrent que, pour α et $\beta \in \mathbf{R}$, on a $e^{i(\alpha+\beta)} = e^{i\alpha}e^{i\beta}$ et $|e^{i\alpha}| = 1$. La première partie de la proposition en résulte. La deuxième partie de la démonstration est plus délicate ; elle ne repose pas sur des calculs mais sur des raisonnements faisant intervenir la topologie de la droite réelle. Nous la donnons en appendice à la fin de ce chapitre. ||

Le noyau du morphisme ϵ est de la forme $\tau\mathbf{Z}$, où τ est un nombre réel > 0. Par définition τ est le plus petit nombre réel $\theta > 0$ tel que $e^{i\theta} = 1$. Pour tout $\theta \in \mathbf{R}$, on a $\epsilon(\theta + \tau) = e^{i\theta}e^{i\tau} = \epsilon(\theta)$. Autrement dit l'application ϵ est périodique, et τ est sa plus petite période > 0.

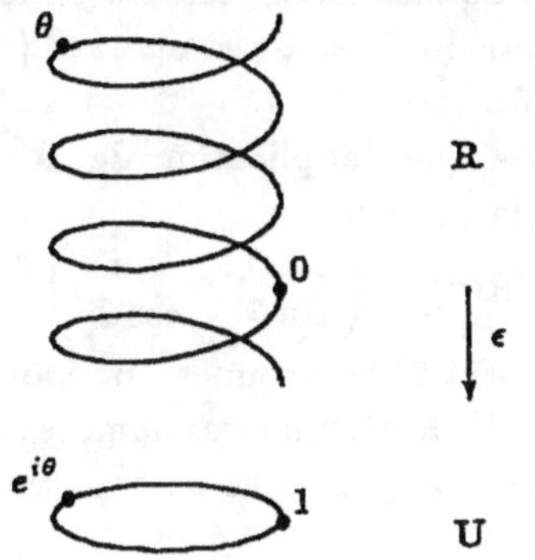

DÉFINITION 6. – *Le nombre* π *est la moitié de la période de la fonction* $\theta \mapsto e^{i\theta}$.

On déduit facilement de cette définition les égalités

$$e^{i\pi} = -1, \qquad e^{i\pi/2} = i.$$

Par ailleurs, en séparant partie réelle et partie imaginaire dans la formule (8), on obtient les formules d'addition des fonctions trigonométriques

$$\cos(\alpha+\beta) = \cos\alpha\cos\beta - \sin\alpha\sin\beta,$$
$$\sin(\alpha+\beta) = \sin\alpha\cos\beta + \cos\alpha\sin\beta.$$

COROLLAIRE . – *L'application de* $\mathbf{R}$ *dans* $\mathbf{SO}(2)$ *qui, au nombre réel* θ *associe la matrice*

$$\mathrm{R}(\theta) = \begin{pmatrix} \cos\theta & -\sin\theta \\ \sin\theta & \cos\theta \end{pmatrix}$$

est un morphisme surjectif de groupes, périodique de période 2π .

On a en effet $\mathrm{R}(\theta) = m(e^{i\theta})$ et le corollaire résulte des propositions 9 et 10. ||

$$\begin{array}{ccc} \mathbf{R} & & \\ & \searrow^{\mathrm{R}} & \\ \exp\downarrow & & \mathbf{SO}(2) \\ & \nearrow_{m} & \\ \mathbf{U} & & \end{array} \qquad\qquad \begin{array}{ccc} \theta & & \\ & \searrow^{\mathrm{R}} & \\ \exp\downarrow & & \mathrm{R}(\theta) \\ & \nearrow_{m} & \\ e^{i\theta} & & \end{array}$$

C) *Angles de vecteurs du plan.*

DÉFINITION 7. – *Etant donnés deux vecteurs unitaires* $\vec{u}$ *et* $\vec{v}$ *de* $\mathbf{R}^2$, *on appelle* angle *des vecteurs* $\vec{u}$ *et* $\vec{v}$, *et on note* $(\vec{u}, \vec{v})$ *l'unique élément* A *de* $\mathbf{SO}(2)$ *tel que* $\vec{v} = A\vec{u}$.

On a vu ci-dessus que l'application de $\mathbf{R}$ dans $\mathbf{SO}(2)$ qui, au nombre réel θ associe la matrice

$$R(\theta) = \begin{pmatrix} \cos\theta & -\sin\theta \\ \sin\theta & \cos\theta \end{pmatrix}$$

est un morphisme surjectif de groupes, périodique de période 2π. Comme il est plus facile d'additionner des nombres réels que de multiplier des matrices, on préfère repérer l'angle de deux vecteurs par un nombre réel.

DÉFINITION 8. – *Etant donnés deux vecteurs unitaires* $\vec{u}$ *et* $\vec{v}$ *de* $\mathbf{R}^2$, *on appelle* mesure de l'angle $(\vec{u}, \vec{v})$ *tout nombre réel* θ *tel que l'on ait*

$$(\vec{u}, \vec{v}) = \begin{pmatrix} \cos\theta & -\sin\theta \\ \sin\theta & \cos\theta \end{pmatrix},$$

ou de façon équivalente

$$v = e^{i\theta} u.$$

Le nombre réel θ est déterminé à l'addition près d'un multiple entier de 2π. Pour exprimer que $\theta' - \theta$ est un multiple entier de 2π, on écrit $\theta' \equiv \theta \pmod{2\pi}$. Par analogie, on écrit $(\vec{u}, \vec{v}) \equiv \theta \pmod{2\pi}$, ou bien $(\vec{u}, \vec{v}) = \theta \quad (2\pi)$, pour exprimer que le nombre θ est une mesure de l'angle $(\vec{u}, \vec{v})$. Il ne s'agit pas d'une égalité mais d'une convention d'écriture. Pour rendre cohérente cette convention d'écriture, on écrit additivement la composition des angles. C'est ainsi qu'on écrit

$$(\vec{u}, \vec{w}) = (\vec{u}, \vec{v}) + (\vec{v}, \vec{w}),$$

égalité qui résulte du fait que, si $\vec{v} = A\vec{u}$ et $\vec{w} = B\vec{v}$, alors $\vec{w} = BA\vec{u}$.

La matrice $R(\theta)$ ci-dessus est appelée matrice de la *rotation vectorielle* d'angle θ. L'application de $\mathbf{R}^2$ dans $\mathbf{R}^2$ définie par la matrice $R(\theta)$ est appelée *rotation vectorielle* d'angle θ ; nous la notons rot_θ. Si $\vec{w}$ est un vecteur unitaire quelconque, l'angle $(\vec{w}, R(\theta)\vec{w})$ a pour mesure θ.

Commentaire. – Dans les dernières décennies, les réformes des programmes de mathématiques de l'enseignement secondaire s'étaient fixé pour objectif de rendre rigoureux le développement de la géométrie. Sur la notion d'angle, l'échec a été d'une telle ampleur qu'élèves et professeurs évitaient souvent, d'un commun accord, de parler d'angles. Je crois que deux difficultés sont ici présentes, qu'il ne faut pas ignorer. Tout d'abord un fait mathématique, l'existence du morphisme de groupes de $\mathbf{R}$ dans $\mathbf{SO}(2)$ (corollaire des prop. 9 et 10), qu'il faut définir et dont il faut démontrer ou admettre les propriétés (application surjective, ouverte et de noyau discret). Ensuite l'écriture additive des angles qui repose sur la commutativité du groupe $\mathbf{SO}(2)$ et les habitudes données par l'usage du rapporteur pour mesurer les angles de 0 à 180 degrés. On voit ainsi toute l'utilité de repérer la mesure d'un angle par un nombre réel. Mais ce nombre n'est pas unique, et il est indispensable de définir de façon univoque une notion d'angle. On a ici choisi d'appeler angle un élément de $\mathbf{SO}(2)$, c'est-à-dire une rotation. On aurait aussi bien pu appeler angle un élément de $\mathbf{U}(1)$, c'est-à-dire un nombre complexe de module 1. Une confusion aurait pu en résulter, l'addition des angles correspondant à la multiplication des nombres complexes et non à leur addition.

PROPOSITION 11. – *Soient $\vec{u}$ et $\vec{v}$ deux vecteurs unitaires de $\mathbf{R}^2$, et soit R un élément de $\mathbf{SO}(2)$. On a*

$$(\mathrm{R}\vec{u}, \mathrm{R}\vec{v}) = (\vec{u}, \vec{v}).$$

Cela résulte de la commutativité du groupe $\mathbf{SO}(2)$. En effet, soit $\mathrm{A} = (\vec{u}, \vec{v})$; on a donc $\vec{v} = \mathrm{A}\vec{u}$, d'où $\mathrm{R}\vec{v} = \mathrm{RA}\vec{u} = \mathrm{A}(\mathrm{R}\vec{u})$. ||

PROPOSITION 12. – *Soient $\vec{u} = (\cos\alpha, \sin\alpha)$ et $\vec{v} = (\cos\beta, \sin\beta)$ deux vecteurs unitaires, alors*

$$(\vec{u}, \vec{v}) = \beta - \alpha \qquad (2\pi).$$

On a en effet $\vec{u} = \mathrm{R}(\alpha)\vec{e}_1$, $\vec{v} = \mathrm{R}(\beta)\vec{e}_1$, $\vec{v} = \mathrm{R}(\beta)\,\mathrm{R}(\alpha)^{-1}\vec{e}_1$. Mais on a $\mathrm{R}(\beta)\,\mathrm{R}(\alpha)^{-1} = \mathrm{R}(\beta - \alpha)$ puisque l'application $\theta \mapsto \mathrm{R}(\theta)$ est un morphisme de groupes. ||

DÉFINITION 9. – *Soient $\overrightarrow{\mathrm{U}}$ et $\overrightarrow{\mathrm{V}}$ deux vecteurs non nuls de $\mathbf{R}^2$. L'angle $(\overrightarrow{\mathrm{U}}, \overrightarrow{\mathrm{V}})$ est l'angle $(\vec{u}, \vec{v})$ des vecteurs unitaires $\vec{u} = \overrightarrow{\mathrm{U}}/\|\overrightarrow{\mathrm{U}}\|$ et $\vec{v} = \overrightarrow{\mathrm{V}}/\|\overrightarrow{\mathrm{V}}\|$.*

Par convention, si $\overrightarrow{\mathrm{U}}$ et $\overrightarrow{\mathrm{V}}$ sont deux vecteurs non nuls de $\mathbf{R}^2$, et si $\alpha \in \mathbf{R}$ est une mesure de l'angle $(\overrightarrow{\mathrm{U}}, \overrightarrow{\mathrm{V}})$, on écrira $\cos(\overrightarrow{\mathrm{U}}, \overrightarrow{\mathrm{V}})$ et $\sin(\overrightarrow{\mathrm{U}}, \overrightarrow{\mathrm{V}})$ au lieu de $\cos\alpha$ et $\sin\alpha$, ces fonctions étant indépendantes du choix de la mesure α de l'angle $(\overrightarrow{\mathrm{U}}, \overrightarrow{\mathrm{V}})$.

PROPOSITION 13. – *Soient* $\overrightarrow{U}$ *et* $\overrightarrow{V}$ *deux vecteurs non nuls de* $\mathbf{R}^2$. *On a*

$$\overrightarrow{U}\cdot\overrightarrow{V} = \|\overrightarrow{U}\|\,\|\overrightarrow{V}\|\cos(\overrightarrow{U},\overrightarrow{V}).$$

Il suffit de démontrer la relation dans le cas de deux vecteurs unitaires $\vec{u} = (\cos\alpha, \sin\alpha)$ et $\vec{v} = (\cos\beta, \sin\beta)$. On a alors

$$\begin{aligned}\vec{u}\cdot\vec{v} &= \cos\alpha\cos\beta + \sin\alpha\sin\beta && \text{(par définition)},\\ &= \cos(\beta-\alpha) = \cos(\vec{u},\vec{v}) && \text{(prop. 12)}.\|\end{aligned}$$

5. Réflexions ou symétries orthogonales

Les matrices orthogonales 2×2 dont le déterminant est égal à -1 sont de la forme

$$B = \begin{pmatrix} a & b \\ b & -a \end{pmatrix}$$

où a et b sont deux nombres réels tels que $a^2+b^2=1$ (*cf.* prop. 6). Un petit calcul établit l'égalité $B^2 = 1_2$. Le polynôme caractéristique de la matrice B est le polynôme

$$\chi_B(\lambda) = \lambda^2 - (a^2+b^2) = \lambda^2 - 1.$$

Ses racines sont -1 et 1.

Soit α un nombre réel tel que $a+ib = e^{2i\alpha}$ (prop. 10). On vérifie par le calcul que les vecteurs unitaires

$$\vec{e}_+ = (\cos\alpha, \sin\alpha), \qquad \vec{e}_- = (-\sin\alpha, \cos\alpha)$$

sont vecteurs propres de la matrice B pour les valeurs propres 1 et -1 respectivement. Ces vecteurs sont orthogonaux. La matrice B est diagonalisable et l'on a

$$B = R(\alpha)\begin{pmatrix} 1 & 0 \\ 0 & -1 \end{pmatrix}R(-\alpha),$$

où $R(\alpha)$ est la matrice de la rotation d'angle α.

Soit $\vec{x}\in\mathbf{R}^2$; posons

$$\vec{x}_+ = \frac{1}{2}(\vec{x} + B\vec{x}), \qquad \vec{x}_- = \frac{1}{2}(\vec{x} - B\vec{x}).$$

En utilisant la relation $B^2 = 1_2$, on obtient

$$\begin{aligned} B\vec{x}_+ &= \vec{x}_+, & B\vec{x}_- &= -\vec{x}_-,\\ \vec{x} &= \vec{x}_+ + \vec{x}_-, & B\vec{x} &= \vec{x}_+ - \vec{x}_-.\end{aligned}$$

L'interprétation géométrique de ces relations utilise la notion de projection orthogonale que nous allons introduire.

PROPOSITION 14. – *Soit* D *une droite vectorielle de* $\mathbf{R}^2$. *Pour tout vecteur* $\vec{x}$ *de* $\mathbf{R}^2$, *il existe un unique vecteur* $\vec{y} \in \mathrm{D}$ *tel que le vecteur* $\vec{y} - \vec{x}$ *soit orthogonal à* D. *Notons* p_{D} *l'application de* $\mathbf{R}^2$ *dans* $\mathbf{R}^2$ *qui, au vecteur* $\vec{x}$, *associe le vecteur* $\vec{y}$. *L'application* p_{D} *est linéaire, son image est* D, *et l'on a* $p_{\mathrm{D}} \circ p_{\mathrm{D}} = p_{\mathrm{D}}$.

Soit $\vec{e}$ un vecteur unitaire appartenant à la droite D. Le vecteur $\vec{y} = (\vec{e} \cdot \vec{x})\vec{e}$ appartient à D. On a

$$\vec{e} \cdot (\vec{y} - \vec{x}) = (\vec{e} \cdot \vec{x})\vec{e}^{\,2} - (\vec{e} \cdot \vec{x}) = 0$$

de sorte que $\vec{y}$ a bien la propriété demandée. Si un autre vecteur $\vec{z} \in \mathrm{D}$ a la même propriété, posons $\vec{w} = \vec{z} - \vec{y}$. Le vecteur $\vec{w}$ appartient à D. Comme on a $\vec{w} = (\vec{x} - \vec{y}) - (\vec{x} - \vec{z})$, le vecteur $\vec{w}$ est orthogonal à D ; par suite $\vec{w} = 0$, ce qui prouve l'unicité de $\vec{y}$. D'après ce qui précède, on a

$$p_{\mathrm{D}}(\vec{x}) = (\vec{e} \cdot \vec{x})\vec{e}.$$

La linéarité de l'application p_{D} résulte de cette relation ; le reste de l'énoncé est immédiat. ||

L'application p_{D} est appelée *projection orthogonale* d'image D, et le vecteur $p_{\mathrm{D}}(\vec{x})$ est appelé *projeté orthogonal* de $\vec{x}$ sur D.

Revenons à l'étude précédente. Les droites vectorielles D_+ et D_- engendrées par $\vec{e}_+$ et $\vec{e}_-$ respectivement sont les sous-espaces propres de B pour les valeurs propres 1 et -1. Elles sont orthogonales. Le vecteur $\vec{x}_+$ appartient à D_+, et le vecteur $\vec{x}_-$, égal à $\vec{x} - \vec{x}_+$, ou à $\vec{x}_+ - \mathrm{B}\vec{x}$, appartient à D_-. Par suite $\vec{x}_+$ est le projeté orthogonal de $\vec{x}$ et de $\mathrm{B}\vec{x}$ sur D_+. On a ainsi démontré le résultat suivant.

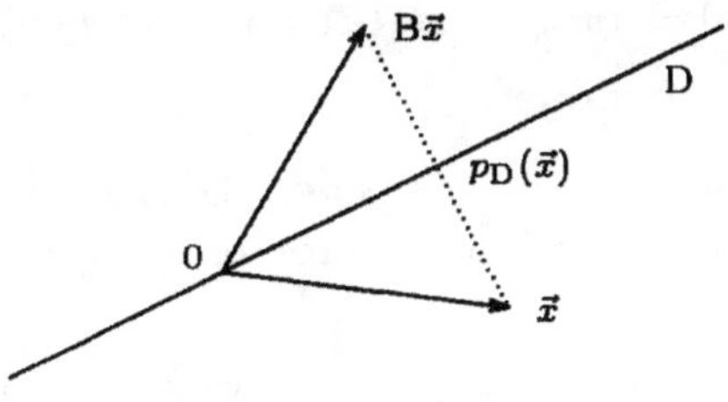

PROPOSITION 15. – *Soit* B *une matrice orthogonale dont le déterminant est égal à* -1. *L'ensemble des vecteurs de* $\mathbf{R}^2$ *invariants par* B *est une droite vectorielle* D. *Si* $\vec{x}$ *est un vecteur de* $\mathbf{R}^2$, *les vecteurs* $\vec{x}$ *et* $\mathrm{B}\vec{x}$

ont même projeté orthogonal sur D *et l'on a*

$$B\vec{x} - p_D(\vec{x}) = -(\vec{x} - p_D(\vec{x})).$$

L'application de $\mathbf{R}^2$ dans $\mathbf{R}^2$ définie par la matrice B est appelée *symétrie orthogonale* par rapport à la droite vectorielle D. Nous la noterons sym_D. D'après ce que nous avons vu plus haut, la symétrie orthogonale par rapport à la droite vectorielle engendrée par le vecteur $(\cos\alpha, \sin\alpha)$ a pour matrice

$$\begin{pmatrix} \cos 2\alpha & \sin 2\alpha \\ \sin 2\alpha & -\cos 2\alpha \end{pmatrix}.$$

PROPOSITION 16. – *Soient* D *et* D' *les droites vectorielles engendrées par les vecteurs* $\vec{e} = (\cos\alpha, \sin\alpha)$ *et* $\vec{e}' = (\cos\alpha', \sin\alpha')$. *On a*

$$sym_{D'} \circ sym_D = rot_{2(\alpha'-\alpha)}.$$

Cela résulte immédiatement du calcul du produit de matrices

$$\begin{pmatrix} \cos 2\alpha' & \sin 2\alpha' \\ \sin 2\alpha' & -\cos 2\alpha' \end{pmatrix} \begin{pmatrix} \cos 2\alpha & \sin 2\alpha \\ \sin 2\alpha & -\cos 2\alpha \end{pmatrix} = \begin{pmatrix} \cos 2(\alpha'-\alpha) & -\sin 2(\alpha'-\alpha) \\ \sin 2(\alpha'-\alpha) & \cos 2(\alpha'-\alpha) \end{pmatrix}.$$

PROPOSITION 17. – *Soient* $\vec{u}$ *et* $\vec{v}$ *deux vecteurs unitaires de* $\mathbf{R}^2$, *et soit* S *une symétrie orthogonale. On a*

$$(S\vec{u}, S\vec{v}) = -(\vec{u}, \vec{v}).$$

Soit $\beta \in \mathbf{R}$ une mesure de l'angle $(\vec{u}, \vec{v})$. Supposons que S soit la symétrie orthogonale par rapport à la droite vectorielle engendrée par le vecteur $(\cos\alpha, \sin\alpha)$, et posons $S = sym_\alpha$. D'après la prop. 16, on a

$$sym_\alpha \circ sym_{\alpha-\beta/2} = rot_\beta, \qquad sym_{\alpha-\beta/2} \circ sym_\alpha = rot_{-\beta}.$$

Il en résulte

$$sym_\alpha(\vec{v}) = sym_\alpha \circ rot_\beta(\vec{u}) = rot_{-\beta} \circ sym_\alpha(\vec{u}),$$

d'où $(S\vec{u}, S\vec{v}) \equiv -\beta \pmod{2\pi}$. ||

Exercice. Notons comme ci-dessus sym_α la symétrie orthogonale par rapport à la droite vectorielle engendrée par le vecteur $(\cos\alpha, \sin\alpha)$. Démontrer les relations

$$rot_\beta \circ sym_\alpha = sym_{\alpha+\beta/2}, \quad sym_\alpha \circ rot_\beta = sym_{\alpha-\beta/2}.$$

PROPOSITION 18. – *Le groupe* $\mathbf{O}(2)$ *a deux composantes connexes : le groupe* $\mathbf{SO}(2)$ *des rotations et l'ensemble des symétries orthogonales. Ces deux composantes sont homéomorphes au cercle.*

Le groupe $\mathbf{O}(2)$ est la réunion de l'ensemble $\mathbf{SO}(2)$ des matrices orthogonales de déterminant 1 et de l'ensemble des matrices orthogonales de déterminant -1 que nous noterons $\mathcal{S}$. L'application qui, à une matrice carrée 2×2, associe son déterminant, est continue. Par suite $\mathbf{SO}(2)$ et $\mathcal{S}$ sont des parties fermées de $\mathbf{O}(2)$. On a vu que le groupe $\mathbf{SO}(2)$ est homéomorphe au cercle unité de $\mathbf{R}^2$ et qu'il est connexe (appendice). L'ensemble $\mathcal{S}$ des symétries orthogonales est homéomorphe à $\mathbf{SO}(2)$. En effet, soit S un élément de $\mathcal{S}$; l'application $\mathrm{A} \mapsto \mathrm{AS}$ est un homéomorphisme de $\mathbf{SO}(2)$ sur $\mathcal{S}$ et l'application $\mathrm{B} \mapsto \mathrm{BS}^{-1}$ est l'homéomorphisme réciproque. ||

6. Mesure de l'angle de deux droites du plan

Soient D et D′ deux droites vectorielles de $\mathbf{R}^2$, engendrées respectivement par des vecteurs unitaires $\vec{e}$ et $\vec{e}\,'$. Pour qu'une rotation vectorielle transforme D en D′, il faut et il suffit qu'elle transforme $\vec{e}$ en $\vec{e}\,'$ ou en $-\vec{e}\,'$. Il y a donc deux rotations vectorielles transformant D en D′, la rotation d'angle $(\vec{e}, \vec{e}\,')$ et la rotation d'angle $(\vec{e}, -\vec{e}\,')$. On a $(\vec{e}\,', -\vec{e}\,') \equiv \pi \pmod{2\pi}$, d'où

$$(\vec{e}, -\vec{e}\,') \equiv (\vec{e}, \vec{e}\,') + \pi \pmod{2\pi}.$$

On convient d'appeler *mesure de l'angle des droites vectorielles* D et D′ tout nombre réel θ tel que $\mathrm{D}' = rot_\theta(\mathrm{D})$. Le nombre θ est déterminé à l'addition près d'un multiple entier de π. Si $\vec{e} = (\cos\alpha, \sin\alpha)$ et $\vec{e}\,' = (\cos\alpha', \sin\alpha')$, on a

$$\theta \equiv \alpha' - \alpha \quad \text{ou} \quad \theta \equiv \alpha' - \alpha + \pi \pmod{2\pi},$$

d'où

$$\theta \equiv \alpha' - \alpha \pmod{\pi}.$$

Il est pratique de désigner par $(\mathrm{D}, \mathrm{D}')$ toute mesure de l'angle des droites D et D′. Avec cette notation, la relation de la prop. 16 s'écrit

$$sym_{\mathrm{D}'} \circ sym_{\mathrm{D}} = rot_{2(\mathrm{D},\mathrm{D}')}\,.$$

On notera que $2\,(\mathrm{D}, \mathrm{D}')$ est un nombre réel défini à 2π près, et que la rotation $rot_{2(\mathrm{D},\mathrm{D}')}$ est bien définie.

Certains auteurs tiennent à définir l'angle $(\mathrm{D}, \mathrm{D}')$ de deux droites D et D′ comme l'ensemble des deux rotations qui transforment D en D′. Cela dépeint bien la situation, mais ce peut être d'un maniement lourd. Nous nous contenterons de la mesure définie à π près.

APPENDICE

Le revêtement exponentiel du cercle par la droite

On a vu au § 4 que l'application $\theta \mapsto e^{i\theta}$ est un morphisme du groupe additif $\mathbf{R}$ dans le groupe multiplicatif $\mathbf{U}$ des nombres complexes dont le module vaut 1. Notons ϵ ce morphisme ; nous allons démontrer que ϵ est une application surjective, et que le noyau de ϵ est un sous-groupe discret de $\mathbf{R}$ qui n'est pas réduit à 0.

Démontrons trois lemmes.

Lemme 1. – *Soit* U_+ *l'ensemble des nombres complexes* u *tels que* $|u| = 1$ *et* $\mathrm{Re}\, u \geq 0$. *L'application* $u \mapsto \mathrm{Im}\, u$ *est un homéomorphisme de* U_+ *sur l'intervalle fermé* $[-1, 1]$.

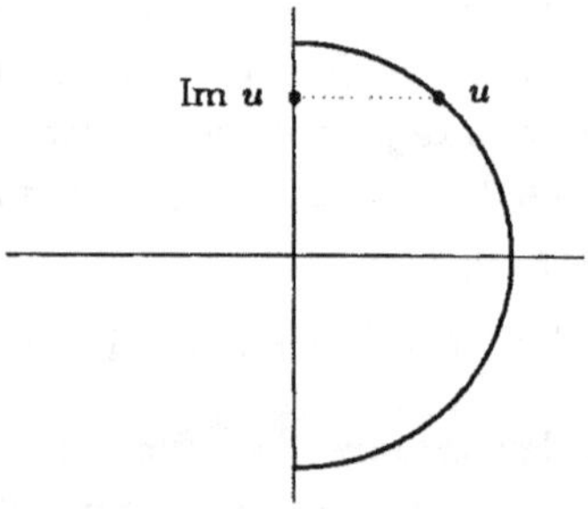

Pour $u \in \mathrm{U}_+$, posons $f(u) = \mathrm{Im}\, u$. L'application f de U_+ dans l'intervalle $[-1, 1]$ ainsi définie est continue. Pour démontrer que f est un homéomorphisme, le plus simple est de construire une application continue g de l'intervalle $[-1, 1]$ dans U_+ telle que $g \circ f = \mathrm{Id}_{\mathrm{U}_+}$ et $f \circ g = \mathrm{Id}_{[-1,1]}$. Pour $-1 \leq y \leq 1$, posons $g(y) = \sqrt{1 - y^2} + iy$. Le nombre complexe $g(y)$ appartient à U_+, l'application g est continue et on vérifie immédiatement qu'elle est inverse à gauche et à droite de f ; d'où le lemme. ||

Lemme 2. – *L'ensemble* $\mathbf{U}$ *est connexe.*

Soit U_- l'ensemble des nombres complexes $u \in \mathbf{U}$ tels que $\mathrm{Re}\, u \leq 0$. De même que U_+, l'ensemble U_- est homéomorphe à l'intervalle $[-1, 1]$. Les intervalles de $\mathbf{R}$ sont des ensembles connexes. L'ensemble $\mathbf{U}$ est la réunion des deux sous-espaces connexes U_+ et U_- qui ont en commun les points i et $-i$ (un seul suffirait). Il est donc connexe. ||

Lemme 3. – L'application $\epsilon : \theta \mapsto e^{i\theta}$ *est une application ouverte de* **R** *dans* **U**.

Il s'agit de démontrer que, pour tout $\theta_0 \in \mathbf{R}$, l'image par la fonction ϵ de tout voisinage de θ_0 dans **R** est un voisinage de $\epsilon(\theta_0)$ dans **U**. Pour tout $\theta \in \mathbf{R}$, on a $\epsilon(\theta) = \epsilon(\theta_0)\,\epsilon(\theta - \theta_0)$. Or la translation $\theta \mapsto \theta - \theta_0$ est un homéomorphisme de **R** sur lui-même, et l'application $u \mapsto \epsilon(\theta_0)\,u$ est un homéomorphisme de **U** sur lui-même. Il suffit donc de démontrer le résultat dans le cas particulier où $\theta_0 = 0$, le cas général s'en déduit aussitôt.

La fonction $\sin\theta$ a pour dérivée $\cos\theta$. Du fait que $\cos 0 = 1$, la fonction $\cos\theta$ est strictement positive au voisinage de $\theta = 0$, et la fonction $\sin\theta$ est strictement croissante au voisinage de $\theta = 0$. L'image par la fonction $\sin\theta$ de tout voisinage de 0 est donc un voisinage de 0.

L'application ϵ est continue, l'ensemble U_+ est un voisinage du point $1 = \epsilon(0)$ dans **U**, donc l'ensemble $\mathrm{V} = \epsilon^{-1}(\mathrm{U}_+)$ est un voisinage de 0 dans **R**. Pour tout voisinage W de 0 dans **R**, contenu dans V, on a $\epsilon(\mathrm{W}) = g(\sin(\mathrm{W}))$, où g désigne l'homéomorphisme de l'intervalle $[-1, 1]$ sur U_+ défini dans le lemme 1. Par suite $\epsilon(\mathrm{W})$ est un voisinage du point 1 dans **U**, et le lemme 3 est démontré. ||

D'après le lemme 3, l'image $\epsilon(\mathbf{R})$ du morphisme ϵ est un sous-groupe ouvert du groupe **U**. On sait qu'un sous-groupe ouvert d'un groupe topologique est aussi fermé. Comme l'espace **U** est connexe (lemme 2), le sous-groupe $\epsilon(\mathbf{R})$ est égal à **U**, et l'application ϵ est surjective.

L'application ϵ n'est pas constante. Son noyau est un sous-groupe fermé de **R**, distinct de **R**. On sait que tout sous-groupe de **R** est soit un sous-groupe dense dans **R**, soit un sous-groupe discret de la forme $a\mathbf{Z}$, où $a \in \mathbf{R}$. On est nécessairement dans le second cas. Démontrons que le noyau de ϵ n'est pas réduit à 0. Si c'était le cas, l'application ϵ serait bijective. Comme ϵ est une application ouverte (lemme 3), l'application réciproque serait continue. L'ensemble **U** est fermé et borné dans $\mathbf{R}^2$, il est donc compact. La droite réelle **R**, image de **U** par l'application continue ϵ^{-1}, serait compacte. Ceci est absurde, donc le noyau de ϵ est de la forme $a\mathbf{Z}$, avec $a > 0$.

Exercices

1

Retrouver une démonstration de l'inégalité $||\vec{x} + \vec{y}|| \leq ||\vec{x}|| + ||\vec{y}||$.

2

Démontrer que, pour qu'une matrice soit orthogonale, il faut et il suffit qu'elle transforme un (resp. tout) repère orthonormé en un repère orthonormé.

3

a) Soient A et B deux matrice carrées $n \times n$ telles que $AB = 1_n$. Démontrer que l'on a $BA = 1_n$.

b) Soit E un espace vectoriel, et soit A endomorphisme de E. On suppose que B et B' sont deux endomorphismes de E tels que $AB = 1_E$ et $B'A = 1_E$. Démontrer que l'on a $B = B'$.

c) Donner l'exemple d'un espace vectoriel E et de deux endomorphismes A et B de E tels que l'on ait $AB = 1_E$ sans que A ni B soit inversible.

4

a) Soient a et $b \in \mathbf{R}$ tels que $a^2 + b^2 = 1$. A quelle condition la matrice $\begin{pmatrix} a & -b \\ b & a \end{pmatrix}$ commute-t-elle à la matrice $\begin{pmatrix} 1 & 0 \\ 0 & -1 \end{pmatrix}$?

b) Déterminer le centre du groupe $\mathbf{O}(2)$.

5

Soient a et $b \in \mathbf{R}$ tels que $a^2 + b^2 = 1$. Déterminer les valeurs propres et les vecteurs propres des matrices

$$A_1 = \begin{pmatrix} a & -b \\ b & a \end{pmatrix} \quad \text{et} \quad A_2 = \begin{pmatrix} a & b \\ b & -a \end{pmatrix}.$$

6

Soient $\vec{u} = (a, b)$ et $\vec{v} = (c, d)$ deux vecteurs unitaires de $\mathbf{R}^2$. Déterminer les matrices orthogonales A telles que $A\vec{u} = \vec{v}$.

7

a) Soient S et T deux matrices orthogonales indirectes 2×2. En utilisant les égalités $S^2 = T^2 = 1_2$, démontrer la relation $TS = (ST)^{-1}$.

b) Soient $R \in \mathbf{SO}(2)$ une matrice orthogonale directe, et $S \in \mathbf{O}(2) - \mathbf{SO}(2)$ une matrice orthogonale indirecte. Démontrer que l'on a $RS = SR^{-1}$. (On pourra remarquer qu'il existe des matrices orthogonales indirectes T et T' telles que $R = TS = ST'$.)

c) Déduire de b) une démonstration du fait que, si $\vec{u}$ et $\vec{v}$ sont des vecteurs unitaires, on a $(S\vec{u}, S\vec{v}) = -(\vec{u}, \vec{v})$ (prop. 17).

8

Déterminer la matrice de la projection orthogonale p_D dont l'image est la droite vectorielle D engendrée par un vecteur unitaire $\vec{u} = (a, b)$.

9

Soient E un ensemble et G un groupe. On désigne par e l'élément neutre de G. Une opération (à gauche) du groupe G sur l'ensemble E est une application ϕ de G dans l'ensemble $\mathcal{F}(E, E)$ des applications de E dans E ayant les propriétés suivantes :

(O1) $\phi(e) = \mathrm{Id}_E$,

(O2) $\phi(\alpha\beta) = \phi(\alpha) \circ \phi(\beta)$ pour tous α et $\beta \in G$.

L'application θ de $G \times E$ dans E définie par $\theta(\alpha, x) = \phi(\alpha)(x)$ est appelée loi de l'opération ϕ.

a) Démontrer que l'application θ a les propriétés suivantes :

(L1) $\theta(e, x) = x$ pour tout $x \in E$,

(L2) $\theta(\alpha, \theta(\beta, x)) = \theta(\alpha\beta, x)$ pour tout $x \in E$ et tous α et $\beta \in G$.

b) Inversement, si θ est une application de $G \times E$ dans E satisfaisant aux conditions (L1) et (L2), démontrer qu'il existe une unique opération de G sur E qui ait pour loi θ.

Lorsqu'il n'y a pas de confusion possible, on écrit $\alpha.x$ au lieu de $\theta(\alpha, x)$.

10

Soient E un ensemble et G un groupe opérant sur E, la loi d'opération étant notée $(\alpha, x) \mapsto \alpha.x$. On dit que l'opération de G sur E est transitive si, pour tout x et tout $y \in E$, il existe un élément α de G tel que $\alpha.x = y$. On dit que l'opération est simplement transitive si, pour tout x et tout $y \in E$, il existe un <u>unique</u> élément α de G tel que $\alpha.x = y$.

a) Supposons que l'ensemble E ne soit pas vide, et soit a un élément de E. Démontrer que, pour que l'opération soit transitive, il faut et il suffit que, pour tout $y \in E$, il existe un élément α de G tel que $\alpha.a = y$.

b) Même question pour la simple transitivité.

c) Soit H un sous-groupe de G. On suppose que l'opération de H sur E est transitive et qu'il existe un point a de E tel que H contienne le sous-groupe S_a de G constitué des éléments α de G tels que $\alpha.a = a$ (S_a est appelé le sous-groupe fixateur de a). Démontrer que H est égal à G.

11

Soit E une $\mathbf{R}$-algèbre unitaire intègre de dimension finie. Démontrer que tout élément non nul de E est inversible.

12

Soit G un sous-groupe (additif) de $\mathbf{R}$ différent de $\{0\}$.

a) On suppose d'abord que 0 est un point isolé dans G, c'est-à-dire qu'il existe $h > 0$ tel que $G \cap]-h, h[= \{0\}$. Démontrer que la distance de deux éléments de G est $\geq h$. Soit a la borne inférieure des éléments > 0 de G. Démontrer que a est > 0 et appartient à G, puis que $G = a\mathbf{Z}$.

b) On suppose maintenant que 0 n'est pas un point isolé de G, c'est-à-dire qu'il existe une suite (g_n) d'éléments non nuls de G tendant vers 0. Démontrer que, pour tout nombre réel $h > 0$ et pour tout entier $n \in \mathbf{Z}$, l'intervalle $[nh, (n+1)h]$ contient un élément de G. En déduire que G est dense dans $\mathbf{R}$.

13

Pour tout vecteur $\vec{x} = (x_1, x_2)$ de $\mathbf{R}^2$, on pose $G(\vec{x}) = {x_1}^2 - {x_2}^2$. On définit ainsi une forme quadratique G associée à la forme bilinéaire symétrique $g(\vec{x}, \vec{y}) = x_1 y_1 - x_2 y_2$.

a) Démontrer que, pour qu'une matrice $A = \begin{pmatrix} a & b \\ c & d \end{pmatrix}$ conserve la forme quadratique G, ou la forme bilinéaire g, il faut et il suffit que l'on ait

(1) $$a^2 - c^2 = 1, \qquad b^2 - d^2 = -1, \qquad ad - bc = 0.$$

b) Soit G la matrice $\begin{pmatrix} 1 & 0 \\ 0 & -1 \end{pmatrix}$. Démontrer que la condition (1) est équivalente à la condition

(2) $$G = ({}^t A) G A.$$

En déduire que la condition (1) est équivalente à chacune des conditions suivantes :

(3) $$G = A G ({}^t A),$$

(4) $$a^2 - b^2 = 1, \qquad c^2 - d^2 = -1, \qquad ac - bd = 0,$$

c) Déduire de ce qui précède que les matrices A satisfaisant à la condition (1) constituent un groupe. Ce groupe est noté $\mathbf{O}(1,1)$ et appelé groupe de Lorentz.

d) Démontrer que, pour que la matrice A appartienne à $\mathbf{O}(1,1)$, il faut et il suffit qu'il existe $\beta \in \mathbf{R}$, $\varepsilon = \pm 1$, $\varepsilon' = \pm 1$ tels que l'on ait

$$a = \varepsilon \frac{1}{\sqrt{1-\beta^2}}, \qquad b = \varepsilon' \frac{\beta}{\sqrt{1-\beta^2}},$$

$$c = \varepsilon \frac{\beta}{\sqrt{1-\beta^2}}, \qquad d = \varepsilon' \frac{1}{\sqrt{1-\beta^2}}.$$

e) Démontrer que les matrices appartenant à $\mathbf{O}(1,1)$ sont les matrices de la forme

$$\varepsilon \begin{pmatrix} \operatorname{ch}\theta & \varepsilon' \operatorname{sh}\theta \\ \operatorname{sh}\theta & \varepsilon' \operatorname{ch}\theta \end{pmatrix}$$

où θ parcourt $\mathbf{R}$, et $\varepsilon = \pm 1$, $\varepsilon' = \pm 1$.

Le groupe $\mathbf{O}(1,1)$ possède quatre composantes connexes homéomorphes à $\mathbf{R}$. La composante connexe de l'élément neutre est le sous-groupe des matrices de la forme

$$\mathrm{A}(\theta) = \begin{pmatrix} \operatorname{ch}\theta & \operatorname{sh}\theta \\ \operatorname{sh}\theta & \operatorname{ch}\theta \end{pmatrix}.$$

C'est un groupe isomorphe à $\mathbf{R}$.

Les transformations de Lorentz sont utilisées en théorie de la Relativité restreinte pour décrire les changements de coordonnées entre deux référentiels de l'espace-temps dont l'origine de l'un est animée d'un mouvement de translation uniforme par rapport à l'autre. Pour éclairer l'interprétation physique, posons $x_1 = t$ (variable de temps) et $x_2 = x$ (variable d'espace). Considérons la transformation linéaire

$$t = t' \operatorname{ch}\theta + x' \operatorname{sh}\theta, \qquad x = t' \operatorname{sh}\theta + x' \operatorname{ch}\theta.$$

Les couples (t, x) et (t', x') sont les coordonnées d'un même point de l'espace-temps dans deux référentiels R et R$'$. La transformation conserve la forme quadratique $t^2 - x^2$. La vitesse de la lumière est ici égale à 1. L'origine spatiale $x' = 0$ du référentiel R$'$ est animée d'un mouvement uniforme $x = \beta t$, où $\beta = \operatorname{th}\theta$, par rapport au référentiel R. On peut vérifier que les autres points fixes dans R$'$ sont animés de la même vitesse uniforme.

Soit M$'$ un point fixe par rapport à R$'$, de coordonnée spatiale x'. Posons

$$\begin{pmatrix} t_1 \\ x_1 \end{pmatrix} = \mathrm{A}(\theta)\begin{pmatrix} t'_1 \\ x' \end{pmatrix}, \qquad \begin{pmatrix} t_2 \\ x_2 \end{pmatrix} = \mathrm{A}(\theta)\begin{pmatrix} t'_2 \\ x' \end{pmatrix}.$$

Un petit calcul montre que l'on a

$$t'_2 - t'_1 = (t_2 - t_1)\sqrt{1 - \beta^2}.$$

C'est le paradoxe du retard de l'horloge en mouvement.

Prenons maintenant deux points de coordonnées (t', x'_1), (t', x'_2), qui sont fixes spatialement et simultanés dans R$'$. Un petit calcul montre que l'on a

$$x'_2 - x'_1 = (x_2 - x_1)\sqrt{1 - \beta^2}.$$

C'est ce que l'on appelle la contraction de Lorentz.

Pour plus d'informations, on peut consulter le livre de B. Doubrovine, S. Novikov, A. Fomenko, *Géométrie contemporaine*, éditions Mir (1982), vol.1, ch. I, § 6.

CHAPITRE II

GÉOMÉTRIE MÉTRIQUE PLANE

Ce chapitre est consacré à la gêométrie euclidienne du plan. L'adjectif euclidien signifie pour nous que le plan est muni d'une distance, et qu'il y a des cercles et des angles.

Nous prenons pour cadre l'espace vectoriel $\mathbf{R}^2$. Les points des figures que nous étudions sont des éléments de $\mathbf{R}^2$ que nous notons par des lettres romaines A, B, M, H, etc. L'élément $\mathrm{B}-\mathrm{A}$ de $\mathbf{R}^2$ est noté $\overrightarrow{\mathrm{AB}}$ (vecteur AB). Comme dans tout espace vectoriel, l'élément neutre de $\mathbf{R}^2$ est noté 0 (zéro). Certains auteurs l'appellent origine et le notent O (o majuscule) ; cela nous arrivera parfois. Si A appartient à $\mathbf{R}^2$, on a alors $\mathrm{A}=\mathrm{A}-0=\overrightarrow{0\mathrm{A}}$ ou $\overrightarrow{\mathrm{OA}}$. Dans le chapitre suivant, nous formaliserons le double rôle que nous faisons ainsi jouer aux éléments de $\mathbf{R}^2$, et nous démontrerons qu'il n'y a aucun inconvénient à procéder comme nous le faisons ici. On peut faire de la géométrie affine dans un espace vectoriel.

A la norme de $\mathbf{R}^2$ est associée une *distance* qui fait de $\mathbf{R}^2$ un espace métrique. La distance de deux points A et B est, par définition, égale à $\|\overrightarrow{\mathrm{AB}}\|$. On la note plus simplement $|\mathrm{AB}|$ ou AB.

Les coordonnées d'un point du plan seront notées suivant les cas (x_1, x_2) ou (x, y). La première coordonnée est l'abscisse, la deuxième l'ordonnée. La droite $\mathbf{R}\times\{0\}$ est appelée axe des abscisses ou axe horizontal, elle est notée $\overrightarrow{0x_1}$ ou $\overrightarrow{0x}$. L'axe des ordonnées ou axe vertical est la droite $\{0\}\times\mathbf{R}$, notée $\overrightarrow{0x_2}$ ou $\overrightarrow{0y}$.

1. Droites du plan

La droite vectorielle Δ engendrée par un vecteur non nul $\vec{u}$ de $\mathbf{R}^2$ est l'ensemble des points M de $\mathbf{R}^2$ de la forme $\lambda\vec{u}$, où λ parcourt

$\mathbf{R}$. Supposons que l'on ait $\vec{u} = (a, b)$ et posons $M = (x, y)$. Les nombres réels a et b sont les coordonnées du vecteur $\vec{u}$, les nombres réels x et y sont les coordonnées du point M. Les équations paramétriques de la droite vectorielle Δ sont les suivantes :

(1) $$x = \lambda a, \qquad y = \lambda b, \qquad \lambda \in \mathbf{R}.$$

Si $\vec{v} = (c, d)$ est un vecteur non nul orthogonal à $\vec{u}$, l'ensemble des points M tels que $\overrightarrow{OM}$ soit orthogonal à $\vec{v}$ est une droite vectorielle contenant $\vec{u}$; c'est la droite Δ. L'équation implicite de Δ s'écrit

$$cx + dy = 0.$$

On peut prendre $\vec{v} = (-b, a)$. L'équation de la droite Δ s'écrit alors

(2) $$-bx + ay = 0.$$

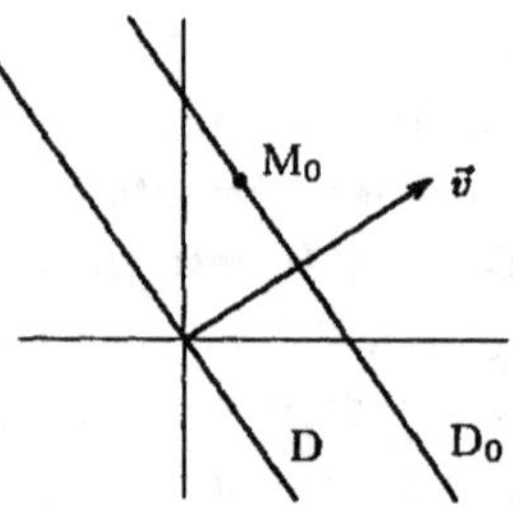

Soit M_0 un point du plan, et soient (x_0, y_0) ses coordonnées. La *droite affine* D_0 de direction Δ, contenant M_0, est l'ensemble des points M de $\mathbf{R}^2$ tels que $\overrightarrow{M_0M} \in \Delta$. Une représentation paramétrique est donnée par les relations

(3) $$x = x_0 + \lambda a, \qquad y = y_0 + \lambda b, \qquad \lambda \in \mathbf{R}.$$

L'équation implicite de D_0 s'écrit

(4) $$c(x - x_0) + d(y - y_0) = 0,$$

ou bien

(5) $$cx + dy = cx_0 + dy_0.$$

Si l'on note f la forme linéaire définie par $f(M) = cx + dy$, les équations (4) et (5) s'écrivent $f(\overrightarrow{M_0M}) = 0$ et $f(M) = f(M_0)$.

L'équation

$$ux + vy + w = 0$$

est l'équation d'une droite affine D du plan si u ou $v \neq 0$. Le vecteur de coordonnées (u, v) est orthogonal à cette droite. On dit que l'équation est *normalisée* si $u^2 + v^2 = 1$. Dans ce cas, la distance du point $M = (x, y)$ à la droite D est égale à $|ux + vy + w|$ (*cf.* exerc. 2).

Soient A et B deux points quelconques de D_0. Le vecteur $\overrightarrow{AB} = \overrightarrow{M_0B} - \overrightarrow{M_0A}$ appartient à Δ. Inversement, si $A \in D_0$ et si $\overrightarrow{AB} \in \Delta$, le point B appartient à D_0 car $\overrightarrow{M_0B} = \overrightarrow{M_0A} + \overrightarrow{AB}$. Ainsi, la direction Δ est déterminée par la donnée de D_0, et la droite affine D_0 est la droite affine de direction Δ, contenant A. Une droite affine est déterminée par un couple de points A et B distincts. On parle alors de la *droite affine passant par* A *et* B, ou de la droite affine AB. Certains auteurs la notent (AB). La direction Δ de la droite affine D_0 est déterminée par un vecteur non nul quelconque $\vec{u} \in \Delta$. On parle aussi de droite affine *de direction* $\vec{u}$, contenant M_0. On dit parfois que $\vec{u}$ est un *vecteur directeur* de D_0.

Une droite affine contenant l'origine est une droite vectorielle. Lorsqu'on parle d'une *droite*, sans autre précision, il s'agit d'une droite affine. On précise qu'il s'agit d'une droite vectorielle si l'on tient à dire qu'elle passe par l'origine.

2. Droites parallèles, droites orthogonales

DÉFINITION 1. – *Deux droites affines de* $\mathbf{R}^2$ *sont* parallèles *si elles ont même direction.*

PROPOSITION 1. – *Toute droite est parallèle à elle-même. Pour que deux droites distinctes de* $\mathbf{R}^2$ *soient parallèles, il faut et il suffit qu'elles n'aient aucun point commun.*

Deux droites ayant même direction et un point commun sont égales. Inversement, soient D et D′ deux droites sans point commun, et soient

$$(6) \qquad \begin{cases} a\,x + b\,y = c\,, \\ a'x + b'y = c', \end{cases}$$

leurs équations respectives. Le système d'équations linéaires (6) n'a aucune solution, par hypothèse. Son déterminant $ab' - ba'$ est nécessairement nul. Les vecteurs (a, b) et (a', b') sont proportionnels, donc les droites D et D′ ont pour direction la même droite vectorielle d'équation $ax + by = 0$. ||

DÉFINITION 2. – *Deux droites affines sont dites* orthogonales, *ou* perpendiculaires, *si leurs directions sont orthogonales.*

PROPOSITION 2. – *Deux droites de* $\mathbf{R}^2$ *qui ne sont pas parallèles ont un unique point commun. C'est le cas pour deux droites orthogonales.*

La première affirmation résulte de la prop. 1. D'autre part, deux droites affines orthogonales ne sont pas parallèles, car deux droites vectorielles orthogonales sont distinctes (I.1). ||

PROPOSITION 3. – *Soient* D *une droite affine et* M *un point du plan* $\mathbf{R}^2$. *Il existe un unique point* H *de* D *tel que le vecteur* $\overrightarrow{\mathrm{MH}}$ *soit orthogonal à* D. *Le point* H *est l'unique point réalisant le minimum de la distance* MP *lorsque le point* P *parcourt* D.

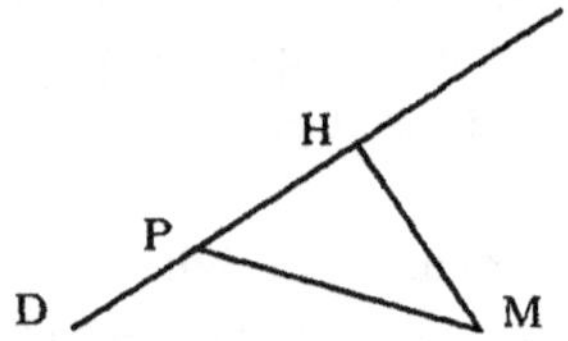

La droite orthogonale à D, issue de M, rencontre la droite D en un point H qui est l'unique point répondant à la question. Soit P un point de D ; comme les vecteurs $\overrightarrow{\mathrm{MH}}$ et $\overrightarrow{\mathrm{HP}}$ sont orthogonaux, on a

$$||\overrightarrow{\mathrm{MP}}||^2 = (\overrightarrow{\mathrm{MH}} + \overrightarrow{\mathrm{MP}})^2 = ||\overrightarrow{\mathrm{MH}}||^2 + ||\overrightarrow{\mathrm{HP}}||^2.$$

La deuxième assertion en résulte aussitôt. ||

Le point H est appelé *projeté orthogonal* du point M sur la droite D. L'application qui, à un point M du plan, associe le projeté orthogonal de M sur D est appelée *projection orthogonale* du plan sur la droite D. Cette application est notée p_{D}. La droite D est l'ensemble des points fixes de l'application p_{D}. Si Δ est une droite vectorielle, la projection orthogonale p_Δ est bien celle définie au chap. I.

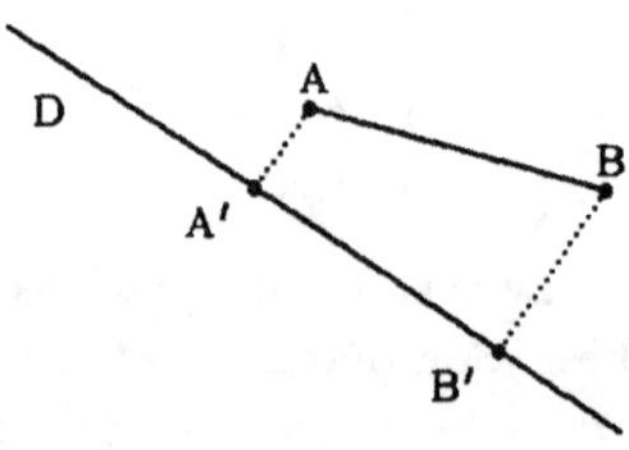

PROPOSITION 4. – *Soient* Δ *une droite vectorielle et* D *une droite affine de direction* Δ. *Soient* A *et* B *deux points du plan,* A′ *et* B′ *les projetés orthogonaux de* A *et* B *sur la droite* D. *On a*

$$\overrightarrow{\mathrm{A'B'}} = p_\Delta(\overrightarrow{\mathrm{AB}}).$$

Comme A′ et B′ sont des points de D, le vecteur $\overrightarrow{A'B'}$ appartient à la droite vectorielle Δ. Les vecteurs $\overrightarrow{AA'}$ et $\overrightarrow{BB'}$ sont orthogonaux à Δ. Le vecteur $\overrightarrow{A'B'} - \overrightarrow{AB}$ ($= \overrightarrow{BB'} - \overrightarrow{AA'}$) est donc orthogonal à Δ ; d'où le résultat. ||

Remarque. – Nous venons d'utiliser la relation

$$\overrightarrow{A'B'} - \overrightarrow{AB} = \overrightarrow{BB'} - \overrightarrow{AA'}.$$

Ce n'est pas autre chose que la relation

$$(b' - a') - (b - a) = (b' - b) - (a' - a),$$

valable dans tout groupe commutatif. C'est aussi la règle

$$\frac{b'}{a'} : \frac{b}{a} = \frac{b'}{b} : \frac{a'}{a},$$

si a, a', $b \neq 0$. Nous utiliserons souvent dans la suite cette relation, y compris pour les angles, sans citer le nom du mathématicien Michel Chasles (1793-1880).

Exercice. - Soient A, B, C, trois points distincts dans le plan.
a) Pour que les droites AB et AC soient orthogonales, il faut et il suffit que l'on ait

$$AB^2 + AC^2 = BC^2 \qquad \text{(Pythagore)}.$$

Lorsque cette condition est satisfaite, on dit que le triangle ABC est *rectangle* en A.
b) Supposons que le triangle ABC soit rectangle en A, et notons $\widehat{B}$ l'angle $(\overrightarrow{BC}, \overrightarrow{BA})$. Démontrer les relations

$$BA = BC \cos \widehat{B}, \qquad AC = BC\,|\sin \widehat{B}|.$$

3. Translations, rotations, symétries

Définition 3. – *Soit* $\vec{v}$ *un vecteur de* $\mathbf{R}^2$. *La* translation *de vecteur* $\vec{v}$ *est l'application de* $\mathbf{R}^2$ *dans* $\mathbf{R}^2$ *qui envoie un point* M *du plan au point* M′ *tel que*

$$\overrightarrow{0M'} = \overrightarrow{0M} + \vec{v}.$$

Cette application est notée $tr_{\vec{v}}$.

Il résulte de la définition que l'on a $\vec{v} = \overrightarrow{MM'}$. Par suite, la donnée de la translation détermine le vecteur de la translation. La translation de vecteur 0 est l'application identique. Une translation de vecteur $\vec{v} \neq 0$ n'a aucun point fixe.

L'application composée de deux translations est une translation. On a précisément

$$tr_{\vec{u}} \circ tr_{\vec{v}} = tr_{\vec{v}} \circ tr_{\vec{u}} = tr_{\vec{u}+\vec{v}} \,.$$

PROPOSITION 5. – *Soient* t *une translation,* A *et* B *deux points de* $\mathbf{R}^2$, $A' = t(A)$ *et* $B' = t(B)$ *leurs transformés par* t. *On a*

$$\overrightarrow{A'B'} = \overrightarrow{AB}.$$

En particulier, une translation conserve les distances et les angles.

Si t est la translation de vecteur $\vec{v}$, on a $\vec{v} = \overrightarrow{AA'} = \overrightarrow{BB'}$, d'où $\overrightarrow{A'B'} = \overrightarrow{AB}$. ||

DÉFINITION 4. – *Soient* I *un point de* $\mathbf{R}^2$ *et* θ *un nombre réel. La* rotation *de centre* I, *d'angle* θ, *est l'application de* $\mathbf{R}^2$ *dans* $\mathbf{R}^2$ *qui envoie un point* M *du plan au point* M' *tel que*

$$\overrightarrow{IM'} = rot_\theta(\overrightarrow{IM}),$$

où rot_θ *est la rotation vectorielle d'angle* θ (I.4).

Nous noterons $rot_{(I,\theta)}$ la rotation de centre I, d'angle θ. Le point I est un point fixe de $rot_{(I,\theta)}$; c'est le seul si $\theta \not\equiv 0 \pmod{2\pi}$. Si une rotation est distincte de l'application identique, son centre est bien déterminé (c'est l'unique point fixe), son angle est déterminé par $\overrightarrow{IM'} = rot_\theta(\overrightarrow{IM})$ (I.4, prop. 8), la mesure θ de cet angle est déterminée $\pmod{2\pi}$.

La rotation de centre I et d'angle π est appelée *symétrie* par rapport au point I, ou symétrie de centre I. Le transformé du point M par la symétrie de centre I est le point M' tel que $\overrightarrow{IM'} = -\overrightarrow{IM}$.

PROPOSITION 6. – *Soient* r *une rotation d'angle* θ, A *et* B *deux points de* $\mathbf{R}^2$, $A' = r(A)$ *et* $B' = r(B)$ *leurs transformés par* r. *On a*

$$\overrightarrow{A'B'} = rot_\theta(\overrightarrow{AB}).$$

En effet $\overrightarrow{A'B'} = \overrightarrow{IB'} - \overrightarrow{IA'} = rot_\theta(\overrightarrow{IB}) - rot_\theta(\overrightarrow{IA}) = rot_\theta(\overrightarrow{AB})$. ||

COROLLAIRE. – *Une rotation conserve les angles et les distances.*

La rotation vectorielle rot_θ conserve la norme, et l'on a donc $\|\overrightarrow{A'B'}\| = \|\overrightarrow{AB}\|$, d'où la conservation des distances. La conservation des angles résulte de la prop. 11 du chapitre I. ||

Soit D une droite du plan. Etant donné un point M du plan, notons H le projeté orthogonal de M sur la droite D, et M′ le point défini par $\overrightarrow{MM'} = 2\overrightarrow{MH}$. On dit que le point M′ est le ***symétrique*** du point M par rapport à la droite D. L'application qui, au point M, associe le point M′ est appelée ***symétrie orthogonale*** (ou simplement symétrie) par rapport à la droite D, ou symétrie d'axe D. Nous noterons sym_D cette application. Pour que M soit un point fixe de l'application sym_D, il faut et il suffit que H = M, c'est-à-dire que M soit un point de D. La donnée d'une symétrie détermine son axe comme ensemble des points fixes.

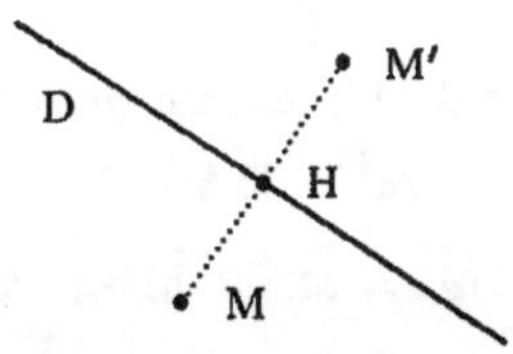

Le vecteur $\overrightarrow{HM'}$ est orthogonal à D, par suite le point H est aussi le projeté orthogonal de M′ sur la droite D. On a donc $sym_D(M') = M$. Autrement dit

$$sym_D \circ sym_D = Id_{\mathbb{R}^2}.$$

Si Δ est une droite vectorielle, la symétrie par rapport à la droite Δ est la symétrie orthogonale définie au chapitre I.

PROPOSITION 7. – *Soient* Δ *une droite vectorielle et* D *une droite affine de direction* Δ. *Soient* A *et* B *deux points du plan,* A′ *et* B′ *les symétriques de* A *et* B *par rapport à la droite* D. *On a*

$$\overrightarrow{A'B'} = sym_\Delta(\overrightarrow{AB}).$$

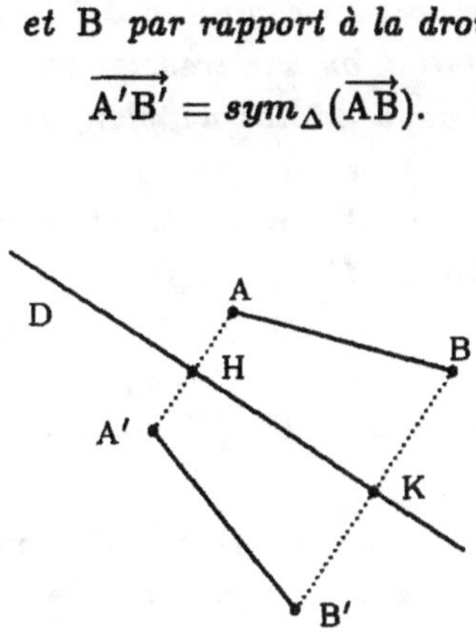

Soient H et K les projetés orthogonaux des points A et B sur la droite D. On sait que $\overrightarrow{\mathrm{HK}} = p_\Delta(\overrightarrow{\mathrm{AB}})$ (prop. 4). Par ailleurs

$$\overrightarrow{\mathrm{A'B'}} - \overrightarrow{\mathrm{AB}} = \overrightarrow{\mathrm{BB'}} - \overrightarrow{\mathrm{AA'}} = 2\,(\overrightarrow{\mathrm{BK}} - \overrightarrow{\mathrm{AH}}) = 2\,(\overrightarrow{\mathrm{HK}} - \overrightarrow{\mathrm{AB}}),$$

ce qui montre que $\overrightarrow{\mathrm{A'B'}} = sym_\Delta(\overrightarrow{\mathrm{AB}})$. ||

COROLLAIRE. – *Une symétrie orthogonale conserve les distances et transforme les angles en leurs opposés.*

DÉFINITION 5. – *Soient* A *et* B *deux points du plan. Le* milieu *du segment* AB *est le point* I *défini par* $\overrightarrow{\mathrm{AB}} = 2\,\overrightarrow{\mathrm{AI}}$. *C'est l'unique point du plan tel que l'on ait* $\overrightarrow{\mathrm{IA}} + \overrightarrow{\mathrm{IB}} = 0$.

Le milieu I du segment AB est un point de la droite AB. Pour tout point M du plan, on a $2\,\overrightarrow{\mathrm{MI}} = \overrightarrow{\mathrm{MA}} + \overrightarrow{\mathrm{AI}} + \overrightarrow{\mathrm{MB}} + \overrightarrow{\mathrm{BI}}$, d'où

$$2\,\overrightarrow{\mathrm{MI}} = \overrightarrow{\mathrm{MA}} + \overrightarrow{\mathrm{MB}}.$$

Cette propriété caractérise le milieu du segment AB.

Soit M un point du plan. On a

$$\overrightarrow{\mathrm{MA}}^2 - \overrightarrow{\mathrm{MB}}^2 = (\overrightarrow{\mathrm{MA}} + \overrightarrow{\mathrm{MB}}) \cdot (\overrightarrow{\mathrm{MA}} - \overrightarrow{\mathrm{MB}}) = 2\,\overrightarrow{\mathrm{MI}} \cdot \overrightarrow{\mathrm{AB}}. \tag{7}$$

PROPOSITION 8. – *Soient* A *et* B *deux points distincts dans le plan. L'ensemble des points* M *du plan qui sont équidistants des points* A *et* B *est la droite orthogonale à* AB *passant par le milieu du segment* AB.

Cette droite est l'axe de l'unique symétrie transformant A *en* B. *Elle est appelée* médiatrice *du segment* AB.

La proposition résulte immédiatement de la relation (7). ||

PROPOSITION 9. – *L'application composée de deux symétries orthogonales du plan est une rotation ou une translation.*

Soient D *et* D′ *deux droites du plan, et soit* f *l'application composée* $sym_{\mathrm{D'}} \circ sym_{\mathrm{D}}$.

a) *Si les droites* D *et* D′ *ont un point commun* I, *l'application* f *est la rotation de centre* I, *d'angle* $2\,(\mathrm{D}, \mathrm{D'})$.

b) *Si les droites* D *et* D′ *sont parallèles, l'application* f *est une translation. Soient* $\mathrm{H} \in \mathrm{D}$ *et* $\mathrm{H'} \in \mathrm{D'}$ *deux points tels que la droite* HH′ *soit orthogonale aux droites* D *et* D′ ; *l'application* f *est la translation de vecteur* $2\overrightarrow{\mathrm{HH'}}$.

a) Supposons que les droites D et D′ aient un point commun I. Soient Δ et Δ′ les directions respectives de D et D′. Soit M un point du plan, et soient $M' = sym_D(M)$, $M'' = sym_{D'}(M')$. D'après la prop. 7, on a

$$\overrightarrow{IM''} = sym_{\Delta'} \circ sym_{\Delta}(\overrightarrow{IM}).$$

D'après la prop. 16 du chapitre I, l'application composée $sym_{\Delta'} \circ sym_{\Delta}$ est la rotation vectorielle d'angle $2(\Delta, \Delta')$. La mesure (D, D') de l'angle de deux droites affines n'a pas encore été définie. Par définition, c'est la mesure (Δ, Δ') de l'angle des directions de D et D'. On vérifie bien que $2(D, D')$ est un nombre réel défini à 2π près, et que la rotation d'angle $2(D, D')$ est bien définie.

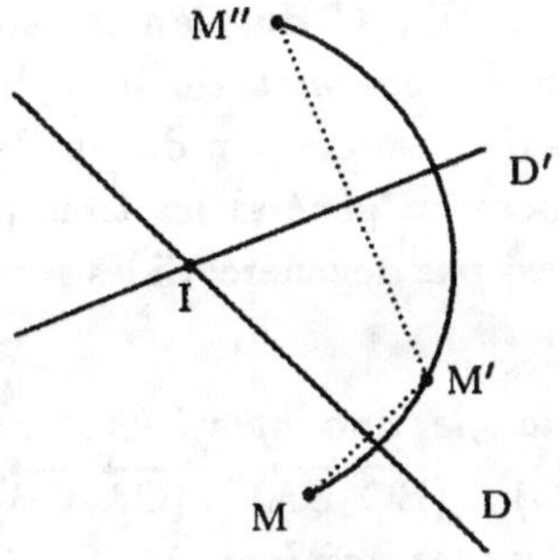

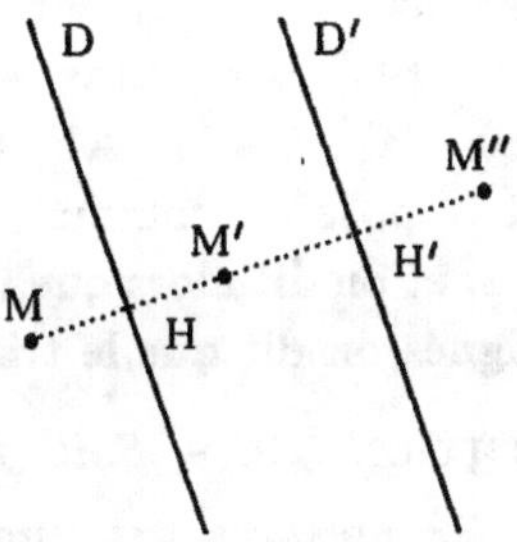

b) Soit M un point du plan, posons $M' = sym_D(M)$ et $M'' = sym_{D'}(M')$. Les points M, M' et M'' sont alignés sur la droite L orthogonale à D et D', issue du point M. Les points H et H' d'intersection de la droite L et des droites D et D' respectivement sont les projetés orthogonaux des trois points M, M' et M'' sur ces deux droites. Par définition d'une symétrie orthogonale, on a

$$\overrightarrow{MM'} = 2\overrightarrow{MH} = 2\overrightarrow{HM'}, \qquad \overrightarrow{M'M''} = 2\overrightarrow{M'H'},$$

d'où

$$\overrightarrow{MM''} = 2\,\overrightarrow{HH'}.$$

Il reste juste à démontrer que le vecteur $\overrightarrow{HH'}$ ne dépend pas du choix du point M. Si les droites D et D' sont confondues, alors $\overrightarrow{HH'} = 0$. Sinon, notre assertion résulte immédiatement du lemme suivant.

Lemme du parallélogramme. – Soient A, A', B, B' *quatre points non alignés. On suppose* AB *parallèle à* $A'B'$, *et* AA' *parallèle à* BB'. *On a alors*

$$\overrightarrow{AB} = \overrightarrow{A'B'}, \qquad \overrightarrow{AA'} = \overrightarrow{BB'}.$$

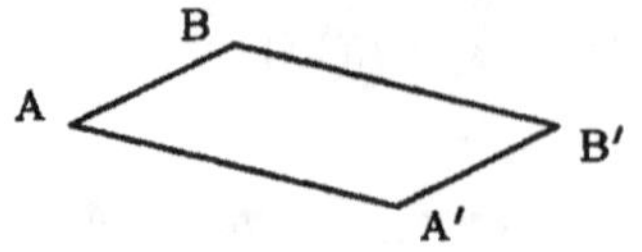

Parmi les quatre points, il en existe trois qui ne sont pas alignés, par exemple A, A′ et B. Le vecteur $\vec{v} = \overrightarrow{BB'} - \overrightarrow{AA'} = \overrightarrow{A'B'} - \overrightarrow{AB}$ est colinéaire à $\overrightarrow{AA'}$ et $\overrightarrow{AB}$; il est donc nul. ||

4. Angles, triangles et cercles

La figure formée par trois points A, B, C du plan est appelée *triangle* ABC. Les points A, B, C sont les *sommets* du triangle. Les segments BC, CA et AB sont les *côtés* du triangle. On dit que le côté BC est opposé au sommet A. On suppose en général les trois points distincts, et on dit alors que le triangle n'est pas dégénéré. Si les sommets sont alignés on dit que le triangle est *aplati*.

PROPOSITION 10. – *Soit* ABC *un triangle non aplati. Notons* $\widehat{A}$, $\widehat{B}$, $\widehat{C}$ *les mesures des angles* $(\overrightarrow{AB}, \overrightarrow{AC})$, $(\overrightarrow{BC}, \overrightarrow{BA})$, $(\overrightarrow{CA}, \overrightarrow{CB})$ *qui appartiennent à l'intervalle* $]-\pi, \pi[$. *Alors les nombres* $\widehat{A}$, $\widehat{B}$, $\widehat{C}$ *ont même signe et l'on a*

$$\widehat{A} + \widehat{B} + \widehat{C} = \pm\pi.$$

En effet, on a

$$(\overrightarrow{AB}, \overrightarrow{AC}) + (\overrightarrow{CA}, \overrightarrow{CB}) + (\overrightarrow{BC}, \overrightarrow{BA}) = (\overrightarrow{AB}, \overrightarrow{BA}),$$

et $(\overrightarrow{AB}, \overrightarrow{BA}) \equiv \pi \pmod{2\pi}$, d'où $\widehat{A} + \widehat{B} + \widehat{C} \equiv \pi \pmod{2\pi}$. Comme $|\widehat{A} + \widehat{B} + \widehat{C}|$ est $< 3\pi$, on a donc $\widehat{A} + \widehat{B} + \widehat{C} = \pm\pi$.

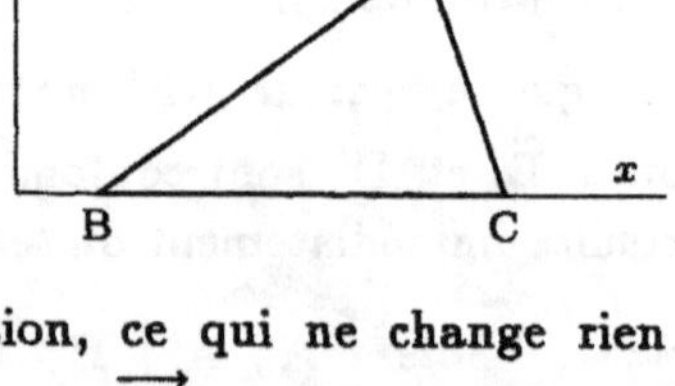

Par une rotation, ce qui ne change rien aux angles, on peut supposer que le vecteur $\overrightarrow{BC}$ a pour coordonnées $(a, 0)$, avec $a > 0$. Le vecteur unitaire $\overrightarrow{BC}/|BC|$ a pour coordonnées $(1, 0)$. La rotation vectorielle d'angle $(\overrightarrow{BC}, \overrightarrow{BA})$ transforme le vecteur unitaire $\overrightarrow{BC}/|BC|$

en le vecteur unitaire $\overrightarrow{BA}/|BA|$. Le vecteur $\overrightarrow{BA}$ a donc pour coordonnées $(|BA|\cos\widehat{B}, |BA|\sin\widehat{B})$. De même, la rotation vectorielle d'angle $(\overrightarrow{CB}, \overrightarrow{CA})$ transforme le vecteur unitaire $\overrightarrow{CB}/|CB|$, de coordonnées $(-1, 0)$, en le vecteur unitaire $\overrightarrow{CA}/|CA|$. Le vecteur $\overrightarrow{CA}$ a donc pour coordonnées $(-|CA|\cos(-\widehat{C}), -|CA|\sin(-\widehat{C}))$. Par suite, on a $|BA|\sin\widehat{B} = |CA|\sin\widehat{C}$, ce qui montre que les nombres $\widehat{B}$ et $\widehat{C}$ ont même signe. En permutant les rôles des sommets, on obtient que les nombres $\widehat{A}$, $\widehat{B}$, $\widehat{C}$ ont même signe. ||

Supposons comme ci-dessus que les points B et C soient sur l'axe horizontal $\overrightarrow{0x}$, et que $\overrightarrow{BC} = (a, 0)$, avec $a > 0$. Les nombres $\widehat{A}$, $\widehat{B}$, $\widehat{C}$ sont > 0 si le point A est au-dessus de l'axe $\overrightarrow{0x}$, ils sont négatifs si le point A est en-dessous de $\overrightarrow{0x}$. Un triangle orienté est un triangle ABC dont on impose l'ordre dès sommets. Si les nombres $\widehat{A}$, $\widehat{B}$, $\widehat{C}$ sont > 0, on dit que le triangle orienté ABC est direct. On dit qu'il est indirect dans le cas contraire. Un triangle direct reste direct après une permutation paire de l'ordre des sommets (permutation circulaire), il devient indirect après une permutation impaire des sommets (transposition de deux sommets).

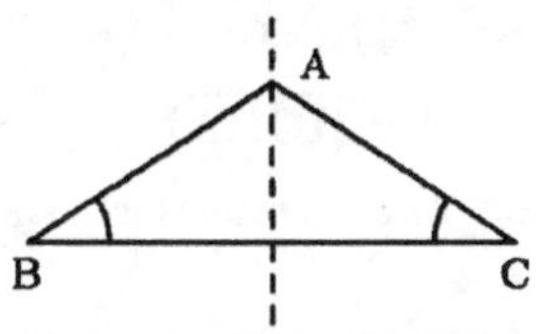

On dit qu'un triangle ABC est *isocèle* en A si AB = AC. Il est équivalent de dire que le point A appartient à la médiatrice de BC, ou que les points B et C sont symétriques par rapport à une droite issue de A.

Si le triangle ABC est isocèle en A, on a

$$\widehat{B} = \widehat{C}, \qquad \widehat{A} + 2\widehat{B} = \pm\pi.$$

En effet, la symétrie par rapport à la médiatrice de BC transforme l'angle $(\overrightarrow{CA}, \overrightarrow{CB})$ en l'angle $(\overrightarrow{BA}, \overrightarrow{BC})$, et l'on a

$$(\overrightarrow{CA}, \overrightarrow{CB}) = -(\overrightarrow{BA}, \overrightarrow{BC}) = (\overrightarrow{BC}, \overrightarrow{BA}).$$

Exercice. - Démontrer que, si $\widehat{B} = \widehat{C}$, le triangle ABC est isocèle en A.

Soient I un point du plan et R un nombre réel ≥ 0. On appelle *cercle* de centre I, de rayon R, l'ensemble des points M du plan tels que IM = R.

Proposition 11. – *Etant donnés trois points non alignés* A, B, C *du plan, il existe un unique cercle passant par ces trois points. Si* I *désigne le centre de ce cercle, on a*

$$(\overrightarrow{IB}, \overrightarrow{IC}) \equiv 2(\overrightarrow{AB}, \overrightarrow{AC}) \pmod{2\pi}.$$

Les médiatrices de AB et AC ne sont pas parallèles. Elles se rencontrent en un point I qui est l'unique point du plan équidistant de A, B, C. Le point I est le centre d'un cercle passant par A, B et C.

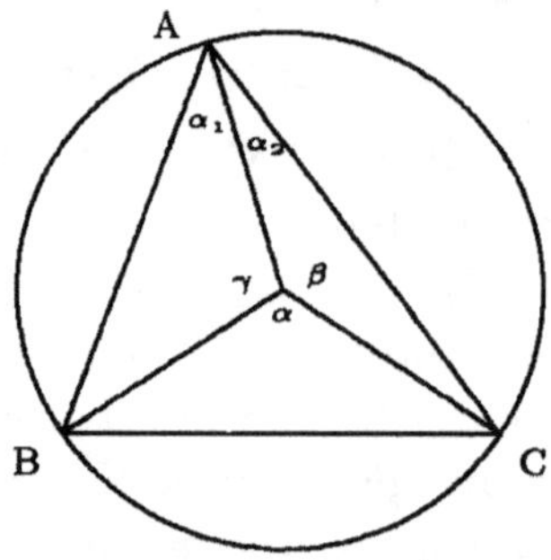

Posons

$$\alpha_1 = (\overrightarrow{AB}, \overrightarrow{AI}), \quad \alpha_2 = (\overrightarrow{AI}, \overrightarrow{AC}),$$
$$\alpha = (\overrightarrow{IB}, \overrightarrow{IC}), \quad \beta = (\overrightarrow{IC}, \overrightarrow{IA}), \quad \gamma = (\overrightarrow{IA}, \overrightarrow{IB}).$$

On a $\alpha + \beta + \gamma \equiv 0 \pmod{2\pi}$. Dans les triangles isocèles IAB et IAC, on a les relations

$$2\alpha_1 + \gamma \equiv \pi, \qquad 2\alpha_2 + \beta \equiv \pi \pmod{2\pi}.$$

Par ailleurs, on a $\alpha_1 + \alpha_2 = (\overrightarrow{AB}, \overrightarrow{AC})$, d'où

$$2(\overrightarrow{AB}, \overrightarrow{AC}) \equiv 2\pi - \gamma - \beta \equiv \alpha \pmod{2\pi}. \qquad \|$$

Théorème. – *Etant donnés deux points distincts* B *et* C *du plan et un nombre réel* α, *l'ensemble des points* M *du plan (privé de* B *et* C) *tels que* $(\overrightarrow{MB}, \overrightarrow{MC}) \equiv \alpha/2 \pmod{\pi}$ *est la droite* BC *ou un cercle passant par* B *et* C *(privés de* B *et* C).

Si $\alpha \equiv 0 \pmod{2\pi}$, la condition signifie que les vecteurs $\overrightarrow{MB}$ et $\overrightarrow{MC}$ sont colinéaires. Si $\alpha \not\equiv 0 \pmod{2\pi}$, démontrons qu'il existe un unique point I de la médiatrice Δ de BC tel que $(\overrightarrow{IB}, \overrightarrow{IC}) \equiv \alpha \ (2\pi)$. Si I est un point de Δ, on a

$$(\overrightarrow{IB}, \overrightarrow{IC}) \equiv \pi - 2(BC, BI) \pmod{2\pi}.$$

Soit D la droite issue de B dont l'angle (BC, D) avec BC vaut $(\pi - \alpha)/2 \pmod{\pi}$. La droite D n'est pas orthogonale à BC. Elle rencontre donc la médiatrice Δ en un point I. Ce point est bien l'unique point répondant à la question. On applique alors la prop. 11. ||

COMPLÉMENT. – *Supposons* $\alpha \not\equiv 0 \pmod{2\pi}$ *et soit* $\mathcal{C}$ *le cercle lieu des points* M *du plan tels que* $(\overrightarrow{MB}, \overrightarrow{MC}) \equiv \alpha/2 \pmod{\pi}$. *Soit* α' *l'unique nombre réel de l'intervalle* $]0, \pi[$ *tel que* $2\alpha' \equiv \alpha \pmod{2\pi}$. *La droite* BC *sépare le cercle* $\mathcal{C}$ *en deux arcs dont l'un est le lieu des points* M *tels que* $(\overrightarrow{MB}, \overrightarrow{MC}) \equiv \alpha' \pmod{2\pi}$ *et l'autre le lieu des points* M *tels que* $(\overrightarrow{MB}, \overrightarrow{MC}) \equiv \alpha' - \pi \pmod{2\pi}$.

Pour fixer les idées, supposons que $\overrightarrow{BC}$ soit un vecteur horizontal > 0 comme dans la discussion qui suit la prop. 10. Il résulte de cette discussion que, si M est un point situé strictement au-dessus de l'axe $\overrightarrow{0x}$ la mesure de l'angle $(\overrightarrow{MB}, \overrightarrow{MC})$ qui appartient à l'intervalle $]-\pi, \pi[$ est > 0, et qu'elle est < 0 pour les points situés au-dessous de l'axe. ||

COROLLAIRE. – *Pour que quatre points distincts* A, B, C, D *du plan soient situés sur une même droite ou un même cercle, il faut et il suffit que l'on ait*

$$(AB, AC) \equiv (DB, DC) \pmod{\pi}. \qquad ||$$

5. Isométries du plan euclidien

DÉFINITION 6. – *On appelle* isométrie *de* $\mathbf{R}^2$ *toute application* f *de* $\mathbf{R}^2$ *dans* $\mathbf{R}^2$ *qui conserve les distances. Cela signifie que, pour tous points* A *et* B *de* $\mathbf{R}^2$, *on a* $|f(A)f(B)| = |AB|$.

Nous avons vu que les translations, rotations et symétries orthogonales sont des isométries. Ce ne sont pas les seules. Nous allons expliciter toutes les isométries du plan euclidien dans ce paragraphe et le suivant.

PROPOSITION 12. – *Toute isométrie du plan euclidien est produit de* 0, 1, 2 *ou* 3 *symétries orthogonales.*

Par convention, l'application identique est considérée comme produit de 0 symétries orthogonales. Nous allons d'abord démontrer qu'une isométrie qui a trois points fixes non alignés est l'application identique. Ensuite nous nous ramènerons à ce cas en introduisant suffisamment de points fixes par composition de l'isométrie donnée avec des symétries orthogonales.

Soit f une isométrie de $\mathbf{R}^2$. Si M est un point du plan, on notera M′ le point image $f(\mathrm{M})$. Nous commençons par une remarque qui sera utilisée à plusieurs reprises. Si A est un point fixe de f, c'est-à-dire si $\mathrm{A} = \mathrm{A}'$, et si M est un point quelconque du plan, on a $|\mathrm{AM}| = |\mathrm{A'M'}| = |\mathrm{AM'}|$. Si M′ est distinct de M, le point A appartient à la médiatrice du segment MM′.

a) Supposons que l'isométrie f laisse fixes trois points non alignés. Soit M un point du plan. Si les points M et M′ sont distincts, la médiatrice du segment MM′ contient les trois points fixes non alignés, ce qui est absurde. Par suite, l'application f laisse fixe tout point du plan : c'est l'application identique.

b) Supposons que l'isométrie f laisse fixes deux points A et B distincts, mais aucun point situé hors de la droite D joignant A et B. Soit C un point pris hors de la droite D. Les points C et C′ sont distincts, la médiatrice du segment CC′ est la droite D car elle contient les points A et B. L'application $g = sym_{\mathrm{D}} \circ f$ est une isométrie qui laisse fixes les points A, B et C. D'après a), g est l'application identique, donc $f = sym_{\mathrm{D}}$.

c) Supposons que l'isométrie f ait un unique point fixe A. Soit B un point distinct de A. La médiatrice D du segment BB′ passe par A. L'application $g = sym_{\mathrm{D}} \circ f$ est une isométrie qui laisse fixes les points A et B. D'après a) et b), l'isométrie g est une symétrie orthogonale ou l'application identique. Ce dernier cas est exclu car tout point de D serait alors un point fixe de f. Il existe donc une droite D′ telle que $sym_{\mathrm{D}} \circ f = sym_{\mathrm{D}'}$, d'où $f = sym_{\mathrm{D}} \circ sym_{\mathrm{D}'}$

d) Si l'application f n'a aucun point fixe, on en introduit un en composant comme ci-dessus f avec la symétrie sym_{D} par rapport à la bissectrice D d'un segment AA′. L'isométrie $g = sym_{\mathrm{D}} \circ f$ a au moins un point fixe, le point A. D'après ce qui précède, l'isométrie g est composée d'une ou deux symétries (ce ne peut être l'identité). Par suite, l'isométrie $f = sym_{\mathrm{D}} \circ g$ est produit de deux ou trois symétries.

Remarque. – Si une isométrie laisse fixes deux points A et B distincts, elle laisse fixes tous les points de la droite AB. En effet, soit M un point du plan et soit M′ son transformé par l'isométrie. On a déjà vu que, si $\mathrm{M} \neq \mathrm{M}'$, la médiatrice du segment MM′ est la droite AB. C'est impossible si le point M appartient à la droite AB.

COROLLAIRE. – *Les isométries du plan constituent un groupe de bijections affines du plan engendré par les symétries orthogonales.*

L'application composée de deux isométries conserve les distances ; c'est donc une isométrie. La surprise, c'est qu'un isométrie du plan est bijective, car elle est produit de symétries qui sont des applications bijectives. L'application réciproque conserve aussi les distances. Nous préciserons plus loin ce qu'est une application affine ; disons pour l'instant que ce sont les applications qui conservent l'alignement. ||

6. Forme canonique des isométries du plan

Lemme. – Le produit de 4 symétries orthogonales est égal au produit de 2 symétries orthogonales.

La démonstration repose sur les deux faits suivants établis dans la prop. 9. Si D_1 et D_2 sont deux droites issues d'un point I, l'application composée $sym_{D_2} \circ sym_{D_1}$ est la rotation de centre I, d'angle $2(D_1, D_2)$. Elle est donc égale à $sym_{D'_2} \circ sym_{D'_1}$ pour tout couple de droites D'_1, D'_2, issues de I, telles que $(D'_1, D'_2) = (D_1, D_2)$. De même, si deux droites D_1 et D_2 sont parallèles, l'application composée $sym_{D_2} \circ sym_{D_1}$ est la translation de vecteur $2\overrightarrow{H_1H_2}$, avec $H_1 \in D_1$, $H_2 \in D_2$ et H_1H_2 orthogonal à D_1. Cette translation est le produit $sym_{D'_2} \circ sym_{D'_1}$ pour tout couple de droites D'_1, D'_2, parallèles à D_1, et telles que la droite D'_2 se déduise de D'_1 par la translation de vecteur $\overrightarrow{H_1H_2}$.

Démontrons maintenant le lemme. Soient D_1, D_2, D_3, D_4 quatre droites du plan, et soit f l'application composée

$$f = sym_{D_4} \circ sym_{D_3} \circ sym_{D_2} \circ sym_{D_1}.$$

a) Si les droites D_2, D_3 et D_4 sont parallèles, il existe une droite D'_4 telle que $sym_{D'_4} \circ sym_{D_2} = sym_{D_4} \circ sym_{D_3}$. Le produit $sym_{D_4} \circ sym_{D_3} \circ sym_{D_2}$ est alors égal à $sym_{D'_4}$ car $sym_{D_2} \circ sym_{D_2}$ est l'application identique. Par suite $f = sym_{D'_4} \circ sym_{D_1}$.

b) Si les droites D_3 et D_4 sont parallèles, et si les droites D_1 et D_2 sont parallèles, alors f est une translation comme composée des deux translations $sym_{D_2} \circ sym_{D_1}$ et $sym_{D_4} \circ sym_{D_3}$.

c) Si les droites D_3 et D_4 sont parallèles, et si les droites D_1 et D_2 ont un point commun I, soit D'_2 la parallèle à D_3 issue de I, et soit D'_1 la droite issue de I telle que $(D'_1, D'_2) = (D_1, D_2)$. On sait que la rotation $sym_{D_2} \circ sym_{D_1}$ est égale à la rotation $sym_{D'_2} \circ sym_{D'_1}$. On est alors ramené au cas envisagé au a).

d) Si les droites D_3 et D_4 sont concourantes en un point I, dans un premier temps, en les remplaçant par deux autre droites issues de I, et ayant le même angle, on peut se ramener au cas ou D_2 et D_3 sont concourantes. On peut alors, par le même procédé, rendre D_3 parallèle à D_4, et on est ramené à b) et c). ||

PROPOSITION 13. – *Le produit d'un nombre pair de symétries orthogonales est une translation ou une rotation. Le produit d'un nombre impair de symétries orthogonales est une symétrie orthogonale ou le produit de trois symétries orthogonales. Le produit d'un nombre pair de symétries orthogonales ne peut être égal au produit d'un nombre impair de symétries orthogonales.*

Les deux premières assertions résultent immédiatement du lemme. Pour démontrer la dernière assertion, remarquons d'abord, en regardant les ensembles de points fixes, qu'une symétrie ne peut être égale à une rotation ou à une translation. Démontrons maintenant qu'il est impossible que le produit $s_3 \circ s_2 \circ s_1$ de trois symétries soit égal au produit $s_5 \circ s_4$ de deux symétries. En composant l'égalité $s_3 \circ s_2 \circ s_1 = s_5 \circ s_4$ par s_5 à gauche, on obtiendrait alors $s_5 \circ s_3 \circ s_2 \circ s_1 = s_4$. Mais le produit $s_5 \circ s_3 \circ s_2 \circ s_1$ est une rotation ou une translation, et ne peut être égal à la symétrie s_4. ||

COROLLAIRE. – *Les rotations et translations constituent un sous-groupe distingué d'indice 2 du groupe des isométries du plan.*

Les produits d'un nombre pair de symétries (translations et rotations) sont appelés isométries *directes*, ou *déplacements* du plan. Le produit de deux déplacements est un déplacement, l'inverse d'un déplacement est un déplacement. L'ensemble $\mathcal{I}^+(2)$ des déplacements est un sous-groupe du groupe $\mathcal{I}(2)$ des isométries du plan. Les produits d'un nombre impair de symétries sont appelés isométries *indirectes*, ou *antidéplacements*. Ils constituent un sous-ensemble $\mathcal{I}^-(2)$ de $\mathcal{I}(2)$. Si $s \in \mathcal{I}^-(2)$, l'application $f \mapsto f \circ s$ induit une bijection de $\mathcal{I}^+(2)$ sur $\mathcal{I}^-(2)$, la bijection réciproque étant l'application $g \mapsto g \circ s^{-1}$. ||

PROPOSITION 14. – *Une isométrie indirecte qui a un point fixe est une symétrie orthogonale. Une isométrie indirecte sans point fixe peut s'écrire de façon unique comme composée de la symétrie par rapport à une droite* D *et d'une translation* t *de vecteur non nul parallèle à* D *(cette dernière condition équivaut à* $t \circ sym_D = sym_D \circ t$ *).*

Soit f une isométrie indirecte ayant un point fixe A. Soit B un point du plan qui soit distinct de son transformé B′. La médiatrice D du segment BB′ passe par A, et l'application $sym_D \circ f$ est un déplacement ayant au moins deux points fixes. Ce déplacement est nécessairement l'identité. Par suite $f = sym_{\mathrm{D}}$.

Soit f une isométrie indirecte sans point fixe. Soit A un point du plan ; posons $\mathrm{A}' = f(\mathrm{A})$ et $\vec{u} = \overrightarrow{\mathrm{A'A}}$. L'application $tr_{\vec{u}} \circ f$ est une isométrie indirecte qui laisse fixe le point A. C'est donc la symétrie par rapport à une droite D_1. On a $tr_{\vec{u}} \circ f = sym_{\mathrm{D}_1}$, d'où $f = tr_{-\vec{u}} \circ sym_{\mathrm{D}_1}$. Décomposons le vecteur $\vec{u}$ en somme $\vec{v} + \vec{w}$ d'un vecteur $\vec{v}$ parallèle à D_1 et d'un vecteur $\vec{w}$ orthogonal à D_1. Il existe une droite D parallèle à D_1 telle que $tr_{-\vec{w}} = sym_{\mathrm{D}} \circ sym_{\mathrm{D}_1}$. On a alors

$$f = tr_{-\vec{v}} \circ sym_{\mathrm{D}} \circ sym_{\mathrm{D}_1} \circ sym_{\mathrm{D}_1} = tr_{-\vec{v}} \circ sym_{\mathrm{D}}$$

comme annoncé. La droite D est stable par l'application f (ce qui signifie que l'image par f de tout point de D est un point de D). Comme l'application f n'a pas de point fixe, le vecteur $\vec{v}$ n'est pas nul. On vérifie sans peine que la droite D est la seule droite invariante par f. L'unicité de la décomposition $f = tr_{-\vec{v}} \circ sym_{\mathrm{D}}$ en résulte. ||

N.B. Dans ces deux derniers paragraphes, j'ai suivi l'exposé de Jean-Marie ARNAUDIES dans son petit livre *Les cinq polyèdres réguliers et leurs groupes* (CDU, Paris, 1969). La classification des isométries du plan était connue de Leonhard EULER (1707-1783).

Exercices

1

a) Dans le plan rapporté à des axes quelconques $(\overrightarrow{0x}, \overrightarrow{0y})$, on considère les points $\mathrm{M} = (x, y)$, $\mathrm{M}' = (x', y')$ et $\mathrm{M}'' = (x'', y'')$. Démontrer que, pour que ces points soient alignés, il faut et il suffit que l'on ait

$$\begin{vmatrix} x & y & 1 \\ x' & y' & 1 \\ x'' & y'' & 1 \end{vmatrix} = 0.$$

b) Soient D, D′ et D″ les droites d'équations respectives

$$\begin{aligned} ux + vy + w &= 0, \\ u'x + v'y + w' &= 0, \\ u''x + v''y + w'' &= 0. \end{aligned}$$

Démontrer que, pour que les droites D, D′ et D″ soient parallèles ou concourantes, il faut et il suffit que l'on ait

$$\begin{vmatrix} u & v & w \\ u' & v' & w' \\ u'' & v'' & w'' \end{vmatrix} = 0.$$

2

Soit D la droite (affine) de $\mathbf{R}^2$ dont l'équation est $ux + vy + w = 0$.
Déterminer les coordonnées de la projection orthogonale du point 0 sur la droite D. En déduire la valeur de la distance de 0 à D.
Démontrer que la distance à la droite D du point M de coordonnées (x, y) est égale à

$$|ux + vy + w|/\sqrt{u^2 + v^2}.$$

3

Dans le plan rapporté à des axes quelconques $(\overrightarrow{0x}, \overrightarrow{0y})$, écrire l'équation de la droite joignant les points $A = (a, 0)$ et $B = (0, b)$.

4

Dans le plan rapporté à des axes quelconques $(\overrightarrow{0x}, \overrightarrow{0y})$, on considère les points $A = (a, 0)$, $B = (0, b)$ et $C = (0, 0)$. Déterminer les coordonnées des milieux A', B' et C' de BC, CA et AB. Ecrire les équations des droites AA', BB' et CC'. Démontrer qu'elles sont concourantes et déterminer les coordonnées de leur point commun.

5

Dans $\mathbf{R}^2$, on considère les points $A = (0, a)$, $B = (b, 0)$ et $C = (c, 0)$. Déterminer les équations des trois hauteurs du triangle ABC. Démontrer qu'elles sont concourantes et déterminer les coordonnées du point commun.

6

Dans le plan rapporté à des axes quelconques $(\overrightarrow{0x}, \overrightarrow{0y})$, on considère des points $A = (a, 0)$, $B = (b, 0)$, $C = (c, 0)$, $A' = (0, a')$, $B' = (0, b')$ et $C' = (0, c')$.
a) Démontrer que, si AB' est parallèle à $A'B$, et BC' parallèle à $B'C$, alors CA' est parallèle à $C'A$.
b) Démontrer que si les couples de droites $(BC', B'C)$, $(CA', C'A)$, $(AB', A'B)$ sont concourants en des points U, V et W respectivement, les points U, V et W sont alignés (*théorème de Pappus* *).
c) Si, dans le plan, on se donne trois droites A, B et C issues d'un même point D, et trois droites A', B' et C' issues d'un autre point D', quel énoncé peut-on envisager de démontrer ?

* Pappus d'Alexandrie, IVe siècle ap. J.C.

7

Dans cet exercice et les suivants, on considère trois points non alignés A, B et C dans $\mathbf{R}^2$. On pose $a = |BC|$, $b = |CA|$, $c = |AB|$. On désigne par $\widehat{A}$, $\widehat{B}$ et $\widehat{C}$ les

mesures des angles $(\overrightarrow{AB},\overrightarrow{AC})$, $(\overrightarrow{BC},\overrightarrow{BA})$ et $(\overrightarrow{CA},\overrightarrow{CB})$ qui appartiennent à l'intervalle $]-\pi,\pi[$.
On rappelle que l'on a la relation $\widehat{A}+\widehat{B}+\widehat{C}=\pm\pi$, et que $\widehat{A}$, $\widehat{B}$ et $\widehat{C}$ ont même signe.
Démontrer la relation

$$a^2 = b^2 + c^2 - 2bc\cos\widehat{A}.$$

Depuis quelques années, il est à la mode d'associer à cette formule le nom du mathématicien Al-Kāchī (mort à Samarcande en 1429). Elle est explicitement énoncée et démontrée dans les *Eléments* d'Euclide (livre 2, prop. 12 et 13).

8

a) On désigne par A' le milieu de BC. Démontrer la relation

$$\overrightarrow{AB}^2 + \overrightarrow{AC}^2 = 2\,\overrightarrow{AA'}^2 + \frac{1}{2}\overrightarrow{BC}^2.$$

b) Soit k un nombre réel ; déterminer l'ensemble des points M du plan tels que $\overrightarrow{MB}^2 + \overrightarrow{MC}^2 = k$.

9

a) Démontrer que, pour que le triangle ABC soit rectangle en A, c'est-à-dire que $\overrightarrow{AB}.\overrightarrow{AC} = 0$, il faut et il suffit que $\overrightarrow{AB}^2 + \overrightarrow{AC}^2 = \overrightarrow{BC}^2$.
b) Démontrer qu'une condition équivalente est $2\,AA' = BC$, où A' est le milieu de BC. Préciser l'ensemble des points M du plan tels que $\overrightarrow{MB}.\overrightarrow{MC} = 0$.

10

a) En désignant toujours par A' le milieu de BC, démontrer la relation

$$\overrightarrow{AC}^2 - \overrightarrow{AB}^2 = 2\,\overrightarrow{AA'}.\overrightarrow{BC}.$$

b) Soit k un nombre réel ; déterminer l'ensemble des points M du plan tels que $\overrightarrow{MC}^2 - \overrightarrow{MB}^2 = k$.

11

a) On admet l'existence d'une mesure borélienne dans $\mathbf{R}^2$, appelée *aire* ou *surface*, pour laquelle la mesure d'un rectangle est le produit des longueurs de ses côtés. On suppose que le triangle ABC est direct, et on note S sa surface. Démontrer la relation

$$2\,S = ab\sin\widehat{C}.$$

b) En déduire les égalités

$$\frac{a}{\sin\widehat{A}} = \frac{b}{\sin\widehat{B}} = \frac{c}{\sin\widehat{C}} = \frac{abc}{2\,S}.$$

12

On pose $2p = a + b + c$. Démontrer la relation

$$S = \sqrt{p(p-a)(p-b)(p-c)} \qquad \textit{(formule de Héron*)}.$$

[Exprimer $\cos\widehat{A}$ et $\sin\widehat{A}$ à l'aide des exerc. 7 et 11, et écrire la relation $(\sin\widehat{A})^2 + (\cos\widehat{A})^2 = 1$.]

* Héron d'Alexandrie, dit Héron l'ancien, Ier ou IIe siècle av. J.C.

13

Soit G le centre de gravité du triangle ABC (point de concours des médianes AA', BB', CC'). Démontrer la relation

$$\overrightarrow{AG}^2 + \overrightarrow{BG}^2 + \overrightarrow{CG}^2 = \frac{1}{3}(a^2 + b^2 + c^2).$$

14

Etant donnés deux points distincts B et C du plan et un nombre réel α, déterminer le centre du cercle constitué des points M tels que $(MB, MC) \equiv \alpha/2 \pmod{\pi}$.

15

Soient A, B, A', B' quatre points du plan. On suppose $A \neq B$ et $AB = A'B'$.

a) Démontrer qu'il existe un unique déplacement f tel que $f(A) = A'$ et $f(B) = B'$. Préciser le centre et l'angle si f est une rotation, préciser le vecteur si f est une translation.

b) Même question pour une isométrie indirecte.

16

a) Soit f une application du plan dans le plan. Supposons qu'il existe un nombre réel $\theta \not\equiv 0 \pmod{2\pi}$ tel que, pour tout couple A, B de points du plan on ait $\overrightarrow{f(A)f(B)} = rot_\theta(\overrightarrow{AB})$. Démontrer que f est une rotation d'angle θ et, en particulier que f a un point fixe.

b) Soient I_1 et I_2 deux points du plan, θ_1, θ_2 deux nombres réels. Démontrer que l'application

$$f = rot_{(I_2,\theta_2)} \circ rot_{(I_1,\theta_1)}$$

est une rotation si $\theta_1 + \theta_2 \not\equiv 0 \pmod{2\pi}$, et que c'est une translation si $\theta_1 + \theta_2 \equiv 0 \pmod{2\pi}$. Lorsque $\theta_1 = \theta_2 = \pi$ démontrer que f est la translation de vecteur $2\overrightarrow{I_1I_2}$.

17

a) Soient $\vec{u}$ et $\vec{u}'$ deux vecteurs unitaires de $\mathbb{R}^2$. Démontrer qu'il existe une unique symétrie orthogonale vectorielle σ transformant $\vec{u}$ en $\vec{u}'$. Soit σ' l'unique symétrie vectorielle orthogonale qui transforme $\vec{u}$ en $-\vec{u}'$. Les symétries σ et σ' sont les symétries orthogonales par rapport à deux droites vectorielles orthogonales Δ et Δ'.

b) Dans le plan $\mathbf{R}^2$, soient D et D′ deux droites (affines) distinctes ayant un point commun A. Démontrer qu'il existe exactement deux symétries orthogonales transformant D en D′. Ce sont des symétries par rapport à des droites (affines) Δ et Δ', orthogonales entre elles et passant par A.

On a les égalités d'angles de droites $(D,\Delta) = (\Delta,D')$ et $(D,\Delta') = (\Delta',D')$. Les droites Δ et Δ' sont appelées les ***bissectrices*** du couple des droites D et D′.

c) On conserve les notations de b). Démontrer que l'ensemble des points M du plan dont les distances à D et à D′ sont égales, est $\Delta \cup \Delta'$.

d) Si $f(x,y) = 0$ et $f'(x,y) = 0$ sont les équations normalisées des droites D et D′, les équations de Δ et Δ' sont $f(x,y) - f'(x,y) = 0$ et $f(x,y) + f'(x,y) = 0$.

18

Soient A, B et C trois points non alignés du plan $\mathbf{R}^2$, et soient A′, B′, C′ des points, distincts de A, B, C, situés sur les droites BC, CA et AB respectivement.

a) Démontrer que les cercles circonscrits aux triangles AB′C′, BC′A′ et CA′B′ ont un point commun.

b) A quelle condition ce point appartient-il aussi au cercle circonscrit au triangle ABC ?

c) En déduire que, étant données quatre droites parmi lesquelles il n'y a pas de paire de droites parallèles, ni de triplet de droites concourantes, les cercles circonscrits au quatre triangles formés à l'aide de ces droites, ont un point commun (***point de Miquel***).

19

Soient A, B et C trois points non alignés du plan $\mathbf{R}^2$. Soit M un point du plan et soient A′, B′ et C′ les projections orthogonales de M sur les droites BC, CA et AB respectivement.

Démontrer que, pour que les points A′, B′ et C′ soient alignés, il faut et il suffit que le point M appartienne au cercle circonscrit au triangle ABC. La droite contenant les points A′, B′ et C′ est alors appelée ***droite de Simson***.

20

a) Démontrer que les trois hauteurs d'un triangle sont concourantes. On notera ABC le triangle, AA′, BB′ et CC′ ses hauteurs, et D le point d'intersection de BB′ et CC′, et on démontrera que AD est orthogonal à BC en utilisant des égalités d'angles inscrits.

Le point commun aux hauteurs est appelé ***orthocentre*** du triangle. Chacun des points A, B, C, D est l'orthocentre du triangle défini par les trois autres points.

b) Démontrer que les symétriques de l'orthocentre par rapport à chacun des côtés du triangle sont situés sur le cercle circonscrit.

c) Soit O le centre du cercle circonscrit. Démontrer l'égalité d'angles de droites

$$(AB, AD) \equiv (AO, AC) \pmod{\pi}.$$

Autrement dit, les couples de droites (AB, AC) et (AD, AO) ont les mêmes bissectrices.

CHAPITRE III

GÉOMÉTRIE AFFINE

Le terme d'*affinité* est la traduction littérale de l'allemand *Verwandschaft* introduit par EULER et repris par August Ferdinand MÖBIUS (1790-1868). Dans son ouvrage fondamental *Der barycentrische Calcul* (1827), MÖBIUS définit les transformations projectives d'un plan dans un plan, transformations étudiées simultanément par Michel CHASLES qui leur donne le nom d'homographies. Ce sont les transformations qui conservent l'alignement, mais pas la distance. MÖBIUS démontre qu'elles conservent le birapport de quatre points alignés. Parmi les transformations projectives, il distingue celles qui conservent le parallélisme et les appelle affinités ou transformations affines. Aujourd'hui le terme d'affinité est réservé par la plupart des auteurs à certaines transformations affines (*cf.* § 8).

Les applications affines de $\mathbf{R}^p$ dans $\mathbf{R}^n$ sont les applications $X \mapsto AX + B$, où A est une matrice $n \times p$ et B un vecteur de $\mathbf{R}^n$. Les propriétés affines sont les propriétés respectées par les applications affines : alignement, parallélisme, rapport de segments colinéaires. Si $n = p$, on rencontre le groupe affine. Les applications affines bijectives constituent un groupe car l'application réciproque d'une application affine bijective est elle-même affine.

L'espace $\mathbf{R}^n$ est un espace vectoriel de dimension n automatiquement muni d'une base (la base canonique). Le choix de cette base n'intervient pas dans la définition d'une application linéaire de $\mathbf{R}^n$ dans $\mathbf{R}^p$. C'est sur un espace vectoriel, sans base choisie, qu'il est légitime de définir les applications linéaires. Pour les applications affines, ni le choix de la base, ni l'origine ne jouent de rôle. On peut définir une structure plus faible que celle d'espace vectoriel, la structure d'espace affine, adaptée à la définition des applications affines.

Par choix personnel, je me dispenserais volontiers de parler de cette notion d'espace affine. Mais les espaces affines ont pénétré dans les programmes des concours dans les années 60, et ils y sont encore. On les trouve dans de nombreux ouvrages français ou étrangers. La définition de la droite affine comme espace homogène sous le groupe $\mathbf{R}$ (celle que nous donnons au § 4) a même atteint à une certaine époque le programme des classes de quatrième, pour le plus grand bonheur des journaux satiriques. Pour que mes étudiants puissent se présenter en confiance aux concours, et pour qu'ils puissent aborder directement d'autres livres de géométrie, je traite des espaces affines dans ce chapitre. Mais je démontre aussi que l'on ne perd rien à faire de la géométrie affine dans $\mathbf{R}^n$, de même que l'on peut apprendre toute l'algèbre linéaire de dimension finie dans $\mathbf{R}^n$, en parlant de matrices au lieu d'applications linéaires.

Le premier paragraphe est consacré aux barycentres. Il est très succinct. L'étudiant qui voudrait approfondir la notion de coordonnées barycentriques pourra lire avec profit le livre de Serge DUBUC, *Géométrie plane*, PUF, Paris (1971). Mais on verra que le véritable objectif de ce chapitre est de démontrer des propriétés géométriques à l'aide des transformations affines (homothéties, translations, projections).

1. Barycentre

Dans ce paragraphe, on désigne par E un espace vectoriel réel. Soient p un entier, $A_1, \ldots, A_p$ des points de E, $\alpha_1, \ldots, \alpha_p$ des nombres réels. Pour $M \in E$, posons

$$f(M) = \alpha_1 \overrightarrow{MA_1} + \ldots + \alpha_p \overrightarrow{MA_p}.$$

Si P est un autre point de E, on a

$$f(M) - f(P) = (\alpha_1 + \ldots + \alpha_p)\,\overrightarrow{MP}. \tag{1}$$

PROPOSITION 1. – *Si* $\alpha_1 + \ldots + \alpha_p = 0$, *l'application* f *est constante. Si* $\alpha_1 + \ldots + \alpha_p \neq 0$, *l'application* f *est une bijection de* E *sur* E.

La première assertion est claire. Supposons $\alpha_1 + \ldots + \alpha_p \neq 0$, et soit $\vec{v} \in E$. Etant donné un point M de E, le point P de E défini par

$$\overrightarrow{MP} = \frac{f(M) - \vec{v}}{\alpha_1 + \ldots + \alpha_p}$$

est l'unique point de E tel que $f(P) = \vec{v}$. Il ne dépend pas du choix de M. ||

DÉFINITION 1. – *Si* $\alpha_1 + \ldots + \alpha_p \neq 0$, *on appelle* **barycentre** *des points* $A_1, \ldots, A_p$ *affectés des poids respectifs* $\alpha_1, \ldots, \alpha_p$, *ou* **barycentre** *de la* **famille** *de* **points pondérés** (A_i, α_i), *l'unique point* G *de* E *tel que*

$$\alpha_1\overrightarrow{GA_1} + \ldots + \alpha_p\overrightarrow{GA_p} = 0. \tag{2}$$

Compte tenu de (1), la propriété (2) est équivalente à la propriété suivante :

$$\alpha_1\overrightarrow{MA_1} + \ldots + \alpha_p\overrightarrow{MA_p} = (\alpha_1 + \ldots + \alpha_p)\,\overrightarrow{MG} \tag{3}$$

pour tout point $M \in E$. En effet, si la relation (3) est vraie pour un point M de E (ici le point G), elle est vraie pour tout point $M \in E$.

Remarque. – En mécanique, le point G est centre de gravité du système constitué de masses ponctuelles de valeur α_i concentrées aux points A_i. Lorsque toutes les masses α_i sont égales, on parle parfois d'*isobarycentre* ou d'*équibarycentre*.

Exemples. - 1) Dans **R**, le nombre réel λ est barycentre des points pondérés $(0, 1-\lambda)$ et $(1, \lambda)$. Si A et B sont deux points de E, le point G défini par $\overrightarrow{AG} = \lambda\overrightarrow{AB}$ est le barycentre des points pondérés $(A, 1-\lambda)$ et (B, λ).

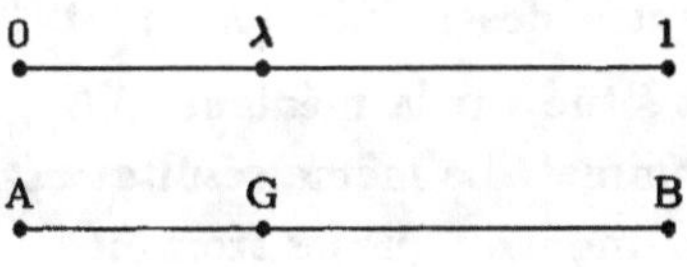

2) Le milieu d'un segment AB est le barycentre de (A, 1) et (B, 1). Le *segment* AB est l'ensemble des barycentres des points pondérés $(A, 1-\lambda)$ et (B, λ) pour $0 \leq \lambda \leq 1$.

PROPOSITION 2 (transitivité des barycentres). – *Soient* (A_1, α_1), ..., (A_p, α_p) *des points pondérés tels que* $\alpha_1 + \ldots + \alpha_p \neq 0$, *et soit* G *leur barycentre. Soit* q *un entier* $\leq p$, *tel que* $\alpha_1 + \ldots + \alpha_q \neq 0$, *et soit* G′ *le barycentre de* (A_1, α_1), ..., (A_q, α_q). *Alors* G *est le barycentre de* $(G', \alpha_1 + \ldots + \alpha_q)$, (A_{q+1}, α_{q+1}), ..., (A_p, α_p).

La relation (2) appliquée à G, barycentre de $A_1, \ldots, A_p$, s'écrit

$$\alpha_1\overrightarrow{GA_1} + \ldots + \alpha_q\overrightarrow{GA_q} + \alpha_{q+1}\overrightarrow{GA_{q+1}} + \ldots + \alpha_p\overrightarrow{GA_p} = 0.$$

La relation (3) appliquée à G′, barycentre de $A_1, \dots, A_q$, s'écrit

$$\alpha_1\overrightarrow{GA_1} + \dots + \alpha_q\overrightarrow{GA_q} = (\alpha_1 + \dots + \alpha_q)\,\overrightarrow{GG'}.$$

D'où

$$(\alpha_1 + \dots + \alpha_q)\,\overrightarrow{GG'} + \alpha_{q+1}\overrightarrow{GA_{q+1}} + \dots + \alpha_p\overrightarrow{GA_p} = 0,$$

relation de type (2) qui prouve le résultat annoncé. ||

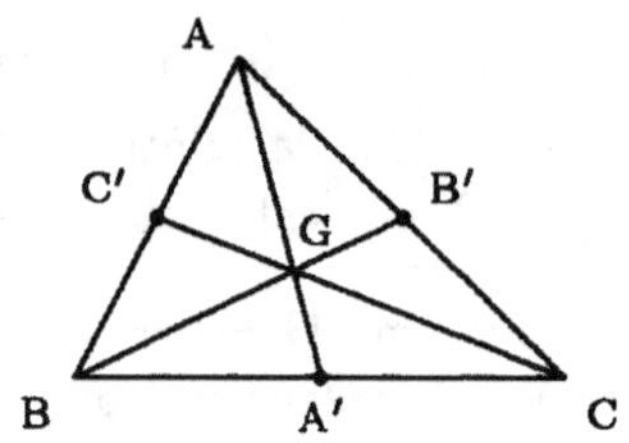

Exemple 3. - Soient A, B, C trois points d'un plan E. Soient A′, B′ et C′ les milieux respectifs des segments BC, CA, AB. Soit G le barycentre des points (A, 1), (B, 1), (C, 1). Le point G est appelé centre de gravité du triangle ABC, car on sait depuis ARCHIMÈDE (287-212 av. J.C.) que G est non seulement le centre de gravité de l'ensemble des trois points A, B, C, mais aussi d'une plaque triangulaire homogène de sommets A, B et C. D'après la prop. 2, le point G est barycentre des points (A, 1) et (A′, 2). Il satisfait à $\overrightarrow{GA} + 2\,\overrightarrow{GA'} = 0$. Il est situé sur la médiane AA′, aux deux tiers de la longueur à partir du sommet. Le même résultat est exact pour les trois médianes. On vient de démontrer que les trois médianes du triangle ABC sont concourantes en G.

PROPOSITION 3. – *Supposons l'espace vectoriel* E *muni d'un produit scalaire. Soient* (A_1, α_1), ..., (A_p, α_p) *des points pondérés tels que* $\alpha_1 + \dots + \alpha_p \neq 0$, *et soit* G *leur barycentre. Pour tout point* M *de* E, *on a*

$$(4)\qquad \alpha_1\overrightarrow{MA_1}^2 + \dots + \alpha_p\overrightarrow{MA_p}^2 = (\alpha_1 + \dots + \alpha_p)\,\overrightarrow{MG}^2 + \alpha_1\overrightarrow{GA_1}^2 + \dots + \alpha_p\overrightarrow{GA_p}^2.$$

On a en effet

$$\sum \alpha_i(\overrightarrow{MG} + \overrightarrow{GA_i})^2 = (\sum \alpha_i)\overrightarrow{MG}^2 + 2\,\overrightarrow{MG}\cdot(\sum \alpha_i\overrightarrow{GA_i}) + \sum \alpha_i\overrightarrow{GA_i}^2,$$

et $\sum \alpha_i\overrightarrow{GA_i} = 0$ par définition du barycentre. ||

La relation (4) est connue sous le nom de formule de Leibniz (Gottfried Wilhelm LEIBNIZ, 1646-1716). Si les poids α_i sont tous ≥ 0, cette relation prouve que la fonction $g(\mathrm{M}) = \sum \alpha_i \overrightarrow{\mathrm{MA}_i}^2$ a un unique minimum pour $\mathrm{M} = \mathrm{G}$. En termes de mécanique, cela signifie que le centre de gravité d'un système de points est aussi centre d'inertie de ce système. En mécanique, la formule (4) est appelée formule des moments et attribuée à Christiaan HUYGENS (1629-1695). Elle exprime que l'inertie d'un système par rapport à un point M est la somme de l'inertie par rapport à M d'un objet ponctuel situé au centre d'inertie du système, ayant pour masse la masse totale du système, et de l'inertie du système par rapport à son centre d'inertie. Signalons qu'à Paris, entre 1672 et 1676, LEIBNIZ s'initia aux mathématiques avec l'aide bienveillante de HUYGENS qui résida lui-même à Paris de 1665 à 1685, date de l'édit de Fontainebleau. En cinétique et en calcul des probabilités, la même formule (4) porte le nom de théorème de KŒNIG.

Exemple 4. - Si I est le milieu du segment AB, et si M est un point quelconque de E, on a

$$\overrightarrow{\mathrm{MA}}^2 + \overrightarrow{\mathrm{MB}}^2 = 2\,\overrightarrow{\mathrm{MI}}^2 + 2\,\overrightarrow{\mathrm{IB}}^2 \qquad \textit{(formule de la médiane).}$$

En observant cette formule, on voit que, si les côtés MA, MB et la médiane MI du triangle MAB ont des longueurs voisines, le coté AB est petit. C'est cette remarque qui est utilisée pour démontrer le théorème de projection sur un ensemble convexe compact ou complet.

2. Coordonnées barycentriques

Soit E un plan vectoriel, et soient A, B, C trois points non alignés dans E. Les vecteurs $\overrightarrow{\mathrm{AB}}$ et $\overrightarrow{\mathrm{AC}}$ forment une base de E. Pour un point M de E et des nombres réels λ et μ, les deux propriétés suivantes sont équivalentes :

$$\overrightarrow{\mathrm{AM}} = \lambda\overrightarrow{\mathrm{AB}} + \mu\overrightarrow{\mathrm{AC}} \tag{5}$$

$$(1-\lambda-\mu)\overrightarrow{\mathrm{MA}} + \lambda\overrightarrow{\mathrm{MB}} + \mu\overrightarrow{\mathrm{MC}} = 0 \tag{6}$$

PROPOSITION 4. – *Tout point* M *du plan est barycentre des points* A, B, C, *affectés de poids* α, β, γ *tels que* $\alpha + \beta + \gamma = 1$, *et ceci de façon unique.* ||

La famille des nombres (α, β, γ) de la prop. 4 constitue les *coordonnées barycentriques* du point M dans le repère ABC.

Les points M pour lesquels $\alpha = 0$ sont les points de la droite BC. Les points M pour lesquels $\beta + \gamma = 0$ sont les points de la droite parallèle à BC issue de A. En effet, si $\beta + \gamma = 0$, on a $\alpha = 1$ et

$$\overrightarrow{MA} = \beta(\overrightarrow{MC} - \overrightarrow{MB}) = \beta\overrightarrow{BC}.$$

La réciproque tient à l'unicité des coordonnées barycentriques.

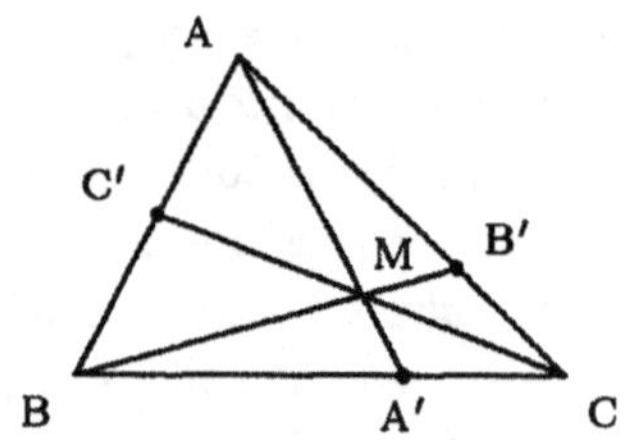

Supposons $\beta + \gamma \neq 0$. La droite MA rencontre la droite BC en un point A'. La relation

$$\alpha\overrightarrow{A'A} + \beta\overrightarrow{A'B} + \gamma\overrightarrow{A'C} = \overrightarrow{A'M}$$

se décompose sur les directions indépendantes des vecteurs $\overrightarrow{A'A}$ et $\overrightarrow{BC}$ en

$$\beta\overrightarrow{A'B} + \gamma\overrightarrow{A'C} = 0,$$
$$\alpha\overrightarrow{A'A} = \overrightarrow{A'M}.$$

La première relation exprime que le point A' est barycentre de (B, β) et (C, γ), la deuxième relation que M est barycentre de (A, α) et $(A', 1 - \alpha)$, ou encore de (A, α) et de $(A', \beta + \gamma)$.

Si les coordonnées barycentriques α, β, γ du point M sont toutes distinctes de 0 et 1, la droite MA rencontre la droite BC en un point A', de même MB rencontre CA en B', et MC rencontre AB en C'. On a

$$\gamma\overrightarrow{B'C} + \alpha\overrightarrow{B'A} = 0, \qquad \alpha\overrightarrow{C'A} + \beta\overrightarrow{C'B} = 0.$$

Si $\vec{u}$ et $\vec{v}$ sont deux vecteurs proportionnels, si $\vec{v} \neq 0$ et si $\vec{u} = \lambda\vec{v}$, on convient de poser $\lambda = \frac{\vec{u}}{\vec{v}}$. Avec cette notation, on a

$$\frac{\overrightarrow{A'B}}{\overrightarrow{A'C}} \frac{\overrightarrow{B'C}}{\overrightarrow{B'A}} \frac{\overrightarrow{C'A}}{\overrightarrow{C'B}} = \left(-\frac{\gamma}{\beta}\right)\left(-\frac{\alpha}{\gamma}\right)\left(-\frac{\beta}{\alpha}\right) = -1.$$

THÉORÈME 1 (Jean de Céva). – *Soient* A , B , C *trois points non alignés. Soient* A′ *un point de la droite* BC , B′ *un point de la droite* CA , *et* C′ *un point de la droite* AB . *On suppose que les six points sont distincts. Pour que les droites* AA′ , BB′ *et* CC′ *soient parallèles ou concourantes, il faut et il suffit que l'on ait*

$$\frac{\overrightarrow{\mathrm{A'B}}}{\overrightarrow{\mathrm{A'C}}}\,\frac{\overrightarrow{\mathrm{B'C}}}{\overrightarrow{\mathrm{B'A}}}\,\frac{\overrightarrow{\mathrm{C'A}}}{\overrightarrow{\mathrm{C'B}}}=-1.$$

On vient de démontrer que la relation est satisfaite si les trois droites AA′ , BB′ et CC′ sont concourantes en un point M . Un peu plus loin dans ce chapitre (corollaire de la prop. 18), nous saurons démontrer que le parallélisme des droites AA′ et BB′ est équivalent à la relation $\dfrac{\overrightarrow{\mathrm{A'B}}}{\overrightarrow{\mathrm{A'C}}}=\dfrac{\overrightarrow{\mathrm{AB'}}}{\overrightarrow{\mathrm{AC}}}$. De même, le parallélisme de BB′ et CC′ est équivalent à $\dfrac{\overrightarrow{\mathrm{C'A}}}{\overrightarrow{\mathrm{C'B}}}=\dfrac{\overrightarrow{\mathrm{CA}}}{\overrightarrow{\mathrm{CB'}}}$. La relation de CÉVA dans le cas du parallélisme en résulte facilement.

Inversement, si la relation est satisfaite, il existe des nombres réels α , β et γ tels que

$$\frac{\overrightarrow{\mathrm{A'B}}}{\overrightarrow{\mathrm{A'C}}}=-\frac{\gamma}{\beta},\qquad \frac{\overrightarrow{\mathrm{B'C}}}{\overrightarrow{\mathrm{B'A}}}=-\frac{\beta}{\alpha},\qquad \frac{\overrightarrow{\mathrm{C'A}}}{\overrightarrow{\mathrm{C'B}}}=-\frac{\alpha}{\gamma}.$$

Si $\alpha+\beta+\gamma\neq 0$, le barycentre des points A , B , C affectés des poids α , β et γ appartient aux droites AA′ , BB′ et CC′ . Le cas ou $\alpha+\beta+\gamma=0$ correspond au parallélisme.

Une autre démonstration de ce théorème est donnée en exercice (exerc.10). ||

Supposons maintenant que E soit un espace vectoriel de dimension n . Soient $\mathrm{A}_0 , \ldots , \mathrm{A}_p$ des points de E .

PROPOSITION 5. – *L'ensemble des barycentres des points* $\mathrm{A}_0 , \ldots , \mathrm{A}_p$ *est le sous-espace affine* $\mathrm{A}_0+\mathrm{F}$ *de* E *passant par* A_0 , *dont la direction est le sous-espace vectoriel* F *de* E *engendré par les vecteurs* $\overrightarrow{\mathrm{A}_0\mathrm{A}_1} , \ldots , \overrightarrow{\mathrm{A}_0\mathrm{A}_p}$.

En effet, pour un point M de E et des nombres réels $\lambda_1 , \ldots , \lambda_p$, les relations suivantes sont équivalentes

$$\overrightarrow{\mathrm{A}_0\mathrm{M}}=\lambda_1\overrightarrow{\mathrm{A}_0\mathrm{A}_1}+\ldots+\lambda_p\overrightarrow{\mathrm{A}_0\mathrm{A}_p} \tag{7}$$

$$(8) \qquad (1-(\lambda_1+\ldots+\lambda_p))\overrightarrow{MA_0}+\sum_{1\le i\le p}\lambda_i\overrightarrow{MA_i}=0 \qquad ||$$

Pour que la dimension de F soit égale à p, il faut et il suffit que les vecteurs $\overrightarrow{A_0A_1}, \ldots, \overrightarrow{A_0A_p}$ soient linéairement indépendants. On dit alors que les points $A_0, \ldots, A_p$ sont *affinement indépendants.* Ceci ne dépend pas du rôle particulier que nous avons fait jouer au point A_0.

3. Applications affines

DÉFINITION 2. – *Soient* E *et* E′ *des espaces vectoriels. On appelle* application affine *de* E *dans* E′ *toute application* f *de la forme*

$$f(x)=\varphi(x)+b,$$

où φ *est une application linéaire de* E *dans* E′, *et* b *un élément de* E′.

Remarquons que la donnée de f caractérise φ et b de façon unique. On a $\varphi(y)=f(x+y)-f(x)$ pour tous x, $y\in E$, et b est égal à $f(x)-\varphi(x)$.

PROPOSITION 6. – *Pour qu'une application* f *de* E *dans* E′ *soit une application affine, il faut et il suffit qu'il existe une application linéaire* φ *de* E *dans* E′ *telle que l'on ait*

$$(9) \qquad \overrightarrow{f(A)f(B)}=\varphi(\overrightarrow{AB})$$

pour un point A *et pour tout point* B *de* E. *La relation* (9) *est alors valable pour tout couple* A, B *de points de* E. *L'application linéaire* φ *est entièrement déterminée par la donnée de* f.

Soit f une application affine de la forme $f(x)=\varphi(x)+b$. On a alors

$$f(B)-f(A)=\varphi(B)-\varphi(A)=\varphi(B-A)$$

pour tout couple A, B de points de E.

Inversement, soient $\varphi\in L(E;E')$ une application linéaire et A un point de E, tels que l'on ait la relation (9) pour tout point B de E. Posons $b=f(A)-\varphi(A)$; on a alors $f(B)=\varphi(B)+b$ pour tout $B\in E$, ce qui prouve que l'application f est affine. Le vecteur $f(B)-\varphi(B)$ est égal à b ; il est indépendant de B. Si A′ et B sont deux points quelconques de E, on a $f(B)-\varphi(B)=f(A')-\varphi(A')$, d'où la relation (9) pour tout couple de points de E. Enfin la relation (9) détermine φ lorsque f est connue. ||

Exemples. - 1) Les applications linéaires sont des applications affines.

2) Si $E = E'$ et si $\varphi = \mathrm{Id}_E$, les applications affines $f(x) = x + b$ sont les translations.

3) Les translations, les rotations, les symétries et les projections orthogonales sont des applications affines de $\mathbf{R}^2$ dans $\mathbf{R}^2$.

4) Les applications affines de $\mathbf{R}^p$ dans $\mathbf{R}^n$ sont les applications de la forme $f(X) = AX + B$, où A est une matrice $n \times p$ et B un vecteur de $\mathbf{R}^n$.

PROPOSITION 7. – *L'application composée de deux applications affines est une application affine. Pour qu'une application affine f de la forme $f(x) = \varphi(x) + b$ soit bijective, il faut et il suffit que l'application linéaire φ soit bijective. L'application réciproque de f est alors une application affine.*

Soient $f : E \to E'$ et $f' : E' \to E''$ deux applications affines qui s'écrivent

$$f(x) = \varphi(x) + b \quad \text{et} \quad f'(x') = \varphi'(x') + b'.$$

On a alors

$$f'(f(x)) = \varphi'(\varphi(x) + b) + b' = (\varphi' \circ \varphi)(x) + (\varphi'(b) + b'),$$

ce qui montre que $f' \circ f$ est une application affine.

La translation $x' \mapsto x' + b$ est une bijection de E' sur lui-même. Pour que f soit bijective, il faut et il suffit que φ soit bijective. L'application φ^{-1} est alors une application linéaire, et la relation $x' = \varphi(x) + b$ est équivalente à la relation $x = \varphi^{-1}(x' - b)$, ou encore $x = \varphi^{-1}(x') - \varphi^{-1}(b)$, ce qui montre que l'application f^{-1} est une application affine. ||

COROLLAIRE. – *Les applications affines bijectives d'un espace vectoriel* E *dans lui-même constituent un groupe.* ||

Ce groupe est appelé *groupe affine* de E et noté Ga(E). Le groupe linéaire Gl(E) est un sous-groupe du groupe affine Ga(E). Les translations $x \mapsto x + b$ constituent un sous-groupe de Ga(E), isomorphe au groupe additif sous-jacent à E ; on notera $\mathcal{T}(E)$ le groupe des translations.

PROPOSITION 8. – a) *Les groupes* $\mathcal{T}(E)$ *et* Gl(E) *sont des sous-groupes du groupe* Ga(E).

b) $\mathcal{T}(E) \cap \mathrm{Gl}(E) = \{\mathrm{Id}_E\}$.

c) $\mathcal{T}(E)$ *est un sous-groupe distingué de* Ga(E).

d) *Tout élément de* Ga(E) *est le composé* $t \circ \varphi$ *d'une application linéaire* φ *et d'une translation* t *.*

Le seul point à expliquer est le point c). L'application qui, à une application affine f, associe l'application linéaire φ définie par la relation (9), est un morphisme du groupe Ga(E) sur le groupe Gl(E). Le groupe des translations est le noyau de ce morphisme. ||

La prop. 8 exprime que le groupe affine Ga(E) est *produit semi-direct* du groupe des translations par le groupe linéaire.

4. Structure d'espace affine

Pour la géométrie élémentaire, nous ne sommes intéressés que par les espaces vectoriels et les espaces affines sur le corps $\mathbf{R}$ des nombres réels. Mais les définitions de ce paragraphe sont valables sur un corps commutatif quelconque.

A) *Rappel d'algèbre linéaire*

Un espace vectoriel E sur un corps K est un ensemble muni d'une addition $E \times E \to E$ et d'une loi d'opération $K \times E \to E$ ayant certaines propriétés.

Une partie F de E est un sous-espace vectoriel de E si F n'est pas vide et si $F + F \subset F$ et $KF \subset F$. La loi de composition et la loi d'opération induites sur F en font alors un espace vectoriel.

Si F est un sous-espace vectoriel de E et x un point de E, le sous-espace affine F′ de E, de direction F, issu de x, est l'ensemble $F' = x + F$. Pour tout $y \in F'$, on a $y - x \in F$, d'où $F' = y + F$.

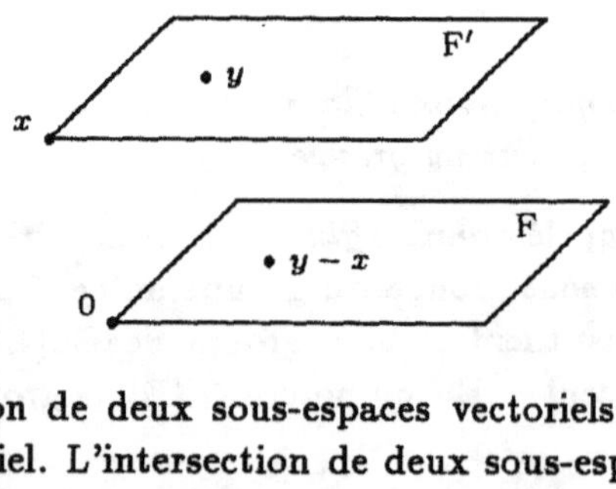

L'intersection de deux sous-espaces vectoriels F_0 et F_1 est un sous-espace vectoriel. L'intersection de deux sous-espaces affines F'_0 et F'_1 de directions respectives F_0 et F_1 est soit vide, soit un sous-espace affine de direction $F_0 \cap F_1$.

Soient E et G deux espaces vectoriels (sur le même corps K) et f une application K-linéaire de E dans G. Si F est un sous-espace vectoriel de E, son image $f(\mathrm{F})$ est un sous-espace vectoriel de G. Si F' est un sous-espace affine de E, de direction F, son image $f(\mathrm{F}')$ est un sous-espace affine de G, de direction $f(\mathrm{F})$. Si H est un sous-espace vectoriel de G, son image réciproque $f^{-1}(\mathrm{H})$ est un sous-espace vectoriel de F. Si H' est un sous-espace affine de G, de direction H, son image réciproque $f^{-1}(\mathrm{H}')$ est soit vide, soit un sous-espace affine de E, de direction $f^{-1}(\mathrm{H})$.

Soit f une application linéaire de $\mathbf{R}^p$ dans $\mathbf{R}^n$ et soit b un point de $\mathbf{R}^n$. L'équation vectorielle $f(x) = b$ résume un système de n équations linéaires à p inconnues. Résoudre $f(x) = b$, c'est déterminer $f^{-1}(b)$ qui est soit vide, soit un sous-espace affine $x_0 + \mathrm{F}$ de $\mathbf{R}^p$, où x_0 est une solution particulière de l'équation, et F le noyau $f^{-1}(0)$ de l'application f.

B) *Espaces affines*

DÉFINITION 3. – *Sur un ensemble* E, *une* structure d'espace affine *associée à un espace vectoriel* V *est la donnée d'une application de* $\mathrm{E} \times \mathrm{E}$ *dans* V, *notée* $(\mathrm{A}, \mathrm{B}) \mapsto \overrightarrow{\mathrm{AB}}$, *jouissant des propriétés suivantes* :

a) *pour tout* $\mathrm{A} \in \mathrm{E}$, *l'application* $\mathrm{B} \mapsto \overrightarrow{\mathrm{AB}}$ *est bijective,*

b) *pour tous* A, B *et* $\mathrm{C} \in \mathrm{E}$, *on a* $\overrightarrow{\mathrm{AB}} + \overrightarrow{\mathrm{BC}} = \overrightarrow{\mathrm{AC}}$.

Un ensemble muni d'une structure d'espace affine est appelé espace affine.

Avec les notations de la définition, on parle de l'espace affine (E, V) en sous-entendant l'application de $\mathrm{E} \times \mathrm{E}$ dans V qui définit la structure. Souvent, on parle d'un espace affine E, et on note $\overrightarrow{\mathrm{E}}$ l'espace vectoriel associé.

En raison de la condition b), si E n'est pas vide, on peut remplacer « pour tout A » par « il existe A » dans la condition a).

Exemples. - 1) Si E est un espace vectoriel, l'application $(\mathrm{A}, \mathrm{B}) \mapsto \mathrm{B} - \mathrm{A}$ munit E d'une structure d'espace affine associée à l'espace vectoriel E lui-même. On dit que c'est la structure affine naturelle de l'espace vectoriel E.

2) Si F' est un sous-espace affine de direction F d'un espace vectoriel E (au sens de A) ci-dessus), pour tous A et $\mathrm{B} \in \mathrm{F}'$, le vecteur $\overrightarrow{\mathrm{AB}}$ appartient à F. L'application $(\mathrm{A}, \mathrm{B}) \mapsto \overrightarrow{\mathrm{AB}}$ munit F' d'une structure d'espace affine associée à l'espace vectoriel F.

DÉFINITION 4. – *Soient* (E, V) *et* (E', V') *deux espaces affines. On dit qu'une application de* E *dans* E' *est une* application affine *s'il existe une application linéaire* φ *de* V *dans* V' *telle que, pour tous points* A *et* B *de* E, *on ait*

$$\overrightarrow{f(A)f(B)} = \varphi(\overrightarrow{AB}).$$

Si E n'est pas vide, on peut remplacer la condition « pour tout A » par « il existe A ». L'application linéaire φ est alors entièrement déterminée par f. On dit que φ est l'application linéaire associée à l'application affine f. On la notera souvent $\vec{f}$.

PROPOSITION 9. – *Soient* f *une application affine de* (E, V) *dans* (E', V') *et* f' *une application affine de* (E', V') *dans* (E'', V'') ; *soient* φ *et* φ' *les applications linéaires associées. L'application* $f' \circ f$ *est une application affine, l'application linéaire associée est* $\varphi' \circ \varphi$.

Si E *n'est pas vide, pour que* f *soit bijective, il faut et il suffit que* φ *soit bijective. L'application* f^{-1} *est alors une application affine, et* φ^{-1} *est l'application linéaire associée à* f^{-1}.

La démonstration est calquée sur celle de la proposition 7. ||

L'ensemble des applications affines bijectives d'un espace affine (E, V) dans lui-même est un groupe. Il est appelé *groupe affine* de E, ou groupe des automorphismes de E ; on le note $Ga(E)$. Si E n'est pas vide, l'application $f \mapsto \vec{f}$ est un morphisme du groupe $Ga(E)$ dans le groupe $Gl(V)$. Son noyau est l'ensemble des applications affines f telles que $\vec{f} = Id_V$. Ce sont les applications affines f telles que $\overrightarrow{f(A)f(B)} = \overrightarrow{AB}$ pour tous points A et B de E. D'après le lemme du parallélogramme, une telle application est caractérisée par $\overrightarrow{Mf(M)} = \vec{v}$, où $\vec{v}$ est un vecteur fixe de V. Ces applications affines sont appelées translations de l'espace affine E ; elles constituent un sous-groupe, noté $\mathcal{T}(E)$, du groupe affine $Ga(E)$. Si E n'est pas vide, le groupe des translations est isomorphe au groupe additif V.

C) *Choix d'une origine*

Soit (E, V) un espace affine non vide, et soit Ω un point de E. L'application f de E dans V définie par $f(A) = \overrightarrow{\Omega A}$ est bijective par définition. On a

$$\overrightarrow{f(A)f(B)} = \overrightarrow{\Omega B} - \overrightarrow{\Omega A} = \overrightarrow{AB}.$$

Par suite l'application f est une application affine de E dans V muni de sa structure affine naturelle, dont l'application linéaire associée est l'application identique Id_V.

Ainsi, le choix d'un point dans E définit un isomorphisme de l'espace affine E sur l'espace affine sous-jacent à l'espace vectoriel associé. A un automorphisme $\varphi \in \mathrm{Gl}(V)$, on peut associer l'automorphisme affine f de E défini par $\overrightarrow{\Omega f(M)} = \varphi(\overrightarrow{\Omega M})$. L'application $\varphi \mapsto f$ est un morphisme de groupes, c'est une section du morphisme $f \mapsto \vec{f}$ de Ga(E) dans Gl(V). Le groupe affine Ga(E) est produit semi-direct du groupe des translations $\mathcal{T}(E)$ par le groupe linéaire Gl(V).

Remarque. – L'ensemble vide $\emptyset$ est un espace affine associé à n'importe quel espace vectoriel.

Notons ρ_V l'application de $E \times E$ dans V qui, à un couple (A, B) de points de E, associe le vecteur $\overrightarrow{AB}$. Pour la relation d'équivalence $\mathcal{R}$ associée à cette application, deux couples (A, B) et (A′, B′) sont équivalents si $\overrightarrow{AB} = \overrightarrow{A'B'}$. L'application ρ_V se factorise en l'application canonique ρ de $E \times E$ sur l'ensemble quotient $(E \times E)/\mathcal{R}$, et une application injective φ_V de $(E \times E)/\mathcal{R}$ dans V. Si l'ensemble E n'est pas vide, l'application ρ_V est surjective et l'application φ_V est bijective. Munissons l'ensemble $(E \times E)/\mathcal{R}$ de la structure d'espace vectoriel transportée de celle de V par la bijection φ_V, et notons $\vec{E}$ l'espace vectoriel ainsi obtenu. L'application ρ munit l'ensemble E d'une structure d'espace affine associée à l'espace vectoriel $\vec{E}$. L'application identique de E est un isomorphisme de l'espace affine $(E, \vec{E})$ sur l'espace affine original (E, V), dont l'application linéaire associée est l'isomorphisme φ_V.

Dans la pratique, on peut oublier l'espace vectoriel V, et le remplacer par l'espace vectoriel $\vec{E}$. On parle souvent d'un espace affine E et de l'espace vectoriel associé $\vec{E}$.

Le choix d'une origine Ω dans E peut s'interpréter comme suit. Les couples (Ω, A), où A parcourt E, forment un ensemble de représentants des éléments de $\vec{E}$, qui sont les classes de la relation d'équivalence $\mathcal{R}$.

Autrefois, on appelait *vecteur* un couple (A, B) de points de l'espace, que l'on représentait par une flèche joignant A à B, la pointe en B. La relation d'équivalence $\mathcal{R}$ était appelée *équipollence*, et les classes d'équivalence portaient le nom de *vecteurs libres.*

D) *Autre définition*

DÉFINITION 5. – *Sur un ensemble* E, *une* structure d'espace affine *associée à un espace vectoriel* V *est la donnée d'une application* θ *de* $V \times E$ *dans* E, *notée* $(\vec{v}, A) \mapsto A + \vec{v}$, *jouissant des propriétés suivantes :*

a) *on a* $(A + \vec{v}) + \vec{w} = A + (\vec{v} + \vec{w})$, *pour tout point* $A \in E$ *et tous vecteurs* $\vec{v}$, $\vec{w} \in V$,

b) *pour tout* $A \in E$ *et tout* $B \in E$, *il existe un unique vecteur* $\vec{v} \in V$ *tel que* $B = A + \vec{v}$.

La condition a) exprime que l'application θ est une loi d'opération du groupe additif V sur E, la condition b) que cette opération est simplement transitive (*cf.* chap.I, exerc.9 et 10). Lorsque E n'est pas vide, dans la condition b), on peut remplacer « pour tout A » par « il existe A ». Si le vecteur $\vec{v}$ de b) est noté $\overrightarrow{AB}$, on voit que la définition 5 est équivalente à la définition 3.

E) *Sous-espace affine*

DÉFINITION 6. – *Soit* (E, V) *un espace affine. Une partie* F *de* E *est un* sous-espace affine *de* E *si, pour tout* $A \in F$, *l'ensemble des vecteurs* $\overrightarrow{AB}$, *où* B *parcourt* F, *est un sous-espace vectoriel de* V.

Lorsque F n'est pas vide, on peut remplacer « pour tout A » par « il existe A ». L'ensemble des vecteurs $\overrightarrow{AB}$ est alors un sous-espace vectoriel W indépendant du choix de A. On dit que W est la direction du sous-espace affine F. La partie vide de E est un sous-espace affine ; on conviendra qu'elle admet pour direction tout sous-espace vectoriel de E.

Si F est un sous-espace affine de E de direction W, l'application $(A, B) \mapsto \overrightarrow{AB}$ de $F \times F$ dans W munit F d'une structure d'espace affine associée à l'espace vectoriel W. Lorsque F n'est pas vide, on note souvent $\vec{F}$ sa direction.

Un sous-espace affine F′ d'un espace vectoriel E, au sens de A), est un sous-espace affine de l'espace affine E, et sa direction au sens de A) est bien la direction que l'on vient de définir.

PROPOSITION 10. – *L'intersection de deux sous-espaces affines est un sous-espace affine. Si* F *et* F′ *sont deux sous-espaces affines de* E, *de directions respectives* $\overrightarrow{F}$ *et* $\overrightarrow{F}'$*, l'intersection* $F \cap F'$ *est (vide ou) un sous-espace affine de direction* $\overrightarrow{F} \cap \overrightarrow{F}'$.

C'est immédiat. ||

On dit que les sous-espaces affines F et F′ sont *parallèles* si $\overrightarrow{F} = \overrightarrow{F}'$. Les sous-espaces F et F′ sont alors disjoints ou confondus. On dit parfois que F et F′ sont *faiblement parallèles* si $\overrightarrow{F} \subset \overrightarrow{F}'$ ou si $\overrightarrow{F} \supset \overrightarrow{F}'$. Ils sont alors disjoints ou bien l'un est contenu dans l'autre.

F) *Repère affine*

Soient E un espace affine non vide et $\overrightarrow{E}$ l'espace vectoriel associé. On appelle dimension de E la dimension de l'espace vectoriel $\overrightarrow{E}$. Soit n cette dimension. Un repère affine de E est la donnée de $(\Omega, \vec{e}_1, \ldots, \vec{e}_n)$, où Ω est un point de E, et $(\vec{e}_1, \ldots, \vec{e}_n)$ une base de $\overrightarrow{E}$. Tout point M de E est repéré par les coordonnées du vecteur $\overrightarrow{\Omega M}$ sur la base $(\vec{e}_1, \ldots, \vec{e}_n)$.

Une autre façon de définir un repère affine est de se donner $n+1$ points $A_0, \ldots, A_n$ de sorte que les vecteurs $\overrightarrow{A_0A_1}, \ldots, \overrightarrow{A_0A_n}$ constituent une base de $\overrightarrow{E}$. Un point M de E est repéré par les coordonnées du vecteur $\overrightarrow{A_0M}$ sur la base $(\overrightarrow{A_0A_1}, \ldots, \overrightarrow{A_0A_n})$.

Soient E et F des espaces affines. Soit $(A_0, \ldots, A_n)$ un repère affine de E et soient $B_0, \ldots, B_n$ n points de F. Il existe une unique application affine f de E dans F envoyant A_i sur B_i, pour $i = 0, \ldots, n$. En effet, il existe une unique application linéaire φ de $\overrightarrow{E}$ dans $\overrightarrow{F}$ telle que $\varphi(\overrightarrow{A_0A_i}) = \overrightarrow{B_0B_i}$ pour $i = 1, \ldots, n$. Pour tout point M de E, on a nécessairement $\overrightarrow{B_0f(M)} = \varphi(\overrightarrow{A_0M})$, ce qui définit f et prouve son unicité.

G) *Espace affine euclidien*

Un espace affine euclidien est un espace affine réel E dont l'espace vectoriel associé $\overrightarrow{E}$ (de dimension finie) est muni d'un produit scalaire. Si A, B, C sont des points de E, on peut parler de produit scalaire $\overrightarrow{AB} \cdot \overrightarrow{AC}$ et de longueur $BC = |BC| = \|\overrightarrow{BC}\|$.

5. Barycentres et applications affines

Nous avons défini au § 1 le barycentre d'une famille finie de points pondérés d'un espace vectoriel. On peut démontrer que le barycentre est préservé par les applications affines d'un espace vectoriel dans un autre espace vectoriel. Les considérations du § 4 entraînent alors, dès que l'on sait un peu de théorie des catégories, que l'on peut définir le barycentre d'une famille de points pondérés dans un espace affine. Nous allons le faire directement, en calquant la définition sur celle donnée au § 1.

Soit E un espace affine, soient $A_1, \dots, A_p$ des points de E, et $\alpha_1, \dots, \alpha_p$ des scalaires tels que $\alpha_1 + \dots + \alpha_p \neq 0$. Pour $M \in E$, on pose

$$f(M) = \alpha_1\overrightarrow{MA_1} + \dots + \alpha_p\overrightarrow{MA_p}.$$

Si P est un autre point de E, on a

$$(1') \qquad f(M) - f(P) = (\alpha_1 + \dots + \alpha_p)\overrightarrow{MP}.$$

On en déduit que f est une application bijective de E dans $\overrightarrow{E}$. Le barycentre de la famille des (A_i, α_i) est défini comme l'unique point G de E tel que $f(G) = 0$. Il est caractérisé par l'une des deux relations

$$(2') \qquad \alpha_1\overrightarrow{GA_1} + \dots + \alpha_p\overrightarrow{GA_p} = 0,$$

$$(3') \qquad \alpha_1\overrightarrow{MA_1} + \dots + \alpha_p\overrightarrow{MA_p} = (\alpha_1 + \dots + \alpha_p)\overrightarrow{MG}$$

pour tout $M \in E$.

Remarque. – Soient $A_0, \dots, A_p$ des points d'un espace affine. L'ensemble des barycentres des points $A_0, \dots, A_p$, pour tous les poids possibles, est le sous-espace affine F de E passant par A_0, dont la direction est le sous-espace vectoriel $\overrightarrow{F}$ de $\overrightarrow{E}$ engendré par les vecteurs $\overrightarrow{A_0A_1}, \dots, \overrightarrow{A_0A_p}$. Cela résulte, comme au § 2, de l'équivalence des relations

$$(7') \qquad \overrightarrow{A_0M} = \lambda_1\overrightarrow{A_0A_1} + \dots + \lambda_p\overrightarrow{A_0A_p},$$

$$(8') \qquad (1 - (\lambda_1 + \dots + \lambda_p))\overrightarrow{MA_0} + \sum_{1 \leq i \leq p} \lambda_i\overrightarrow{MA_i} = 0.$$

Si un sous-espace affine G de E contient les points $A_0, \dots, A_p$, il contient tous leurs barycentres, par suite il contient F. Le sous-espace affine F est appelé ***sous-espace affine engendré*** par les points $A_0, \dots, A_p$.

Proposition 11. – *Soient* E *et* E′ *des espaces affines et* f *une application affine de* E *dans* E′ . *Si* G *est le barycentre d'une famille* $(A_i, \alpha_i)_{1\leq i\leq p}$ *de points pondérés de* E , *le point* $f(G)$ *est le barycentre de la famille* $(f(A_i), \alpha_i)_{1\leq i\leq p}$ *de points pondérés de* E′ .

Si $\vec{f}$ est l'application linéaire associée à f, on a

$$\overrightarrow{f(G)f(A_i)} = \vec{f}(\overrightarrow{GA_i}),$$

d'où $\sum \alpha_i \overrightarrow{f(G)f(A_i)} = \sum \alpha_i \vec{f}(\overrightarrow{GA_i}) = \vec{f}(\sum \alpha_i \overrightarrow{GA_i}) = \vec{f}(0) = 0.$

Ceci montre que $f(G)$ est barycentre de la famille $(f(A_i), \alpha_i)_{1\leq i\leq p}$ On obtiendrait le même résultat en appliquant $\vec{f}$ à la relation (3′). ||

Proposition 12. – *Soient* E *et* E′ *des espaces affines. Si une application de* E *dans* E′ *conserve les barycentres de tout couple de points de* E , *c'est une application affine.*

Soit f une application de E dans E′ qui conserve les barycentres de tout couple de points. Supposons que E n'est pas vide, choisissons un point O de E et posons $O' = f(O)$. On définit une application φ de $\vec{E}$ dans $\vec{E'}$ en posant $\varphi(\overrightarrow{OA}) = \overrightarrow{O'f(A)}$ pour tout $A \in E$. Nous allons démontrer que l'application φ est linéaire. Il en résultera

$$\overrightarrow{f(A)f(B)} = \overrightarrow{O'f(B)} - \overrightarrow{O'f(A)} = \varphi(\overrightarrow{OB}) - \varphi(\overrightarrow{OA}) = \varphi(\overrightarrow{AB}),$$

relation qui prouve que f est une application affine et φ l'application linéaire associée.

Par hypothèse, si A et B sont deux points de E , si α est un nombre réel et si G est le barycentre de $(A, 1-\alpha)$ et (B, α), le point $f(G)$ est le barycentre de $(f(A), 1-\alpha)$ et $(f(B), \alpha)$. D'où

$$\varphi((1-\alpha)\overrightarrow{OA} + \alpha\overrightarrow{OB}) = \varphi(\overrightarrow{OG}) = \overrightarrow{O'f(G)} = (1-\alpha)\varphi(\overrightarrow{OA}) + \alpha\varphi(\overrightarrow{OB}).$$

En prenant $A = O$ dans cette relation, on obtient $\varphi(\alpha\overrightarrow{OB}) = \alpha\varphi(\overrightarrow{OB})$. En prenant $\alpha = 1 - \alpha = \frac{1}{2}$, on obtient

$$\varphi(\frac{1}{2}\overrightarrow{OA} + \frac{1}{2}\overrightarrow{OB}) = \frac{1}{2}(\varphi(\overrightarrow{OA}) + \varphi(\overrightarrow{OB})).$$

On en déduit bien que φ est une application linéaire. ||

Proposition 13. – *Soit* f *une application affine d'un espace affine* E *dans un espace affine* E′ . *L'image* $f(F)$ *d'un sous-espace affine* F *de* E *est un sous-espace affine de* E′ *de direction* $\vec{f}(\vec{F})$.

Supposons $F \neq \phi$, et soit A un point de F. Pour que M appartienne à F , il faut et il suffit que $\overrightarrow{AM}$ appartienne à $\vec{F}$. Lorsque

M parcourt F, le vecteur $\overrightarrow{f(A)f(M)} = \vec{f}(\overrightarrow{AM})$ parcourt $\vec{f}(\overrightarrow{F})$, d'où la proposition. ||

COROLLAIRE. – *Une application affine transforme trois points alignés en trois points alignés, quatre points coplanaires en quatre points coplanaires, etc.*

Une application affine transforme deux sous-espaces affines parallèles en deux sous-espaces affines parallèles. ||

Terminons ce paragraphe par les énoncés de deux théorèmes. Le premier est qualifié par certains auteurs de théorème fondamental de la géométrie affine. Nous indiquons en exercice (exerc.16) un plan de démonstration.

THÉORÈME 2. – *Une bijection d'un espace affine réel de dimension* ≥ 2 *sur lui-même qui conserve l'alignement est une application affine.*

Le second théorème est un théorème de géométrie euclidienne. Au chapitre II, il a été démontré pour la dimension 2 en utilisant les symétries orthogonales. On peut s'inspirer de cette méthode en dimensions supérieures. Nous indiquons en exercice au chap. IV (exerc.1) une autre démonstration.

THÉORÈME 3. – *Toute application d'un espace affine euclidien dans lui-même qui conserve les distances est une bijection affine.*

6. Homothéties et translations

Dans tout ce paragraphe, E désigne un espace affine réel non vide.

DÉFINITION 6. – *Soit* $\vec{v} \in \overrightarrow{E}$. *La translation de vecteur* $\vec{v}$ *est l'application* $tr_{\vec{v}}$ *qui envoie un point* M *de* E *au point* $M' = M + \vec{v}$ *de* E.

Les translations sont les applications affines de E dans E dont l'application linéaire associée est l'application identique de $\overrightarrow{E}$. Ce sont des automorphismes affines de E. Elles constituent un sous-groupe de Ga(E), isomorphe à $\overrightarrow{E}$, que l'on note $\mathcal{T}(E)$. Une translation transforme tout sous-espace affine de E en un sous-espace affine parallèle.

DÉFINITION 7. – *Soit* k *un nombre réel* $\neq 0$. *On appelle* homothétie vectorielle *de rapport* k *dans un espace vectoriel* V *l'application* h *de* V *dans* V *définie par* $h(x) = kx$.

Les homothéties vectorielles constituent un sous-groupe de Gl(V) isomorphe au groupe multiplicatif $\mathbf{R}^*$.

PROPOSITION 14. – *Le groupe des homothéties vectorielles est le centre du groupe* Gl(V) .

Si ϕ est une application linéaire, on a $\phi(kx) = k\phi(x)$. Par suite, les homothéties vectorielles appartiennent au centre de Gl(V) .

Pour démontrer la réciproque, nous démontrons d'abord qu'une application linéaire qui appartient au centre de Gl(V) transforme tout vecteur en un vecteur proportionnel. Nous démontrons ensuite un lemme général qui permet de conclure.

Pour la première partie de la démonstration, nous supposons, par commodité, que la dimension de l'espace vectoriel V est finie. Soit ϕ un élément du centre de Gl(V) . Procédons par l'absurde, et supposons que $x \in V$ est un vecteur $\neq 0$ tel que les vecteurs x et $\phi(x)$ soient indépendants. On peut compléter le couple $(x, \phi(x))$ en une base $(x, \phi(x), \vec{e}_3, \ldots, \vec{e}_n)$ de V . Soit ψ l'unique application linéaire de V dans V définie, sur les vecteurs de base, par

$$\psi(x) = x, \quad \psi(\phi(x)) = x + \phi(x), \quad \psi(\vec{e}_i) = \vec{e}_i.$$

La matrice de ψ est une matrice triangulaire supérieure dont tous les éléments diagonaux sont égaux à 1 . L'application ψ est donc un élément de Gl(V) . Mais on a $\phi(\psi(x)) = \phi(x)$, donc $\phi \circ \psi \neq \psi \circ \phi$ et ϕ ne peut appartenir au centre de Gl(E) .

Lemme. – Si une application linéaire d'un espace vectoriel dans lui-même transforme tout vecteur en un vecteur proportionnel, c'est une homothétie vectorielle.

Soit ϕ une application linéaire de V dans V . Suppposons que, pour tout $x \in V$, il existe un nombre réel $k(x)$ tel que $\phi(x) = k(x)x$. Si x et $y = \lambda x$ sont des vecteurs non nuls et proportionnels, on a $\phi(y) = \phi(\lambda x) = \lambda\phi(x)$, soit $k(y)\lambda x = \lambda k(x)x$, d'où $k(x) = k(y)$. Si x et y sont des vecteurs indépendants, on a les égalités

$$\phi(x+y) = k(x+y)(x+y),$$
$$\phi(x+y) = \phi(x) + \phi(y) = k(x)x + k(y)y,$$

d'où $k(x) = k(x+y) = k(y)$. La fonction $k(x)$ est constante, et il existe un nombre réel k tel que $\phi(x) = kx$ pour tout $x \in V$. ||

PROPOSITION 15. – *Une homothétie vectorielle d'un espace vectoriel* V *laisse stable tout sous-espace vectoriel de* V . *Elle transforme tout sous-espace affine en un sous-espace affine parallèle.*

Soit h l'homothétie vectorielle de rapport k . Si W est un sous-espace vectoriel de V et x un point de V , on a $h(W) = kW = W$,

$h(x+W) = h(x) + h(W) = h(x) + W$. ||

Définition 8. – *Soit* k *un nombre réel* $\neq 0$, *et soit* I *un point d'un espace affine* E. *L'homothétie de centre* I, *de rapport* k, *est l'application de* E *dans* E *qui, à un point* M *de* E, *associe le point* M′ *défini par* $\overrightarrow{IM'} = k\,\overrightarrow{IM}$.

On notera parfois $h_{(I,k)}$, ou $h(I,k)$, l'homothétie de centre I, de rapport k. Soient A et B deux points de E, et soient A′ et B′ leurs transformés par l'homothétie $h_{(I,k)}$. On a $\overrightarrow{IA'} = k\overrightarrow{IA}$, $\overrightarrow{IB'} = k\overrightarrow{IB}$, d'où

$$\overrightarrow{A'B'} = \overrightarrow{IB'} - \overrightarrow{IA'} = k(\overrightarrow{IB} - \overrightarrow{IA}) = k\overrightarrow{AB}.$$

L'homothétie $h_{(I,k)}$ est une application affine dont l'application linéaire associée est l'homothétie vectorielle de rapport k de $\overrightarrow{E}$.

Proposition 15 bis. – *Une homothétie de centre* I *laisse stable tout sous-espace affine passant par le point* I. *Elle transforme tout sous-espace affine de* E *en un sous-espace affine parallèle.*

Cela résulte immédiatement de la proposition 15. ||

Un espace affine de dimension 1 est appelé *droite affine.*

Proposition 16. – *Soient* D *et* D′ *deux droites affines. Toute application affine de* D *dans* D′ *est constante ou bijective. Etant donnés un couple de points distincts* A, B *de* D, *et un couple de points* A′, B′ *de* D′, *il existe une unique application affine* f *de* D *dans* D′ *telle que* $f(A) = A'$ *et* $f(B) = B'$.

Soit f une application affine de D dans D′. L'application linéaire associée $\vec{f}$ est nulle ou bijective, par suite f est constante ou bijective.

Soient A et B deux points distincts de D, et A′, B′ deux points quelconques de D′. Si f est une application affine de D dans D′ qui transforme A en A′ et B en B′, l'application $\vec{f}$ est l'unique application linéaire φ de $\overrightarrow{D}$ dans $\overrightarrow{D'}$ telle que $\varphi(\overrightarrow{AB}) = \overrightarrow{A'B'}$. Pour tout point $M \in D$, on a nécessairement $\overrightarrow{A'f(M)} = \varphi(\overrightarrow{AM})$, ou encore $f(M) = A' + \varphi(\overrightarrow{AM})$. Cette relation prouve l'unicité de f et définit bien une application affine de D dans D′. ||

Proposition 17. – *Le groupe affine* Ga(D) *d'une droite affine* D *est constitué des homothéties et des translations.*

Soient (A, B) et (A', B') deux couples de points distincts de D. Déterminons l'unique application affine de D dans D qui transforme A en A' et B en B'.

Si $\overrightarrow{A'B'} = \overrightarrow{AB}$, l'application linéaire $\vec{f}$ est l'application identique de $\vec{D}$. Pour tout point M de D, on a $\overrightarrow{A'f(M)} = \overrightarrow{AM}$, d'où $\overrightarrow{Mf(M)} = \overrightarrow{AA'}$. L'application f est la translation de vecteur $\overrightarrow{AA'}$.

Si $\overrightarrow{A'B'} = k\overrightarrow{AB}$, avec $k \neq 1$ (et $k \neq 0$), l'application $\vec{f}$ est l'homothétie vectorielle de rapport k. Démontrons que l'application f admet un point fixe I. Pour que I soit un point fixe de f, il faut et il suffit que l'on ait $\overrightarrow{IA'} = k\overrightarrow{IA}$. Ceci s'écrit $\overrightarrow{IA} + \overrightarrow{AA'} = k\overrightarrow{IA}$, ou encore $\overrightarrow{IA} = \frac{-1}{1-k}\overrightarrow{AA'}$. Cette égalité détermine le point I. Pour tout point M de D, on a alors $\overrightarrow{IM'} = k\overrightarrow{IM}$. L'application f est l'homothétie de centre I, de rapport k. ||

THÉORÈME 4. – a) *L'ensemble des homothéties et des translations d'un espace affine* E *constitue un sous-groupe distingué du groupe affine* Ga(E).

b) *C'est l'ensemble des applications affines de* E *dans* E *dont l'application linéaire associée est une homothétie vectorielle.*

c) *C'est l'ensemble des applications affines de* E *dans* E *qui transforment toute droite en une droite parallèle.*

Ce théorème dit, en particulier, que la composée de deux homothéties est une homothétie ou une translation, ce qui n'est pas une évidence. Certains auteurs appellent *dilatations* les applications affines qui sont soit une translation, soit une homothétie, et parlent du groupe des dilatations. D'autres auteurs appellent dilatations les similitudes d'un espace affine euclidien. Nous éviterons ces terminologies.

Nous démontrerons d'abord a) et b) en remarquant que b) implique a), puis en démontrant b). La démonstration de c) est reportée après la prop. 18.

b) *implique* a). - Une application affine f de E dans E, dont l'application linéaire associée $\vec{f}$ est une homothétie vectorielle, est un automorphisme affine de E. D'après b), l'ensemble des homothéties et translations est l'image réciproque du groupe des homothéties par le morphisme $f \mapsto \vec{f}$ de Ga(E) dans $\mathrm{Gl}(\vec{E})$. Par suite b) implique a).

Démonstration de b). - Soit f une application affine de E dans E dont l'application linéaire associée $\vec{f}$ est l'homothétie vectorielle de rapport k . Si $k = 1$, on a déjà vu que f est une translation. Supposons $k \neq 1$, et démontrons que l'application f admet un point fixe. Soit A un point de E , posons $A' = f(A)$. Si $A = A'$, le point A est un point fixe de f . Si $A \neq A'$, la droite D passant par A et A′ est stable par f . En effet, soient $B \in D$ et $B' = f(B)$, on a $\overrightarrow{A'B'} = k\overrightarrow{AB}$, ce qui montre que B′ est un point de D . L'application f induit une transformation affine de la droite D . D'après la prop. 17, c'est une homothétie de rapport k . Il existe donc un point I de D fixe par f . Si I est un point fixe de f , pour tout point M de E , on a $\overrightarrow{If(M)} = \vec{f}(\overrightarrow{IM})$, autrement dit $\overrightarrow{If(M)} = k\,\overrightarrow{IM}$. L'application f est alors l'homothétie de centre I , de rapport k . ||

PROPOSITION 18. – *Soient* A , A′ , B *et* B′ *des points d'un espace affine* E , *tels que* $A \neq B$, $A' \neq B'$ *et* $B \neq B'$. *Si les droites* AB *et* A′B′ *sont parallèles, il existe une homothétie ou une translation unique qui transforme* A *en* A′ *et* B *en* B′ .

Si les points A , A′ , B , B′ sont alignés, on applique les prop. 16 et 17. Sinon, les quatre points sont distincts et appartiennent à un même plan. Dans ce plan, les droites AA′ et BB′ sont parallèles, ou bien elles ont un unique point d'intersection.

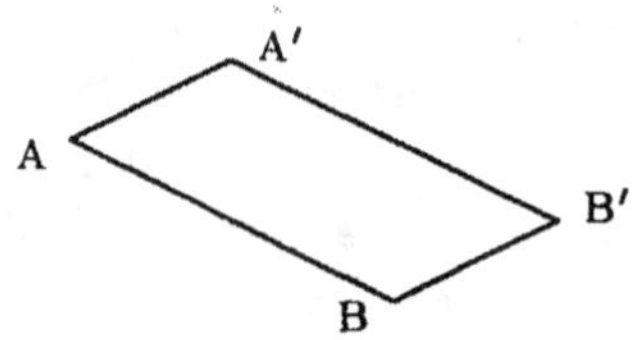

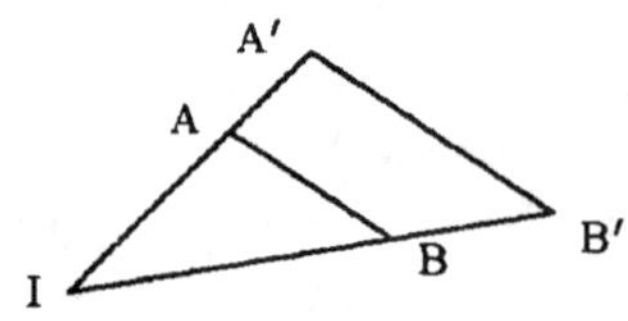

Dans le premier cas, soit f la translation de vecteur $\overrightarrow{AA'}$. La translation f transforme la droite AB en la droite parallèle à AB issue du point A′ , c'est-à-dire la droite A′B′ . La droite BB′ , parallèle à AA′ , est stable par f . Donc f transforme le point B , intersection de AB et BB′ , en le point B′ , intersection de A′B′ et BB′ .

Dans le second cas, si les droites AA′ et BB′ ont un unique point commun I , ce point est distinct des points A , A′ , B , B′ . Soit f l'homothétie de centre I qui transforme A en A′ . Le même raisonnement que dans le premier cas montre que f transforme B en B′ .

L'unicité de f est immédiate. En effet, si f est une homothétie, son centre doit être à l'intersection des droites AA′ et BB′, si f est une translation, les droites AA′ et BB′ doivent être parallèles. ||

Corollaire. – *Soient* D *et* D′ *deux droites issues d'un point* I, *soient* A *et* B *deux points de* D, A′ *et* B′ *deux points de* D′. *Pour que les droites* AA′ *et* BB′ *soient parallèles, il faut et il suffit que l'on ait*

$$\frac{\overrightarrow{IB}}{\overrightarrow{IA}} = \frac{\overrightarrow{IB'}}{\overrightarrow{IA'}}. \tag{10}$$

Si c'est le cas, ces rapports sont aussi égaux à $\overrightarrow{BB'}/\overrightarrow{AA'}$.

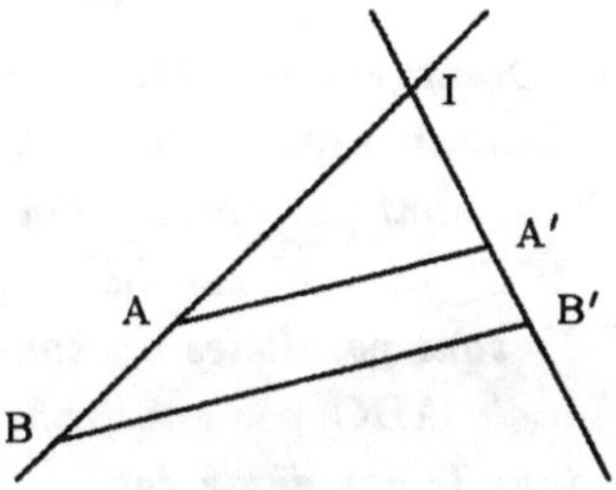

Si l'égalité (10) est satisfaite, et si k est la valeur commune des deux rapports, l'homothétie de centre I, de rapport k, transforme A en B et A′ en B′. On a donc $\overrightarrow{BB'} = k\overrightarrow{AA'}$. Inversement, si AA′ est BB′ sont parallèles, d'après la prop. 18, il existe une homothétie de centre I transformant A en B et A′ en B′, d'où (10).

Démonstration de c). - Soit f une application affine de E dans E qui transforme toute droite de E en une droite parallèle. Soient A et B deux points distincts de E, A′ et B′ leurs images par f. Si A = A′, d'après l'hypothèse sur f, toute droite issue de A est stable par f. Si de plus B = B′, tous les points de la droite AB sont fixes (prop. 16). Si M est un point hors de la droite AB, son image M′ appartient à la droite AM, stable par f, et à la droite BM pour la même raison, donc M = M′, et f est l'application identique.

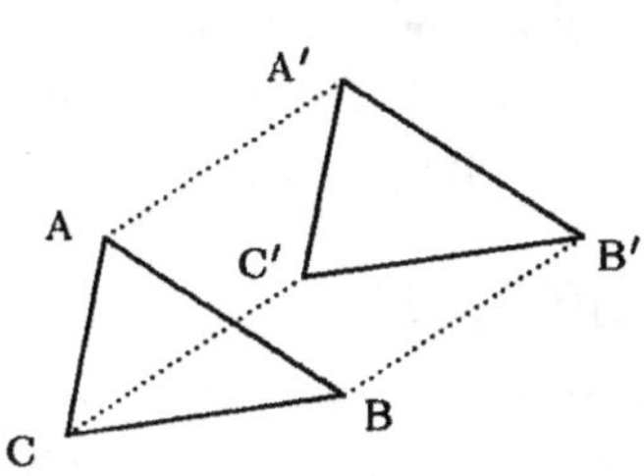

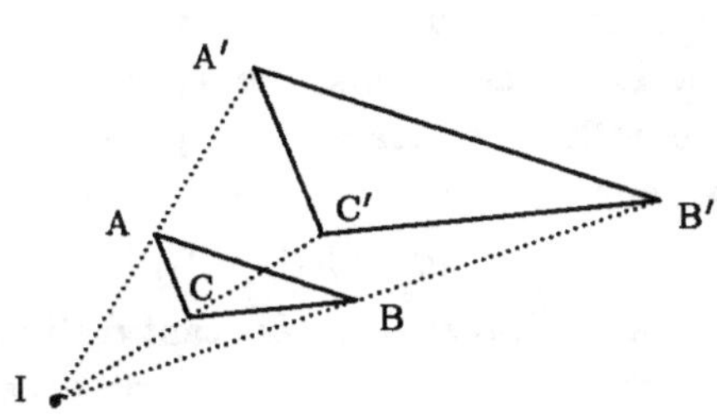

Si f n'a pas plus d'un point fixe, on choisit A et B de sorte que $A \neq A'$ et $B \neq B'$. D'après la prop. 16, la restriction de f à la droite AB est déterminée de façon unique par la donnée de A, B, A',et B'. Soit C un point pris hors de la droite AB. Les droites $A'f(C)$ et AC sont parallèles, ainsi que les droites $B'f(C)$ et BC. Les droites AC et BC n'étant pas parallèles, ceci détermine le point $f(C)$ de façon unique. D'après la prop. 18, il existe une homothétie ou translation unique g qui transforme A en A' et B en B'. De ce qui précède, on déduit $f(C) = g(C)$, d'où finalement $f = g$. Par suite, f est une homothétie ou une translation. ||

THÉORÈME (théorème de Desargues affine). – *Soient* A, B, C, A', B', C' *six points distincts d'un espace affine* E. *On suppose que les triangles* ABC *et* A'B'C' *ne sont pas aplatis. On suppose* AB *parallèle à* A'B', BC *parallèle à* B'C' *et* CA *parallèle à* C'A'. *Alors les trois droites* AA', BB' *et* CC' *sont parallèles ou concourantes. Le triangle* A'B'C' *est l'image du triangle* ABC *par une translation dans le premier cas, par une homothétie dans le deuxième cas.*

Comme les droites AB et A'B' sont parallèles, il existe, d'après la prop. 18, une homothétie ou translation f de E qui transforme A en A' et B en B'. Le même raisonnement que dans la démonstration de c) ci-dessus prouve que $f(C) = C'$. Le théorème en résulte. ||

Remarque. – Dans son livre de géométrie, M. Berger indique que ce théorème est lié à l'associativité de la multiplication dans $\mathbf{R}$, et que, dans certains développements axiomatiques de la géométrie, l'énoncé du théorème est considéré comme un axiome.

THÉORÈME (théorème de Pappus affine). – *Soient* D *et* D' *deux droites distinctes dans un espace affine. Soient* A, B, C *des points de* D, *et* A', B', C' *des points de* D'. *On suppose les six points distincts. Si* AB' *est parallèle à* A'B, *et si* AC' *est parallèle à* A'C, *alors* BC' *est parallèle à* B'C.

D'après les hypothèses et la prop. 18, il existe une homothétie ou translation f de E telle que $f(B) = A$, $f(A') = B'$. De même, il existe une homothétie ou translation g de E telle que $g(A) = C$, $g(C') = A'$. On a donc

$$(g \circ f)(B) = C, \qquad (f \circ g)(C') = B'.$$

Les six points donnés étant distincts, les droites parallèles AB' et A'B sont distinctes. Elles sont contenues dans un plan P qui contient

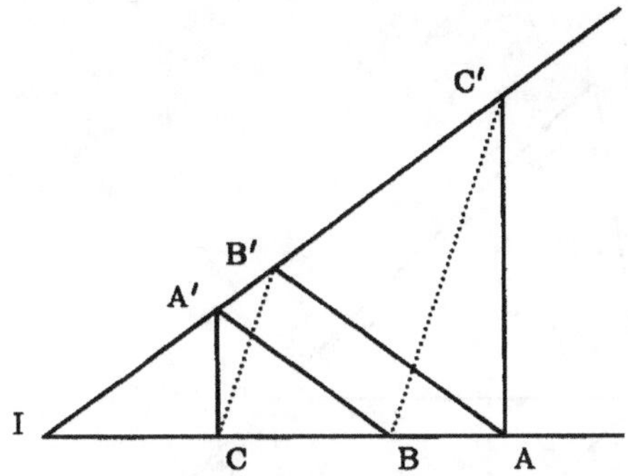

donc D et D'. Les droites D et D', distinctes et contenues dans le plan P, sont parallèles ou se rencontrent en un point I. Dans le premier cas, f et g sont des translations, dans le deuxième, ce sont des homothéties de centre I. Dans les deux cas $f \circ g = g \circ f$, et l'application $f \circ g$ est une translation ou une homothétie. Les droites BC' et B'C sont parallèles.

Remarques. – 1) L'énoncé reste exact, même si les six points donnés ne sont pas tous distincts, à condition de remplacer les assertions du type « AB' est parallèle à A'B » par « les points A et B' appartiennent à une droite parallèle à une droite qui contient A' et B ».

2) Le théorème de Pappus est conséquence de la commutativité de la multiplication dans $\mathbf{R}$.

Exercice. - Dans un espace affine E, soit t la translation de vecteur $\vec{v}$, et soit h l'homothétie de centre I, de rapport k ($\neq 1$). Déterminer les centres des homothéties $t \circ h$ et $h \circ t$.

7. Cercle des neuf points d'un triangle

Soient A, B, C trois points non alignés dans un plan affine. On désigne par A', B', C' les milieux des côtés BC, CA et AB du triangle ABC. L'homothétie $h(\mathrm{A}, \frac{1}{2})$ transforme B en C' et C en B'. Par suite, les droites BC et B'C' sont parallèles. De même, CA est parallèle à C'A', et AB parallèle à A'B'. D'après le théorème de Desargues, les médianes AA', BB', CC' sont parallèles ou concourantes. On a $\overrightarrow{\mathrm{B'C'}} = -\frac{1}{2}\overrightarrow{\mathrm{BC}}$, par suite les médianes concourent en un point G, et l'homothétie $h(\mathrm{G}, -\frac{1}{2})$ transforme le triangle ABC en le triangle A'B'C'.

Supposons maintenant le plan muni d'une structure euclidienne. La hauteur du triangle ABC issue de A est la droite reliant A au

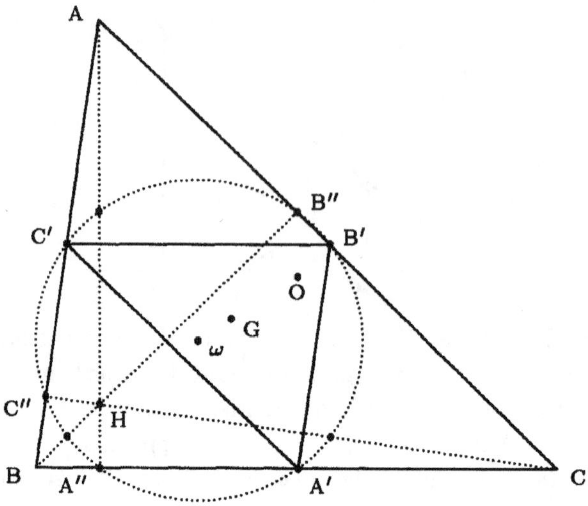

projeté orthogonal A″ de A sur la droite BC. On désigne par BB″ et CC″ les hauteurs issues de B et C. On note O le centre du cercle circonscrit au triangle ABC. La droite A′O est la médiatrice du segment BC, elle est orthogonale à BC, donc parallèle à la hauteur AA″. L'homothétie $h(G, -\frac{1}{2})$ transforme A en A′, elle transforme la hauteur AA″ en une parallèle issue de A′, donc en la droite A′O. Il en est de même pour les deux autres hauteurs. Il en résulte que les trois hauteurs concourent en un point H dont l'image par $h(G, -\frac{1}{2})$ est le point O. Le point de concours H des hauteurs est appelé *orthocentre* du triangle. On a

$$\overrightarrow{GH} = -2\,\overrightarrow{GO}.$$

On note $\mathcal{C}$ le cercle circonscrit au triangle ABC ; on note Γ le cercle image de $\mathcal{C}$ par l'homothétie $h(G, -\frac{1}{2})$ et ω le centre de Γ. Le cercle Γ est le cercle circonscrit au triangle A′B′C′, et on a

$$\overrightarrow{GO} = -2\,\overrightarrow{G\omega}.$$

Les points G, H, O et ω sont alignés, et l'on a $\overrightarrow{HO} = -2\overrightarrow{O\omega}$. En remplaçant $\overrightarrow{O\omega}$ par $\overrightarrow{OH} + \overrightarrow{H\omega}$, on obtient

$$\overrightarrow{HO} = 2\,\overrightarrow{H\omega}.$$

L'homothétie $h(H, \frac{1}{2})$ transforme O en ω, elle transforme le

cercle $\mathcal{C}$ en un cercle dont le centre est ω et le rayon moitié de celui de $\mathcal{C}$, c'est-à-dire le cercle Γ. Les milieux A''', B''', C''' des segments HA, HB, HC sont les homothétiques de A, B, C par l'homothétie $h(H, \frac{1}{2})$. Ils appartiennent donc au cercle Γ.

Soit D le diamètre du cercle $\mathcal{C}$ qui est parallèle à BC. D'après la prop. 9 du chap. II, la translation t de vecteur $2\overrightarrow{OA'}$ est égale à $sym_{BC} \circ sym_D$. On a donc

$$t \circ sym_D = sym_{BC} \circ sym_D \circ sym_D = sym_{BC}. \tag{11}$$

Par ailleurs, l'homothétie $h(G, -\frac{1}{2})$ transforme H en O et A en A'. On a donc

$$\overrightarrow{AH} = 2\overrightarrow{OA'}.$$

Le point H appartient au cercle $\mathcal{C}'$ déduit de $\mathcal{C}$ par la translation de vecteur $2\overrightarrow{OA'}$. La symétrie par rapport au diamètre D transforme $\mathcal{C}$ en lui-même. D'après (11), la symétrie par rapport à BC transforme $\mathcal{C}$ en $\mathcal{C}'$, et par suite $\mathcal{C}'$ en $\mathcal{C}$. Le symétrique H_A de l'orthocentre H par rapport à BC appartient au cercle circonscrit au triangle ABC. Le point A'' est milieu de HH_A, c'est l'image de H_A par l'homothétie $h(H, \frac{1}{2})$, il appartient donc au cercle Γ. Ainsi les trois points A'', B'', C'', pieds des hauteurs, appartiennent au cercle Γ.

En résumé, sur le cercle Γ, on trouve les milieux des côtés, les pieds des hauteurs et les milieux des segments joignant l'orthocentre aux sommets du triangle. Le cercle Γ est appelé *cercle des neuf points* et la droite OG *droite d'Euler* du triangle ABC. Outre-Rhin, le cercle Γ est appelé *cercle de Feuerbach*, en hommage à Karl Wilhelm FEUERBACH (1800-1834) qui a démontré, en 1822, que le cercle des neuf points est tangent au cercle inscrit et aux cercles exinscrits du triangle ABC (*cf.* chap. VI, exerc.15). Il y a bien plus de neuf points remarquables sur ce cercle. Si l'on regarde bien ce que l'on vient de démontrer, on en voit trois supplémentaires immédiatement. Pour en savoir plus, on peut ouvrir le petit livre de Michel COLLET et Georges GRISO, *Le cercle d'Euler*, Vuibert, Paris (1987).

8. Projections, affinités, symétries

DÉFINITION 9. – *Soit* E *un espace vectoriel. On dit que deux sous-espaces vectoriels* F_1 *et* F_2 *de* E *sont* supplémentaires *si* $F_1 + F_2 = E$ *et* $F_1 \cap F_2 = \{0\}$.

Pour que des sous-espaces vectoriels F_1 et F_2 soient supplémentaires, il faut et il suffit que tout vecteur x de E s'écrive de façon unique $x = x_1 + x_2$, avec $x_1 \in F_1$ et $x_2 \in F_2$. Dans ce cas, on appelle x_1 et x_2 les composantes du vecteur x sur F_1 et F_2 respectivement.

PROPOSITION 19. – *Soient* F_1 *et* F_2 *deux sous-espaces vectoriels supplémentaires dans un espace vectoriel* E. *Soit* p_1 *l'application de* E *dans* E *qui, à un vecteur* x *de* E, *associe sa composante* x_1 *sur* F_1. *L'application* p_1 *est linéaire, son image est* F_1, *son noyau est* F_2, *et l'on a* $p_1 \circ p_1 = p_1$.

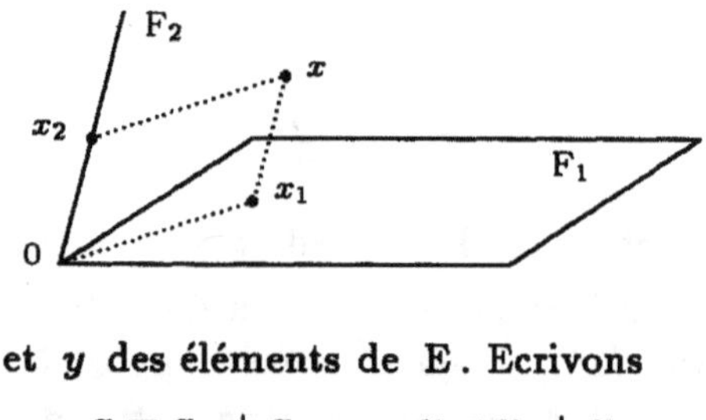

Soient x et y des éléments de E. Ecrivons

$$x = x_1 + x_2, \qquad y = y_1 + y_2,$$

où x_1 et y_1 appartiennent à F_1, et x_2 et y_2 appartiennent à F_2. On a

$$x + y = (x_1 + y_1) + (x_2 + y_2).$$

L'unicité de la décomposition assure que l'on a

$$p_1(x + y) = x_1 + y_1 = p_1(x) + p_1(y).$$

On démontrerait de même l'égalité $p_1(\lambda x) = \lambda p_1(x)$. Les autres affirmations de la proposition sont immédiates. ||

L'application p_1 est appelée le *projecteur* d'image F_1 associé aux sous-espaces supplémentaires F_1 et F_2.

PROPOSITION 20. – *Soient* E *un espace vectoriel et* p *une application linéaire telle que* $p \circ p = p$. *Notons* F_1 *l'image de* p *et* F_2 *son noyau. Les sous-espaces vectoriels* F_1 *et* F_2 *sont supplémentaires, et* p *est le projecteur d'image* F_1 *associé aux sous-espaces supplémentaires* F_1 *et* F_2.

Tout élément x de E s'écrit $x = p(x) + (x - p(x))$, où $p(x) \in F_1$ et $x - p(x) \in F_2$, donc $E = F_1 + F_2$. Soit x un élément de $F_1 \cap F_2$. Comme x appartient à F_1, il existe $y \in E$ tel que $x = p(y)$. On a $p(x) = p(p(y)) = p(y) = x$. Comme x appartient à F_2, on a $p(x) = 0$, d'où $x = 0$. Par suite $F_1 \cap F_2 = \{0\}$. ||

Remarques. - 1) L'ensemble des points fixes de p est l'espace F_1, noyau de $1_E - p$. L'application linéaire $1_E - p$ est le projecteur d'image F_2, de noyau F_1.

2) La prop. 20 exprime qu'un projecteur est entièrement déterminé par son image et son noyau.

PROPOSITION 21. – *Soit* E *un espace affine associé à un espace vectoriel* $\vec{E}$. *Soit* F_1 *un sous-espace affine non vide de* E, *de direction* $\vec{F}_1$, *et soit* $\vec{F}_2$ *un sous-espace vectoriel de* $\vec{E}$, *supplémentaire de* $\vec{F}_1$. *Pour tout point* M *de* E, *le sous-espace affine* $M + \vec{F}_2$ *rencontre* F_1 *en un point unique* M'. *L'application* p *qui, à* M *associe* M', *est une application affine dont l'application linéaire associée est le projecteur d'image* $\vec{F}_1$, *de noyau* $\vec{F}_2$.

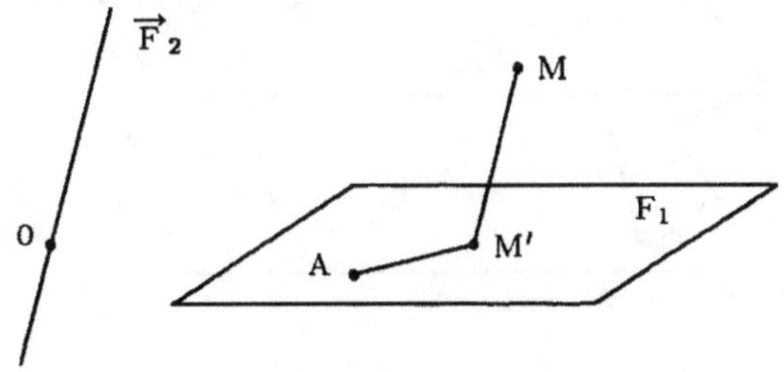

On choisit un point A de F_1. Soient M et M' deux points de E. Ecrivons

$$\overrightarrow{AM} = \overrightarrow{AM'} + \overrightarrow{M'M}.$$

Pour que M' appartienne à F_1, il faut et il suffit que $\overrightarrow{AM'}$ appartienne à $\vec{F}_1$. Pour que M' appartienne à $M + \vec{F}_2$, il faut et il suffit que $\overrightarrow{M'M}$ appartienne à $\vec{F}_2$. L'existence et l'unicité de la décomposition du vecteur $\overrightarrow{AM}$ sur les sous-espaces supplémentaires $\vec{F}_1$ et $\vec{F}_2$ entraîne l'existence et l'unicité du point M'.

Si p_1 désigne le projecteur de $\vec{E}$, d'image $\vec{F}_1$, de noyau $\vec{F}_2$, on a $\overrightarrow{AM'} = p_1(\overrightarrow{AM})$. Par définition de p, on a $A = A'$; on a donc

$\overrightarrow{A'M'} = p_1(\overrightarrow{AM})$. Cela prouve que l'application p est affine et que le projecteur p_1 est l'application linéaire associée. ||

L'application p est appelée *projection d'image* F_1, *de direction* $\vec{F}_2$ (ou parallèle à $\vec{F}_2$).

THÉORÈME (dit de Thalès [1]). – *Dans un espace affine* E, *soient* D *et* D′ *deux droites, et soit* $\vec{F}$ *une direction d'hyperplan ne contenant pas les directions de* D *et* D′. *Tout hyperplan de direction* $\vec{F}$ *rencontre* D *en un point* M *et* D′ *en un point* M′. *L'application* f *de* D *dans* D′ *qui, à* M, *associe* M′ *est une application affine.*

En effet, l'application f est la restriction à D de la projection d'image D′, de direction $\vec{F}$, dans l'espace E. ||

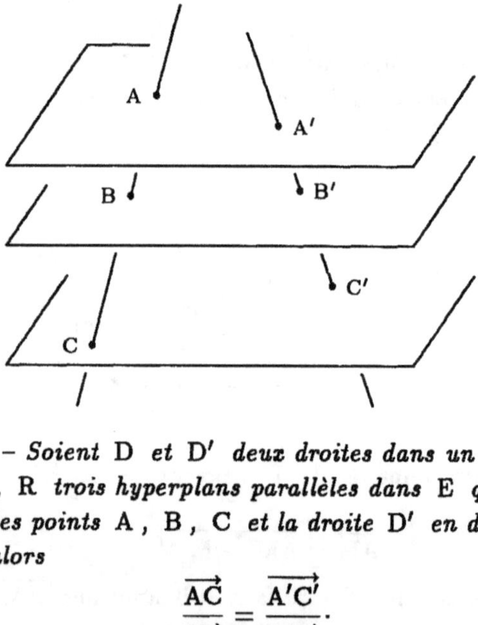

COROLLAIRE. – *Soient* D *et* D′ *deux droites dans un espace affine* E. *Soient* P, Q, R *trois hyperplans parallèles dans* E *qui rencontrent la droite* D *en des points* A, B, C *et la droite* D′ *en des points* A′, B′ *et* C′. *On a alors*

$$\frac{\overrightarrow{AC}}{\overrightarrow{AB}} = \frac{\overrightarrow{A'C'}}{\overrightarrow{A'B'}}.$$

En effet, si $\overrightarrow{AC} = \lambda\overrightarrow{AB}$, alors

$$\overrightarrow{A'C'} = \vec{f}(\overrightarrow{AC}) = \vec{f}(\lambda\overrightarrow{AB}) = \lambda \vec{f}(\overrightarrow{AB}) = \lambda\,\overrightarrow{A'B'}. \qquad ||$$

[1] THALÈS de Milet (VIIe-VIe siècles av. J.C.), le premier des sept sages de la Grèce.

PROPOSITION 22. – *Soient* E *un espace affine et* p *une application affine de* E *dans* E *telle que* $p \circ p = p$. *Alors* p *est la projection d'image* $p(\mathrm{E})$ *de direction le noyau de* $\vec{p}$.

L'application linéaire $\vec{p}$ satisfait à $\vec{p} \circ \vec{p} = \vec{p}$; c'est un projecteur. Son noyau et son image sont des sous-espaces vectoriels supplémentaires dans $\vec{\mathrm{E}}$ (prop. 20). L'image $p(\mathrm{E})$ de l'application p est un sous-espace affine de E, de direction $\vec{p}(\vec{\mathrm{E}})$. Pour tout point M de E, le point $p(\mathrm{M})$ appartient à $p(\mathrm{E})$ et l'on a

$$\vec{p}(\overrightarrow{\mathrm{M}p(\mathrm{M})}) = \overrightarrow{p(\mathrm{M})p(p(\mathrm{M}))} = \overrightarrow{p(\mathrm{M})p(\mathrm{M})} = 0.$$

Le vecteur $\overrightarrow{\mathrm{M}p(\mathrm{M})}$ appartient donc au noyau de $\vec{p}$. La proposition résulte de la définition des projections. ||

DÉFINITION 9. – *Soit* E *un espace vectoriel. Soient* F_1, F_2 *deux sous-espaces vectoriels supplémentaires dans* E. *On note* p_1 *et* p_2 *les projecteurs d'images* F_1 *et* F_2 *associés. La* symétrie vectorielle *de direction* F_2 *par rapport au sous-espace* F_1 *est l'application* s *de* E *dans* E *définie par*

$$s(x) = p_1(x) - p_2(x).$$

L'application s est linéaire. L'espace F_1 est l'ensemble des points fixes de s. L'espace F_2 est stable par s, et l'application induite sur F_2 est l'application $x \mapsto -x$. L'application s est un automorphisme de l'espace vectoriel E, et l'on a $s \circ s = 1_{\mathrm{E}}$.

Remarquons aussi que l'on a

$$s(x) - x = -2p_2(x) \quad \text{et} \quad s(x) + x = 2p_1(x).$$

Le vecteur $\overrightarrow{xs(x)}$ appartient à F_2 et le milieu du segment $xs(x)$ appartient à F_1. Plus précisément, on a

$$\mathrm{F}_1 = \mathrm{Ker}\,(s - 1_{\mathrm{E}}), \qquad \mathrm{F}_2 = \mathrm{Ker}\,(s + 1_{\mathrm{E}}).$$

PROPOSITION 23. – *Soient* E *un espace vectoriel et* s *une application linéaire de* E *dans* E *telle que* $s \circ s = 1_{\mathrm{E}}$. *L'application* s *est la symétrie vectorielle de direction* $\mathrm{Ker}\,(s + 1_{\mathrm{E}})$ *par rapport à* $\mathrm{Ker}\,(s - 1_{\mathrm{E}})$.

Posons $\mathrm{F}_1 = \mathrm{Ker}\,(s - 1_{\mathrm{E}})$ et $\mathrm{F}_2 = \mathrm{Ker}\,(s + 1_{\mathrm{E}})$. Soit $x \in \mathrm{E}$, on a

$$x = \frac{1}{2}(x + s(x)) + \frac{1}{2}(x - s(x)).$$

Un petit calcul utilisant $s \circ s = 1_{\mathrm{E}}$ montre que $(x + s(x))$ appartient à F_1 et $(x - s(x))$ à F_2. Par suite $\mathrm{E} = \mathrm{F}_1 + \mathrm{F}_2$. Soit $x \in \mathrm{F}_1 \cap \mathrm{F}_2$. On a

$s(x) - x = s(x) + x = 0$, d'où $x = 0$. Cela prouve que $F_1 \cap F_2 = \{0\}$, et que les sous-espaces vectoriels F_1 et F_2 sont supplémentaires. La relation

$$s(x) = \frac{1}{2}(x + s(x)) - \frac{1}{2}(x - s(x)).$$

montre que s est la symétrie vectorielle de direction F_2 par rapport à F_1. ||

DÉFINITION 10. – *Soient* E *un espace affine,* F_1 *un sous-espace affine non vide de* E *et* $\overrightarrow{F}_2$ *un sous-espace vectoriel de* $\overrightarrow{E}$ *supplémentaire de* $\overrightarrow{F}_1$. *La* symétrie affine par rapport à F_1, de direction $\overrightarrow{F}_2$ *est l'application* s *qui, à un point* M *de* E *associe le point* M′ *tel que le vecteur* $\overrightarrow{MM'}$ *appartienne à* $\overrightarrow{F}_2$ *et que le milieu de* MM′ *appartienne à* F_1.

On peut vérifier que l'application s est bien définie, que c'est une application affine dont l'application linéaire associée $\vec{s}$ est la symétrie vectorielle de direction $\overrightarrow{F}_2$ par rapport à $\overrightarrow{F}_1$. L'ensemble des points fixes de s est le sous-espace affine F_1. L'application s est bijective et l'on a $s \circ s = \mathrm{Id}_E$. Si p désigne la projection d'image F_1, de direction $\overrightarrow{F}_2$, on a $\overrightarrow{Ms(M)} = 2\overrightarrow{Mp(M)}$.

PROPOSITION 24. – *Soit* s *une application affine d'un espace affine non vide* E *dans lui-même telle que* $s \circ s = \mathrm{Id}_E$. *L'application* s *est une symétrie affine.*

Si $\vec{s}$ est l'application linéaire associée à s, on a $\vec{s} \circ \vec{s} = 1_{\overrightarrow{E}}$, ce qui montre que $\vec{s}$ est une symétrie vectorielle par rapport à un sous-espace vectoriel $\overrightarrow{F}_1$ parallélement à un sous-espace supplémentaire $\overrightarrow{F}_2$ (prop. 23). Soit A un point de E et soit I le milieu du segment $As(A)$. Le point $s(I)$ est le milieu du segment $s(A)A$, donc $I = s(I)$.

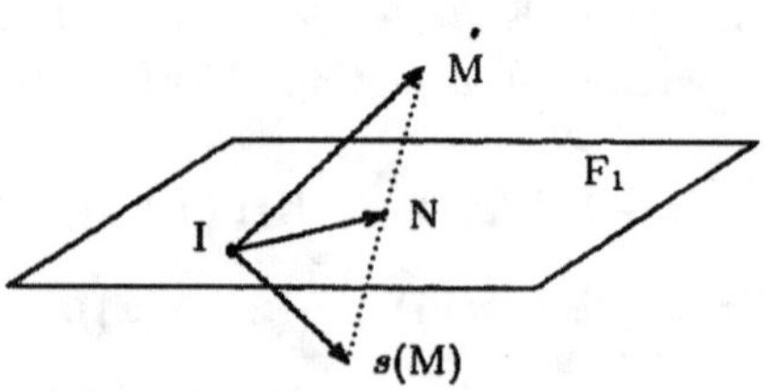

L'ensemble des points fixes de s est le sous-espace affine $F_1 = I + \vec{F}_1$. En effet $M = s(M)$ est équivalent à $\overrightarrow{IM} = \vec{s}(\overrightarrow{IM})$. Plus généralement, écrivons $\overrightarrow{IM} = \overrightarrow{IN} + \overrightarrow{NM}$, avec $\overrightarrow{IN} \in \vec{F}_1$ et $\overrightarrow{NM} \in \vec{F}_2$. On a

$$\overrightarrow{Is(M)} = \vec{s}(\overrightarrow{IM}) = \overrightarrow{IN} - \overrightarrow{NM}.$$

On en déduit que le milieu du segment $Ms(M)$ est le point N (de F_1), et que le vecteur $\overrightarrow{Ms(M)}$ appartient à $\vec{F}_2$, d'où la proposition. ||

DÉFINITION 11. – *Soit* E *un espace vectoriel. Soient* F_1, F_2 *deux sous-espaces vectoriels supplémentaires dans* E *et* k *un nombre réel. On note* p_1 *et* p_2 *les projecteurs d'images* F_1 *et* F_2 *associés. L'*affinité vectorielle *par rapport au sous-espace* F_1, *de direction* F_2 *et de rapport* k, *est l'application* f *de* E *dans* E *définie par*

$$f(x) = p_1(x) + kp_2(x).$$

Si $k = 1$, f est l'application identique. Sinon, l'ensemble des points fixes de f est l'espace F_1. Les symétries et les projections sont des cas particuliers d'affinités correspondant à $k = -1$ et $k = 0$.

Dans un espace affine, une affinité est une application affine associée à une affinité vectorielle distincte de l'identité.

Exercices

1

Dans un plan euclidien, démontrer à l'aide du théorème de Céva que les trois hauteurs d'un triangle ABC sont concourantes, et démontrer que l'orthocentre H du triangle est barycentre de $(A, \tan\widehat{A})$, $(B, \tan\widehat{B})$ et $(C, \tan\widehat{C})$.

2

Soient A, B, C trois points non alignés et α, β, γ trois nombres réels tels que $\alpha + \beta + \gamma \neq 0$. On note G le barycentre de (A, α), (B, β) et (C, γ).

a) A quelle condition le point G est-il distinct de A ? A quelle condition la droite AG est-elle parallèle à la droite BC ?

b) On suppose que les droites AG, BG et CG rencontrent les droites BC, CA et AB en A_1, B_1 et C_1 respectivement. Démontrer qu'il existe une relation

(1) $$\alpha' \overrightarrow{AA_1} + \beta' \overrightarrow{BB_1} + \gamma' \overrightarrow{CC_1} = 0,$$

et calculer α', β', γ' en fonction de α, β, γ.
c) Ecrire la relation (1) lorsque A_1, B_1 et C_1 sont les pieds des hauteurs du triangle ABC (utiliser le résultat de l'exerc.1).

3

Dans un plan euclidien, démontrer que le centre O du cercle circonscrit au triangle ABC est barycentre de $(A, \sin 2\hat{A})$, $(B, \sin 2\hat{B})$ et $(C, \sin 2\hat{C})$.

4

Soient A, B et C trois points non alignés du plan $\mathbf{R}^2$. Démontrer qu'un point M intérieur au triangle ABC est barycentre des points A, B et C affectés des poids α, β et γ, où

$$\alpha = aire(\mathrm{MBC}), \qquad \beta = aire(\mathrm{MCA}), \qquad \gamma = aire(\mathrm{MAB}).$$

5

Soient A, B et C trois points non alignés du plan $\mathbf{R}^2$. On note a, b et c les longueurs des segments BC, CA et AB, et on pose $2p = a+b+c$. On appelle bissectrice intérieure de l'angle en A du triangle ABC la bissectrice du couple des droites AB et AC qui rencontre le segment BC.
a) Démontrer que les trois bissectrices intérieures ont un unique point commun. On note I ce point commun ; démontrer que I est le centre d'un cercle tangent aux droites AB, BC et CA (*cercle inscrit*).
b) Démontrer que I est le barycentre des points pondérés (A, a), (B, b), (C, c) [utiliser l'exerc.4, ou bien projeter B et C orthogonalement sur AI].
c) Déterminer le centre de gravité d'un triangle en fil de fer.
d) On note U, V et W les points de contact du cercle inscrit et des droites BC, CA et AB. Démontrer que les droites AU, BV et CW ont un point commun qui est le barycentre des points $(A, 1/(p-a))$, $(B, 1/(p-b))$ et $(C, 1/(p-c))$ (*point de Gergonne*).
e) Démontrer que les deux bissectrices extérieures issues de B et C, et la bissectrice intérieure issue de A ont un point commun. On note J_A ce point commun ; démontrer que J_A est le centre d'un cercle tangent aux droites AB, BC et CA (*cercle exinscrit* dans l'angle A).
f) On note U' le point de contact du cercle exinscrit dans l'angle A et de la droite BC. Démontrer que U et U' sont symétriques par rapport au milieu du segment BC.
g) On définit de même V' comme contact de CA et du cercle exinscrit dans l'angle B, et W' comme contact de AB et du cercle exinscrit dans l'angle C. Démontrer que les droites AU', BV' et CW' ont un point commun qui est le barycentre des points $(A, p-a)$, $(B, p-b)$ et $(C, p-c)$ (*point de Nagel*).

6

Une partie C de $\mathbf{R}^n$ est dite *convexe* si chaque fois que deux points M et N appartiennent à C, tout le segment MN est contenu dans C.

Soit C une partie convexe fermée, non vide, de $\mathbf{R}^n$ et A un point de $\mathbf{R}^n$. La distance d de A à C est, par définition, la borne inférieure des longueurs $|AM|$, lorsque le point M parcourt C.

Soit M_n une suite de points de C telle que les longueurs $|AM_n|$ tendent vers d lorsque $n \to \infty$. En utilisant la formule de la médiane, démontrer que la suite (M_n) est une suite de Cauchy.

En déduire qu'il existe un point B de C tel que $|AB| = d$. Démontrer l'unicité d'un tel point.

Le point B est appelé projection du point A sur l'ensemble convexe C. Le même résultat est valable dans un espace hilbertien et joue un rôle important en analyse fonctionnelle.

7

Soit D une droite et $\vec{u}$ un vecteur $\neq 0$ de même direction que D. Si A et B sont des points de D, on appelle mesure algébrique du vecteur $\overrightarrow{AB}$ relativement à $\vec{u}$, et on note $\overline{AB}$, le rapport $\overrightarrow{AB}/\vec{u}$, c'est-à-dire le nombre réel λ tel que $\overrightarrow{AB} = \lambda\vec{u}$.

a) Dans un espace affine, soient P, Q, R trois points distincts sur une droite D. Déterminer le barycentre de $(P, \overline{QR})$ et $(Q, \overline{RP})$ (les mesures algébriques sont relatives à un vecteur arbitraire de même direction que D).

Prouver la relation suivante (*relation de Stewart*) :

$$\overline{QR}\ \overrightarrow{MP}^2 + \overline{RP}\ \overrightarrow{MQ}^2 + \overline{PQ}\ \overrightarrow{MR}^2 + \overline{QR}\ \overline{RP}\ \overline{PQ} = 0 .$$

b) Dans $\mathbf{R}^2$, la bissectrice intérieure de l'angle en A d'un triangle ABC coupe le segment BC en K. Calculer la longueur AK en fonction de $a = BC$, $b = CA$ et $c = AB$.

8

Soient A, B, C et D quatre points d'un plan affine, sans alignement de trois d'entre eux. On note M, N, P, Q, R, S les milieux des segments AB, AC, DB, DC, AD et BC.

a) Démontrer l'égalité $\overrightarrow{MP} = \overrightarrow{NQ}$ (utiliser des homothéties). En déduire qu'on peut former trois parallélogrammes avec les points M, N, P, Q, R, S.

b) On se place maintenant dans un plan euclidien, et on suppose que le quadrangle ABCD est orthocentrique (chacun des points est orthocentre du triangle formé par les trois autres). Démontrer que les parallélogrammes du a) sont des rectangles. En déduire que les six points M, N, P, Q, R, S appartiennent à un même cercle, ainsi que les points d'intersection A′, B′ et C′ de AD et BC, de AC et BD, et de AB et CD (*cercle des neuf points* du triangle ABC).

9

Soient A , B , C trois points non alignés, et soient P , Q , R des points situés respectivement sur les droites BC , CA et AB , et distincts des points A , B , C . Démontrer que,pour que les points P , Q et R soient alignés, il faut et il suffit que l'on ait

$$\frac{\overrightarrow{PB}}{\overrightarrow{PC}}\,\frac{\overrightarrow{QC}}{\overrightarrow{QA}}\,\frac{\overrightarrow{RA}}{\overrightarrow{RB}} = 1 \qquad (\textit{théorème de Menelaüs}).$$

[On utilisera l'homothétie de centre P qui transforme B en C et l'homothétie de centre Q qui transforme C en A .]

10

Soient A , B , C trois points non alignés, et soient A' un point de la droite BC , B' un point de la droite CA et C' un point de la droite AB . On suppose que les droites AA' , BB' et CC' concourent en un point M . Retrouver la relation de Céva en appliquant le théorème de Ménélaüs à la sécante BMB' du triangle $AA'C$, et à la sécante CMC' du triangle $AA'B$.

11

Dans un espace affine E , on appelle symétrie par rapport à un point I , ou symétrie de centre I , l'homothétie de centre I de rapport -1 .
Soient I et J deux points de E et soient s_I et s_J les symétries par rapport à I et J . Démontrer que l'application composée $s_J \circ s_I$ est la translation de vecteur $2\,\overrightarrow{IJ}$.

12

a) Etant donnés n points $A_1, \dots, A_n$ dans un espace affine de dimension quelconque, on demande de trouver n points $M_1, \dots, M_n$ de sorte que A_1 soit le milieu du segment M_1M_2 , A_2 le milieu de M_2M_3 , ... , A_n le milieu de M_nM_1 . On démontrera que, si n est impair, il existe une unique solution. Si n est pair, pour qu'il existe une solution, il faut et il suffit que l'on ait

$$\overrightarrow{A_1A_2} + \overrightarrow{A_3A_4} \dots + \overrightarrow{A_{n-1}A_n} = 0 .$$

Si cette condition est réalisée, on peut choisir arbitrairement le point M_1 . [On notera s_i la symétrie de centre A_i , et on étudiera la nature de l'application composée $s_n \circ \dots \circ s_1$.]
b) Etant donnés trois points A , B , C , il existe un unique triangle $A'B'C'$ dont les milieux des côtés sont A , B et C . Dans un plan affine euclidien, les médiatrices de ce triangle sont les hauteurs du triangle ABC .
c) Pour que quatre points soient les milieux des quatre côtés d'un quadrilatère, il faut et il suffit qu'ils soient les sommets d'un parallélogramme (*théorème de Varignon*) ; en particulier, il faut qu'ils soient coplanaires.

13

Dans un espace affine E, soient h l'homothétie de centre I, de rapport k, et h' l'homothétie de centre I', de rapport k'. Déterminer le centre de l'homothétie $h' \circ h$ si $k'k \neq 1$, et le vecteur de la translation $h' \circ h$ si $k'k = 1$.
Dans un espace affine de dimension ≥ 2, donner une construction géométrique.

14

Soient D et D' deux droites dans un plan affine. Soient A, B, C trois points de D, et A', B', C' trois points de D'. On suppose les six points distincts.

a) Démontrer que, si les droites AA', BB' et CC' sont parallèles, on a $\dfrac{\overrightarrow{\mathrm{AC}}}{\overrightarrow{\mathrm{AB}}} = \dfrac{\overrightarrow{\mathrm{A'C'}}}{\overrightarrow{\mathrm{A'B'}}}$.

b) Démontrer que la réciproque de a) est fausse.

15

Dans un espace affine E, on dit que les points $\mathrm{A}_0, \dots, \mathrm{A}_n$ sont affinement indépendants si les vecteurs $\overrightarrow{\mathrm{A}_0\mathrm{A}_1}, \overrightarrow{\mathrm{A}_0\mathrm{A}_2}, \dots, \overrightarrow{\mathrm{A}_0\mathrm{A}_n}$ sont linéairement indépendants.
a) Démontrer que, si les points $\mathrm{A}_0, \dots, \mathrm{A}_n$ sont affinement indépendants, le sous-espace affine engendré par $\mathrm{A}_0, \dots, \mathrm{A}_n$ a pour dimension n.
Démontrer que cette propriété est indépendante de l'ordre des points $\mathrm{A}_0, \dots, \mathrm{A}_n$.
b) On suppose les points $\mathrm{A}_0, \dots, \mathrm{A}_n$ affinement indépendants. Soient F un espace affine et $\mathrm{B}_0, \dots, \mathrm{B}_n$ $(n+1)$ points quelconques de F. Démontrer qu'il existe une unique application affine f de E dans F telle que $f(\mathrm{A}_i) = \mathrm{B}_i$ pour $i = 0, \dots, n$.

16

On se propose de démontrer l'énoncé suivant :
Soient E ***un espace affine de dimension*** $n \geq 2$ ***et*** f ***une application bijective de*** E ***dans*** E ***qui transforme toujours trois points alignés en trois points alignés. Alors l'application*** f ***est une application affine.***
a) Dans la suite, si A est un point de E, on notera A' le point $f(\mathrm{A})$. Soient $\mathrm{A}_1, \dots, \mathrm{A}_k$ des points affinement indépendants de E. Démontrer que les points $\mathrm{A}'_1, \dots, \mathrm{A}'_k$ sont affinement indépendants.
b) Démontrer que, si D est une droite de E, $f(\mathrm{D})$ est une droite. Démontrer que, si D et D' sont deux droites parallèles, $f(\mathrm{D})$ et $f(\mathrm{D}')$ sont des droites parallèles.
c) Soient A, B, C trois points non alignés et D le point défini par $\overrightarrow{\mathrm{AD}} = \overrightarrow{\mathrm{AB}} + \overrightarrow{\mathrm{AC}}$. Démontrer que l'on a $\overrightarrow{\mathrm{A'D'}} = \overrightarrow{\mathrm{A'B'}} + \overrightarrow{\mathrm{A'C'}}$.
d) Soient A et B deux points distincts d'une droite D. Soit $\lambda \in \mathbf{R}$ et soit M le point défini par $\overrightarrow{\mathrm{AM}} = \lambda\,\overrightarrow{\mathrm{AB}}$. On note $\phi(\lambda)$ le nombre réel défini par $\overrightarrow{\mathrm{A'M'}} = \phi(\lambda)\,\overrightarrow{\mathrm{A'B'}}$.
Démontrer que l'on a

$$\phi(\lambda + \mu) = \phi(\lambda) + \phi(\mu),$$
$$\phi(\lambda\mu) = \phi(\lambda)\,\phi(\mu).$$

e) En déduire que $\phi(\lambda) = \lambda$ pour tout $\lambda \in \mathbf{R}$, et conclure.

17

Soient A et B deux points distincts d'un plan affine euclidien P, et soit k un nombre réel > 0 et $\neq 1$.

a) Démontrer que l'ensemble des points M de P tels que $MA = k\, MB$ est un cercle $\mathcal{C}$ dont le centre est le barycentre J de $(A, 1)$ et $(B, -k^2)$.

b) Le cercle $\mathcal{C}$ rencontre la droite AB en deux points C et D tels que

$$\frac{\overrightarrow{CA}}{\overrightarrow{CB}} = -\frac{\overrightarrow{DA}}{\overrightarrow{DB}} = -k.$$

On dit que le couple de points (C, D) divise harmoniquement le segment (A, B), ou que les points A, B, C et D forment une ***division harmonique*** (ABCD).

On peut calculer

$$\overrightarrow{AC} = \frac{k}{k+1}\overrightarrow{AB}, \quad \overrightarrow{BC} = -\frac{1}{k+1}\overrightarrow{AB}, \quad \overrightarrow{AD} = \frac{k}{k-1}\overrightarrow{AB}, \quad \overrightarrow{BD} = \frac{1}{k-1}\overrightarrow{AB},$$

$$\frac{\overrightarrow{AC}}{\overrightarrow{AD}} = -\frac{\overrightarrow{BC}}{\overrightarrow{BD}} = \frac{k-1}{k+1}.$$

La dernière égalité montre que la division (CDAB) est harmonique.

c) On choisit un repère sur la droite AB, et on note a, b, c et d les abscisses des points A, B, C et D. Démontrer la relation

$$(a+b)(c+d) = 2(ab+cd).$$

En déduire les relations

$$\frac{2}{\overline{AB}} = \frac{1}{\overline{AC}} + \frac{1}{\overline{AD}},$$

$$JC^2 = JD^2 = \overrightarrow{JA}.\overrightarrow{JB},$$

$$\overrightarrow{AC}.\overrightarrow{AD} = \overrightarrow{AB}.\overrightarrow{AJ}.$$

Chacune de ces relations est suffisante pour que la division (ABCD) soit harmonique. [Les division harmoniques sont étudiées à l'aide du birapport au chapitre VII, § 8.]

18

Dans un plan affine euclidien, on considère une droite Δ et quatre points A, B, C, D de Δ formant une division harmonique. Soient O un point hors de Δ et Δ' une droite rencontrant les droites OA, OB, OC, OD en des points A', B', C' et D' distincts de O. On dit que les droites OA, OB, OC, OD forment un ***faisceau harmonique***.

a) La parallèle à OA issue de B coupe OC en M et OD en N. Démontrer que B est milieu de MN. [On considèrera les homothéties de centres C et D qui transforment A en B.]

b) La parallèle à OA' issue de B' coupe OC en M' et OD en N'. Démontrer que B' est milieu de M'N'. En déduire que la division A'B'C'D' est harmonique.

On vient de démontrer qu'une droite qui rencontre quatre droites formant un faisceau harmonique, les rencontre suivant une division harmonique, et qu'une droite parallèle à l'une des quatre droites rencontre les autres en trois points dont l'un est milieu des deux autres.

c) Soient D_1 et D_2 deux droites issues de O, D_3 et D_4 les deux bissectrices de l'angle de D_1 et D_2. Les droites $D_1D_2D_3D_4$ forment un faisceau harmonique.
Soient A, B, C trois points non alignés, soit A' le milieu de BC et Δ la parallèle à BC issue de A. Les droites AB, AC, AA', Δ forment un faisceau harmonique. Tout faisceau harmonique peut être obtenu par une construction de ce type.

19

Soient A, B et C trois points non alignés dans $\mathbf{R}^2$.

a) Soit R l'image de B par la rotation $rot_{(A,-\pi/3)}$. Démontrer que les angles $(\overrightarrow{RA},\overrightarrow{RB})$ et $(\overrightarrow{BR},\overrightarrow{BA})$ sont égaux à $-\pi/3 \pmod{2\pi}$ et que le triangle ARB est équilatéral.

b) Soient P et Q les points définis respectivement par $P = rot_{(B,-\pi/3)}(C)$ et $Q = rot_{(C,-\pi/3)}(A)$. Démontrer que les cercles circonscrits aux triangles ABR, BCP et CAQ ont un point commun F.
Démontrer que les droites AP, BQ et CR concourent au point F, et que l'on a les égalités d'angles de droites

$$(FB,FC) \equiv (FC,FA) \equiv (FA,FB) \equiv 2\pi/3 \pmod{\pi}.$$

c) Démontrer que les longueurs AP, BQ et CR sont égales (utiliser des rotations de centres A, B ou C).

d) Soient G, I, J et K les centres de gravité des triangles ABC, BCP, CAQ et ABR. Etablir la relation $3\overrightarrow{GK} = \overrightarrow{CR}$ et les relations analogues pour $3\overrightarrow{GI}$ et $3\overrightarrow{GJ}$.
En utilisant les rotations de la question précédente, démontrer que le triangle IJK est équilatéral et que G est son centre de gravité.

e) Soit M un point du plan, et soit M' l'image de M par la rotation de centre B, d'angle $\pi/3$. Démontrer l'égalité de longueurs

$$MA + MB + MC = M'R + M'M + MC.$$

En déduire que, si le triangle ABC est direct, et si les trois angles du triangle sont compris entre 0 et $2\pi/3$, le point F est le point M réalisant le minimum de la somme $MA + MB + MC$.
La propriété b) est attribuée à Evangelista Torricelli (1608-1647), la propriété d) à Napoléon Bonaparte (1769-1821), la propriété e) à Pierre de Fermat (1601-1665).

CHAPITRE IV

ISOMÉTRIES DE L'ESPACE EUCLIDIEN DE DIMENSION 3

Un espace affine euclidien E est un espace affine dont l'espace vectoriel associé $\overrightarrow{E}$ est muni d'un produit scalaire. Le choix d'une origine dans E et d'un repère orthonormé de $\overrightarrow{E}$ identifie un espace affine de dimension n à $\mathbf{R}^n$, muni du produit scalaire habituel. C'est dans ce cadre que nous nous plaçons.

La structure euclidienne munit l'ensemble E d'une distance. La distance de deux points A et B de E est la norme $||\overrightarrow{AB}||$ du vecteur $\overrightarrow{AB}$. Les isométries de E sont les applications de E dans E qui conservent la distance. Les isométries du plan ont été étudiées aux chapitres I et II. Nous avons vu que ce sont des applications affines. Nous avons décrit explicitement les isométries directes (translations et rotations), et indirectes (composées d'une symétrie et d'une translation parallèle à l'axe de la symétrie). Nous avons aussi décrit le groupe orthogonal $\mathbf{O}_2(\mathbf{R})$ en tant que groupe topologique.

Ce chapitre est consacré à la dimension 3, mais nous y signalerons quelques faits généraux. Il reste exact, en toutes dimensions, que les isométries sont des bijections affines. Nous décrirons explicitement les isométries de $\mathbf{R}^3$. Les isométries directes, ou déplacements, sont des vissages. Les isométries indirectes sont composées d'une symétrie orthogonale par rapport à un plan, et d'une translation parallèle au plan de symétrie ou d'une rotation autour d'un axe orthogonal à ce plan.

L'introduction des quaternions permet une description des groupes orthogonaux en dimensions 3 et 4.

1. Groupe orthogonal O(3)

A) *Définitions*

L'espace vectoriel $\mathbf{R}^3$ est muni du produit scalaire canonique. Si $\vec{x} = (x_1, x_2, x_3)$ et $\vec{y} = (y_1, y_2, y_3)$ sont deux vecteurs de $\mathbf{R}^3$, le produit scalaire $\vec{x} \cdot \vec{y}$ est donné par

$$\vec{x} \cdot \vec{y} = x_1 y_1 + x_2 y_2 + x_3 y_3.$$

La norme euclidienne de $\vec{x}$ est donnée par

$$\|\vec{x}\| = \sqrt{\vec{x} \cdot \vec{x}} = \sqrt{{x_1}^2 + {x_2}^2 + {x_3}^2}.$$

Les propriétés du produit scalaire et de la norme sont analogues à celles étudiées au chapitre I dans le plan $\mathbf{R}^2$. Elles sont aussi valables pour le produit scalaire $\vec{x} \cdot \vec{y} = \sum x_i y_i$ de $\mathbf{R}^n$.

La base canonique de $\mathbf{R}^3$ est formée des vecteurs $\vec{\epsilon}_1 = (1, 0, 0)$, $\vec{\epsilon}_2 = (0, 1, 0)$, $\vec{\epsilon}_3 = (0, 0, 1)$.

PROPOSITION 1. – *Soit f une application linéaire de $\mathbf{R}^3$ dans $\mathbf{R}^3$, et soit A la matrice de f relativement à la base canonique. Les propriétés suivantes sont équivalentes :*

a) *l'application f conserve le produit scalaire,*

b) *l'application f conserve la norme,*

c) *l'application f transforme toute base orthonormale en une base orthonormale,*

d) *il existe une base orthonormale que l'application f transforme en une base orthonormale,*

e) *les vecteurs colonnes de la matrice A forment une base orthonormale de $\mathbf{R}^3$,*

f) ${}^t\mathrm{A}\,\mathrm{A} = 1_3$,

g) $\mathrm{A}\,{}^t\mathrm{A} = 1_3$,

h) *les vecteurs lignes de la matrice A forment une base orthonormale de $\mathbf{R}^3$.*

Les démonstrations sont exactement celles données au chapitre I dans le cas de la dimension 2. ||

DÉFINITION 1. – *Les matrices satisfaisant aux conditions de la prop.* 1 *sont appelées* matrices orthogonales. *Elles constituent un sous-groupe du groupe des matrices inversibles. Ce groupe est appelé* groupe orthogonal *de la dimension* 3 *et noté* $\mathrm{O}_3(\mathbf{R})$, *ou simplement* $\mathrm{O}(3)$.

Remarque. – Soit A une matrice orthogonale. Si un sous-espace vectoriel F de $\mathbf{R}^3$ est stable par A, l'orthogonal de F est stable par A.

PROPOSITION 2. – *Le déterminant d'une matrice orthogonale est égal à* ± 1. *Les valeurs propres sont des nombres complexes de module* 1.

Soit A une matrice orthogonale. On a ${}^tA\,A = 1_3$ et $\det {}^tA = \det A$; on a donc $(\det A)^2 = 1$.

On munit $\mathbf{C}^3$ du produit scalaire hermitien

$$< \vec{x}, \vec{y} >= \bar{x}_1 y_1 + \bar{x}_2 y_2 + \bar{x}_3 y_3.$$

Soit $\lambda \in \mathbf{C}$ une valeur propre de A correspondant à un vecteur propre non nul $\vec{x} \in \mathbf{C}^3$. On a

$$\begin{aligned} < A\vec{x}, A\vec{x} > &=< \lambda\vec{x}, \lambda\vec{x} >= \bar{\lambda}\lambda < \vec{x}, \vec{x} > \\ &=< {}^tA\,A\vec{x}, \vec{x} >=< \vec{x}, \vec{x} > . \end{aligned}$$

Comme $< \vec{x}, \vec{x} > \neq 0$, on a donc $\bar{\lambda}\lambda = 1$. ||

Les valeurs propres d'une matrice orthogonale sont trois nombres complexes de module 1, dont le produit est ± 1, qui sont les trois racines d'un polynôme à coefficients réels.

PROPOSITION 3. – *Les matrices orthogonales dont le déterminant est égal à* 1 *constituent un sous-groupe d'indice* 2 *du groupe orthogonal.* ||

Le groupe des matrices orthogonales dont le déterminant est égal à 1 est appelé *groupe spécial orthogonal* et noté $\mathbf{SO}_3(\mathbf{R})$, ou simplement $\mathbf{SO}(3)$. Ses éléments sont appelés matrices orthogonales directes. Les matrices orthogonales dont le déterminant est égal à -1 sont appelées matrices orthogonales indirectes.

B) *Matrices orthogonales directes*

On dit qu'un repère $(\vec{u}_1, \vec{u}_2, \vec{u}_3)$ de $\mathbf{R}^3$ est *direct* si le déterminant $\det(\vec{u}_1, \vec{u}_2, \vec{u}_3)$, relativement à la base canonique, est > 0. Les matrices orthogonales directes sont les matrices dont les vecteurs colonnes forment un repère orthonormé direct de $\mathbf{R}^3$.

Soit A une matrice orthogonale directe. Le déterminant de A est égal à 1. Les valeurs propres de A sont nécessairement 1, $e^{i\theta}$, $e^{-i\theta}$, où $\theta \in \mathbf{R}$. Si $\theta \equiv 0 \pmod{2\pi}$, la matrice A est la matrice de l'application identique. Sinon, le sous-espace propre de la valeur propre 1 est une droite vectorielle D de $\mathbf{R}^3$. Le plan vectoriel P orthogonal à D est stable par A. L'application linéaire de P dans P induite par A conserve le produit scalaire et son déterminant est égal à 1. C'est une rotation vectorielle d'angle $\pm\theta$.

DÉFINITION 2. – *Soient* D *une droite vectorielle et* P *un plan vectoriel orthogonal à* D *dans* $\mathbf{R}^3$. *Soit* $(\vec{e}_1, \vec{e}_2, \vec{e}_3)$ *un repère orthonormé direct*

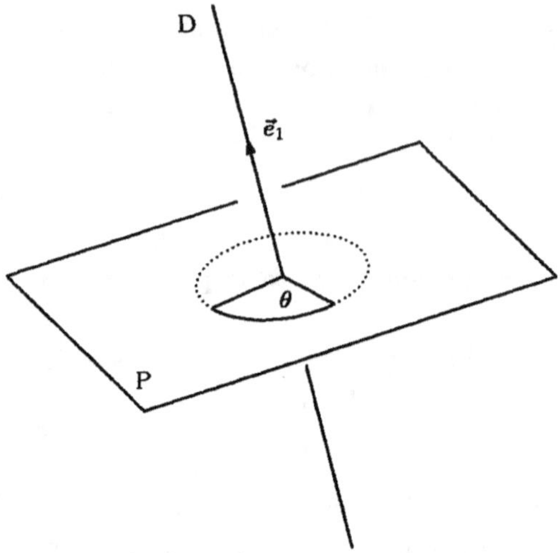

dont le premier vecteur $\vec{e}_1$ *appartient à* D. *On appelle* rotation d'angle θ autour de la droite D orientée *par le vecteur* $\vec{e}_1$, *l'application linéaire de* $\mathbf{R}^3$ *dans* $\mathbf{R}^3$ *qui induit sur* D *l'identité, qui laisse stable* P *et induit sur* P, *identifié à* $\mathbf{R}^2$ *par le repère* $(\vec{e}_2, \vec{e}_3)$, *la rotation d'angle* θ.

Si $\theta \not\equiv 0 \pmod{2\pi}$, la droite D est l'ensemble des points fixes de la rotation. Munie ou non d'une orientation, elle est appelée axe de la rotation.

Exemple. - La matrice de la rotation d'angle θ autour de l'axe vertical $\overrightarrow{0x_3}$ orienté par le vecteur $\vec{e}_3$ est la matrice

$$\begin{pmatrix} \cos\theta & -\sin\theta & 0 \\ \sin\theta & \cos\theta & 0 \\ 0 & 0 & 1 \end{pmatrix}$$

PROPOSITION 4. – *Toute matrice orthogonale directe est la matrice d'une rotation d'angle* θ *autour d'une droite vectorielle* D *orientée. Sauf dans le cas de la matrice de l'identité, la droite* D *est bien déterminée, la mesure de l'angle* θ *est déterminée* mod 2π *et au signe près qui dépend de l'orientation donnée à* D. ||

C) *Matrices orthogonales indirectes*

Soit A une matrice orthogonale dont le déterminant est égal à -1. Les valeurs propres de A sont nécessairement -1, $e^{i\theta}$, $e^{-i\theta}$, où $\theta \in \mathbf{R}$. Si $\theta \equiv \pi \pmod{2\pi}$, la matrice A est la matrice -1_3 de l'homothétie vectorielle de rapport -1, ou symétrie de centre 0. Sinon, le sous-espace propre de la valeur propre -1 est une droite vectorielle D de $\mathbf{R}^3$. Soit P le plan vectoriel orthogonal à D, et soit S_P la matrice de la symétrie orthogonale par rapport au plan P. L'application S_P induit l'identité sur P, elle commute à A. Posons $B = A \circ S_P$. La matrice B est orthogonale directe, c'est la matrice d'une rotation d'angle $\pm\theta$ autour de la droite D.

PROPOSITION 5. – *Soit* A *une matrice orthogonale indirecte. Il existe un plan vectoriel* P *tel que l'on ait*

$$A = B \circ S_P = S_P \circ B,$$

où S_P *est la matrice de la symétrie orthogonale par rapport à* P, *et* B *la matrice d'une rotation autour de la droite vectorielle* D *orthogonale à* P. *Sauf dans le cas où* $A = -1_3$, *le plan* P *est déterminé par la donnée de* A. ||

Exemple. - La matrice orthogonale indirecte composée de la rotation d'angle θ autour de l'axe vertical $\overrightarrow{0x_3}$ orienté par le vecteur $\vec{\epsilon}_3$ et de la symétrie par rapport au plan horizontal est la matrice

$$\begin{pmatrix} \cos\theta & -\sin\theta & 0 \\ \sin\theta & \cos\theta & 0 \\ 0 & 0 & -1 \end{pmatrix}$$

2. Isométries en dimension 3

DÉFINITION 3. – *Une* isométrie *de* $\mathbf{R}^3$ *est une application* f *de* $\mathbf{R}^3$ *dans* $\mathbf{R}^3$ *qui conserve les distances, c'est-à-dire telle que l'on ait*

$$\|\overrightarrow{f(A)f(B)}\| = \|\overrightarrow{AB}\|$$

pour tous points A *et* B *de* $\mathbf{R}^3$.

Exemples. - 1) Les translations sont des isométries.

2) De même que l'on a défini les rotations autour d'une droite vectorielle, on définit les rotations autour d'une droite affine. Soient D une droite affine, I un point de D, $\vec{e}_1$ un vecteur unitaire orientant la droite vectorielle $\overrightarrow{D}$ et θ un nombre réel. La rotation d'angle θ autour de la droite D, orientée par le vecteur $\vec{e}_1$, est l'application f de $\mathbf{R}^3$ dans $\mathbf{R}^3$ définie par

$$\overrightarrow{If(M)} = \varphi(\overrightarrow{IM}),$$

où φ désigne la rotation d'angle θ autour de la droite vectorielle $\overrightarrow{D}$, orientée par le vecteur $\vec{e}_1$.

PROPOSITION 6. – *Toute isométrie de* $\mathbf{R}^3$ *est une bijection affine.*

Une première façon de démontrer la proposition est de procéder comme pour les isométries planes (chap. II, prop. 12). Une isométrie f de $\mathbf{R}^3$ qui a quatre points fixes non coplanaires est l'application identique. En effet, si un point M était distinct de son transformé M′, le plan médiateur de MM′ contiendrait les points fixes de f, ce qui est impossible. Si f n'a pas suffisamment de point fixes, on en introduit en composant f et des symétries par rapport à des plans médiateurs. On démontre ainsi que toute isométrie de $\mathbf{R}^3$ est composée d'au plus 4 symétries orthogonales par rapport à des plans.

Une autre démonstration est indiquée en exercice (exerc.1). Les deux démonstrations sont valables en dimension quelconque. ||

COROLLAIRE. – *Les isométries constituent un sous-groupe du groupe affine de* $\mathbf{R}^3$. *Ce sont les applications affines dont l'application linéaire associée est orthogonale. Le groupe des isométries de* $\mathbf{R}^3$ *est produit semi-direct du groupe des translations, isomorphe à* $\mathbf{R}^3$, *par le groupe orthogonal* $\mathbf{O}(3)$. ||

Les isométries dont l'application linéaire associée est orthogonale directe sont appelées *déplacements.* Les déplacements constituent un sous-groupe d'indice 2 du groupe des isométries. Les isométries dont l'application linéaire associée est orthogonale indirecte sont appelées isométries indirectes, ou parfois anti-déplacements.

PROPOSITION 7. – *Tout déplacement de* $\mathbf{R}^3$ *est composé d'une rotation autour d'une droite affine et d'une translation parallèle à l'axe de la rotation. Cette décomposition est unique. La rotation et la translation commutent.*

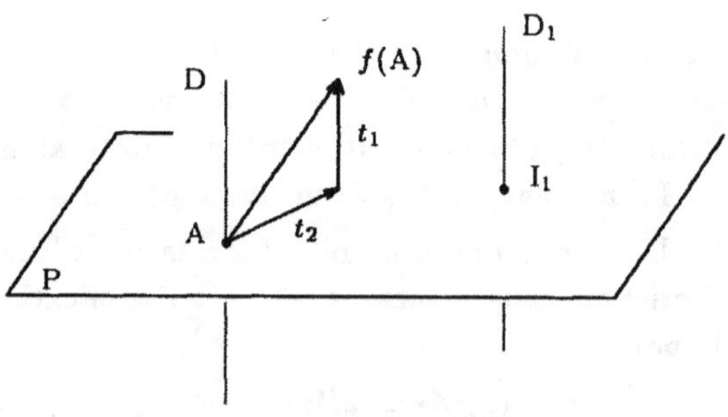

Soit f un déplacement de $\mathbf{R}^3$. L'application linéaire associée $\vec{f}$ est une rotation autour d'une droite vectorielle (ou l'application identique). Démontrons d'abord que, si f a un point fixe, f est une rotation. Supposons que f ait un point fixe I. Pour tout point M de $\mathbf{R}^3$, on a alors $\overrightarrow{\mathrm{I}f(\mathrm{M})} = \vec{f}(\overrightarrow{\mathrm{IM}})$, ce qui montre que f est une rotation autour d'une droite affine issue de I, ou éventuellement l'application identique.

Supposons maintenant que f n'ait pas de point fixe. Soient A un point de $\mathbf{R}^3$ et soit t la translation de vecteur $\overrightarrow{f(\mathrm{A})\mathrm{A}}$. L'application $r = t \circ f$ est un déplacement qui laisse fixe le point A. D'après ce qui précède, r un rotation. Si r est l'application identique, f est une translation. Sinon, soit D l'axe de la rotation r. La translation $-t$ se décompose en un produit $-t = t_1 \circ t_2$, où t_1 est une translation parallèle à D et t_2 une translation orthogonale à D. On a ainsi $f = t_1 \circ t_2 \circ r$. Tout plan P orthogonal à D est stable par $t_2 \circ r$. Dans un tel plan, l'application $t_2 \circ r$ induit une rotation plane, et admet donc un point fixe I_1. D'après ce qu'on a vu au début de la démonstration, $t_2 \circ r$ est une rotation r_1 autour de la droite affine D_1 parallèle à D, issue du point I_1. Ainsi, on a $f = t_1 \circ r_1$ comme annoncé.

Pour établir l'unicité de la décomposition, supposons que f soit le produit $t \circ r$ d'une rotation autour d'un axe D et d'une translation parallèle à D. On a alors $\vec{f} = \vec{r}$. Par suite, si $\vec{f}$ est l'identité, r est l'identité et f est la translation t. Si $\vec{f}$ n'est pas l'identité, et si t est la translation nulle, f est une rotation dont l'axe est l'ensemble D des points fixes de f. Si ni $\vec{f}$, ni t n'est l'application identique, f n'a pas de point fixe car tout plan orthogonal à l'axe D de la rotation r est stable par r et transformé par la translation t en un plan disjoint. L'axe D est l'unique droite stable par f. En effet, si une droite D_1 est stable par f, sa direction $\overrightarrow{\mathrm{D}}_1$ est stable par $\vec{f}$, donc égale à la direction de D ; par suite D_1 est stable par t et par r, donc égale à D. La translation t est alors la translation induite par f sur D. ||

Remarques. - 1) Pour qu'une rotation r et une translation t commutent, il faut et il suffit que la translation soit parallèle à l'axe de la rotation. Dans ce cas, l'application composée $t \circ r$ est appelée *vissage.*

2) La prop. 7 montre que le groupe des déplacements est la composante connexe de l'application identique dans le groupe des isométries de $\mathbf{R}^3$.

3) L'ensemble des points fixes d'un déplacement f de $\mathbf{R}^3$ est l'espace $\mathbf{R}^3$ si f est l'application identique, c'est une droite D si f

est une rotation d'axe D distincte de l'identité, sinon il est vide. Il en résulte que deux déplacements f et g qui coïncident en trois points non alignés, sont égaux, car le déplacement $g^{-1} \circ f$ est nécessairement l'identité.

COROLLAIRE. – *Un déplacement de* $\mathbf{R}^3$ *qui laisse stable un plan affine* P *est soit une translation parallèle à* P, *soit une rotation dont l'axe est orthogonal à* P, *soit un vissage d'angle* π *dont l'axe est contenu dans* P.

Soit f un déplacement laissant stable le plan P. Si f induit sur P la translation de vecteur $\vec{v}$, alors f est la translation de $\mathbf{R}^3$, de vecteur $\vec{v}$, car ces deux déplacements coïncident en tout point de P (remarque 3). De même, si f induit sur P une rotation de centre A, alors f est une rotation dont l'axe est la droite issue de A, orthogonale à P. Si f induit sur P une isométrie indirecte, cette isométrie est la composée de la symétrie orthogonale par rapport à une droite Δ de P et d'une translation de vecteur $\vec{v}$ parallèle à Δ (II, prop. 14). Le vissage composé de la rotation d'angle π autour de Δ et de la translation de vecteur $\vec{v}$, coïncide avec f sur P ; il est égal à f. ||

PROPOSITION 8. – *Toute isométrie indirecte de* $\mathbf{R}^3$ *est composée d'une symétrie orthogonale par rapport à un plan affine et d'un déplacement qui est soit une translation parallèle à ce plan, soit une rotation autour d'une droite affine orthogonale au plan. Sauf dans le cas des symétries par rapport à un point, cette décomposition est unique. La symétrie et le déplacement commutent.*

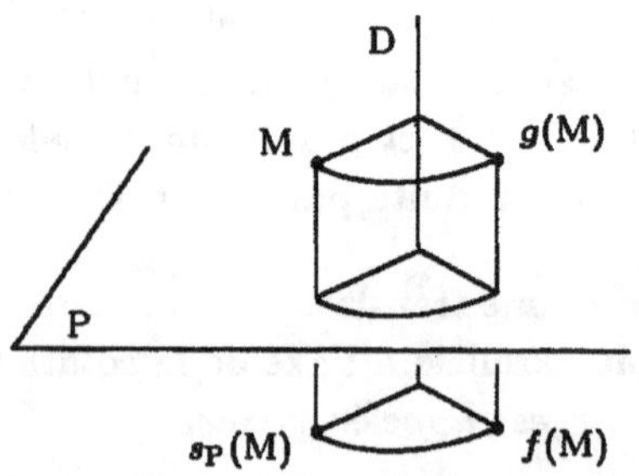

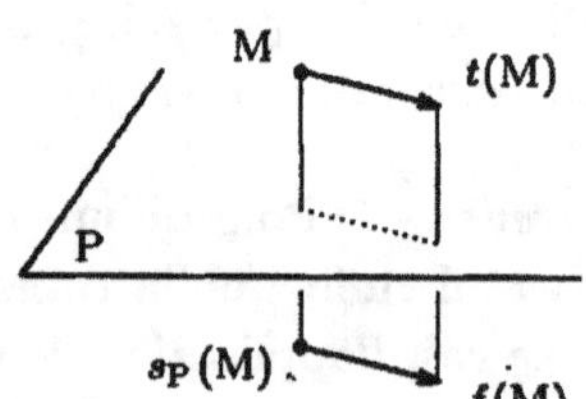

Soit f une isométrie indirecte de $\mathbf{R}^3$. L'application linéaire associée $\vec{f}$ admet -1 pour valeur propre. Soit D une droite ayant la direction d'un vecteur propre pour la valeur propre -1, et soit p la projection orthogonale de $\mathbf{R}^3$ sur D. L'application $p \circ f$ induit une application affine de D dans D dont l'application linéaire associée est l'homothétie de rapport -1. Par suite $p \circ f|D$ est une homothétie de rapport -1 et admet donc un point fixe A. Le plan P orthogonal à D issu de A est stable par f. Notons s_P la symétrie orthogonale par rapport à P. L'application $g = s_P \circ f$ est un déplacement qui laisse stable P, et $\vec{g}$ induit l'identité sur $\overrightarrow{D}$. D'après le corollaire de la prop. 7, $s_P \circ f$ est soit une translation parallèle à P, soit une rotation autour d'un axe orthogonal à P.

Pour établir l'unicité de la décomposition, supposons que f soit la composée $s_P \circ g$ de la symétrie orthogonale par rapport à P et d'un déplacement qui est soit une translation parallèle à P, soit une rotation autour d'une droite affine orthogonale à P. Nécessairement, la direction de P est orthogonale à un vecteur propre de $\vec{f}$ pour la valeur propre -1. Si -1 est valeur propre simple, la direction de P est déterminée, et P est l'unique plan stable par f. Si -1 n'est pas une valeur propre simple, c'est une valeur propre triple, l'application f est une symétrie par rapport à un point I. Pour tout plan P passant par I, l'application f est produit de la symétrie s_P et du demi-tour autour de la droite D orthogonale à P issue de I. ||

3. Produit vectoriel

DÉFINITION 4. – *Le déterminant d'une famille* $(\vec{x}, \vec{y}, \vec{z})$ *de trois vecteurs de* $\mathbf{R}^3$ *relativement à la base canonique* $(\vec{\epsilon}_1, \vec{\epsilon}_2, \vec{\epsilon}_3)$ *est noté* $\det(\vec{x}, \vec{y}, \vec{z})$, *ou simplement* $(\vec{x}, \vec{y}, \vec{z})$, *et appelé* produit mixte *de la famille* $(\vec{x}, \vec{y}, \vec{z})$.

Les vecteurs $\vec{x}$ et $\vec{y}$ étant donnés, l'application $\vec{z} \mapsto (\vec{x}, \vec{y}, \vec{z})$ est une forme linéaire sur $\mathbf{R}^3$. Comme le produit scalaire est une forme bilinéaire inversible, il existe un unique vecteur $\vec{v}$ de $\mathbf{R}^3$ tel que l'on ait

(1) $$(\vec{x}, \vec{y}, \vec{z}) = \vec{v} \cdot \vec{z} \qquad \text{pour tout } \vec{z} \in \mathbf{R}^3.$$

DÉFINITION 5. – *L'unique vecteur* $\vec{v}$ *défini par la relation* (1) *est noté* $\vec{x} \wedge \vec{y}$, *et appelé* produit vectoriel *des vecteurs* $\vec{x}$ *et* $\vec{y}$.

Ainsi, le produit vectoriel est caractérisé par la relation

(2) $$(\vec{x}, \vec{y}, \vec{z}) = (\vec{x} \wedge \vec{y}) \cdot \vec{z}.$$

L'application $(\vec{x}, \vec{y}) \mapsto \vec{x} \wedge \vec{y}$ est une application bilinéaire antisymétrique de $\mathbf{R}^3 \times \mathbf{R}^3$ dans $\mathbf{R}^3$.

Si l'on note (x_1, x_2, x_3) les coordonnées de $\vec{x}$, et si l'on prend des notations analogues pour $\vec{y}$ et $\vec{z}$, on a

$$(\vec{x}, \vec{y}, \vec{z}) = \begin{vmatrix} x_1 & y_1 & z_1 \\ x_2 & y_2 & z_2 \\ x_3 & y_3 & z_3 \end{vmatrix}$$

$$\vec{x} \wedge \vec{y} = (x_2y_3 - x_3y_2)\vec{e}_1 + (x_3y_1 - x_1y_3)\vec{e}_2 + (x_1y_2 - x_2y_1)\vec{e}_3.$$

L'application $\vec{y} \mapsto \vec{x} \wedge \vec{y}$ est une application linéaire dont la matrice est la matrice antisymétrique :

$$\begin{pmatrix} 0 & -x_3 & x_2 \\ x_3 & 0 & -x_1 \\ -x_2 & x_1 & 0 \end{pmatrix}$$

Exemple. - On a

$$\vec{e}_1 \wedge \vec{e}_2 = -\vec{e}_2 \wedge \vec{e}_1 = \vec{e}_3,$$

$$\vec{e}_2 \wedge \vec{e}_3 = -\vec{e}_3 \wedge \vec{e}_2 = \vec{e}_1, \qquad \vec{e}_3 \wedge \vec{e}_1 = -\vec{e}_1 \wedge \vec{e}_3 = \vec{e}_2,$$

PROPOSITION 9. – *Soient* $\vec{x}$ *et* $\vec{y}$ *deux vecteurs de* $\mathbf{R}^3$, *et soit* $\mathrm{U} \in \mathbf{O}(3)$ *une matrice orthogonale. On a*

$$(\mathrm{U}\vec{x}) \wedge (\mathrm{U}\vec{y}) = \varepsilon\, \mathrm{U}(\vec{x} \wedge \vec{y}),$$

où $\varepsilon = 1$ *si* U *est orthogonale directe,* $\varepsilon = -1$ *si* U *est indirecte.*

Pour tout $\vec{z} \in \mathbf{R}^3$, on a

$$(\mathrm{U}\vec{x}, \mathrm{U}\vec{y}, \mathrm{U}\vec{z}) = (\det \mathrm{U})\,(\vec{x}, \vec{y}, \vec{z}),$$

$$((\mathrm{U}\vec{x}) \wedge (\mathrm{U}\vec{y})) \cdot \mathrm{U}\vec{z} = (\det \mathrm{U})\,(\vec{x} \wedge \vec{y}) \cdot \vec{z},$$

$$= (\det \mathrm{U})\,(\mathrm{U}(\vec{x} \wedge \vec{y})) \cdot (\mathrm{U}\vec{z}),$$

d'où la proposition. ||

Soient $\vec{x}$ et $\vec{y}$ deux vecteurs non nuls de $\mathbf{R}^3$, situés dans un plan vectoriel P. Le choix d'une base orthonormale $(\vec{e}_1, \vec{e}_2)$ équivaut au choix d'un isomorphisme linéaire φ de $\mathbf{R}^2$ sur P conservant le produit scalaire. L'*angle de vecteurs* $(\vec{x}, \vec{y})$ *relativement à la base* $(\vec{e}_1, \vec{e}_2)$ est l'angle des vecteurs $\varphi^{-1}(\vec{x})$ et $\varphi^{-1}(\vec{y})$ de $\mathbf{R}^2$. C'est l'élément A de $\mathbf{SO}(2)$ tel que $\mathrm{A}\varphi^{-1}(\vec{x}) = \varphi^{-1}(\vec{y})$. L'angle des deux vecteurs relativement à un autre repère orthonormé de P est A ou A^{-1} suivant que le changement de repère est direct ou indirect. On ne peut pas parler d'angle de vecteurs de $\mathbf{R}^3$. Il est cependant commode de parler de mesure de l'angle de deux vecteurs. C'est un nombre réel θ, défini *au signe près* et à l'addition près d'un multiple entier de 2π, tel que A ou A^{-1} soit la matrice de la rotation d'angle θ. Si $\vec{x}$ et $\vec{y}$ sont des vecteurs unitaires, on a toujours la relation $\vec{x} \cdot \vec{y} = \cos\theta$.

PROPOSITION 10. – *Le produit vectoriel $\vec{x} \wedge \vec{y}$ est nul si $\vec{x}$ et $\vec{y}$ sont colinéaires. Sinon, c'est un vecteur orthogonal à $\vec{x}$ et $\vec{y}$, et le repère $(\vec{x}, \vec{y}, \vec{x} \wedge \vec{y})$ est direct. Si $\theta \in \mathbf{R}$ est une mesure de l'angle des vecteurs $\vec{x}$ et $\vec{y}$, alors*

$$\|\vec{x} \wedge \vec{y}\| = \|\vec{x}\|\,\|\vec{y}\|\,|\sin\theta|. \tag{3}$$

La définition du produit vectoriel montre que $\vec{x} \wedge \vec{y}$ est nul si $\vec{x}$ et $\vec{y}$ sont colinéaires, et seulement dans ce cas. La relation (2) avec $\vec{z} = \vec{x}$ donne $(\vec{x} \wedge \vec{y}) \cdot \vec{x} = (\vec{x}, \vec{y}, \vec{x}) = 0$. Ainsi $\vec{x} \wedge \vec{y}$ est orthogonal à $\vec{x}$. De même, $\vec{x} \wedge \vec{y}$ est orthogonal à $\vec{y}$.

La relation (2) appliquée à $\vec{z} = \vec{x} \wedge \vec{y}$ donne

$$(\vec{x}, \vec{y}, \vec{x} \wedge \vec{y}) = \|\vec{x} \wedge \vec{y}\|^2, \tag{4}$$

qui est > 0 si $\vec{x}$ et $\vec{y}$ ne sont pas colinéaires ; le repère $(\vec{x}, \vec{y}, \vec{x} \wedge \vec{y})$ est direct.

Pour calculer la norme de $\vec{x} \wedge \vec{y}$, démontrons d'abord la relation dite du *double produit vectoriel* :

$$(\vec{x} \wedge \vec{y}) \wedge \vec{z} = -(\vec{y} \cdot \vec{z})\,\vec{x} + (\vec{x} \cdot \vec{z})\,\vec{y}. \tag{5}$$

Les deux membres de (5) sont des fonctions vectorielles trilinéaires de $\vec{x}$, $\vec{y}$, $\vec{z}$. Il suffit de vérifier que la relation est satisfaite lorsqu'on prend pour $\vec{x}$, $\vec{y}$ et $\vec{z}$ les vecteurs de la base canonique, soit vingt-sept vérifications. Compte tenu de la prop. 9, et du début de la démonstration, il suffit de vérifier la relation pour $\vec{x} = \vec{\epsilon}_1$, $\vec{y} = \vec{\epsilon}_2$ et $\vec{z} = \vec{\epsilon}_1$ ou $\vec{\epsilon}_2$; on est ramené aux produits vectoriels donnés dans l'exemple qui suit la définition.

En appliquant (5), (4) et (2), on obtient

$$\begin{aligned}\|\vec{x} \wedge \vec{y}\|^2 &= (\vec{x}, \vec{y}, \vec{x} \wedge \vec{y}) = (\vec{x} \wedge \vec{y}, \vec{x}, \vec{y})\\ &= ((\vec{x} \wedge \vec{y}) \wedge \vec{x}) \cdot \vec{y} = -(\vec{x} \cdot \vec{y})^2 + \vec{x}^{\,2}\vec{y}^{\,2},\end{aligned}$$

d'où

$$\|\vec{x} \wedge \vec{y}\|^2 + (\vec{x} \cdot \vec{y})^2 = \|\vec{x}\|^2\,\|\vec{y}\|^2. \tag{6}$$

On sait que $\vec{x} \cdot \vec{y} = \|\vec{x}\|\,\|\vec{y}\|\cos\theta$; on en déduit la relation (3). ||

4. Quaternions

Les *quaternions* d'HAMILTON constituent un corps non commutatif, qui est une algèbre de dimension 4 sur $\mathbf{R}$. Notons $(1, i, j, k)$ la base canonique de $\mathbf{R}^4$. L'algèbre $\mathbf{H}$ des quaternions peut être définie comme étant l'espace vectoriel $\mathbf{R}^4$ muni de l'unique loi de multiplication $\mathbf{R}$-bilinéaire, ayant 1 pour élément neutre, dont la table est la suivante :

$$ij = -ji = k, \quad jk = -kj = i, \quad , ki = -ik = j,$$
$$i^2 = j^2 = k^2 = -1.$$

On peut vérifier sur ces relations que la multiplication est associative.

Le corps des nombres réels s'identifie à la sous-algèbre de $\mathbf{H}$ constituée des quaternions de la forme $(a, 0, 0, 0)$. Un quaternion de ce type est dit *réel*. Un quaternion dont la première composante est nulle est appelé *quaternion pur*. Le *conjugué* du quaternion $u = a + bi + cj + dk$, où a, b, c, $d \in \mathbf{R}$, est le quaternion $\bar{u} = a - bi - cj - dk$. L'application $u \mapsto \bar{u}$ est un antiautomorphisme de l'algèbre $\mathbf{H}$, c'est-à-dire que l'on a

$$\overline{uv} = \bar{v}\,\bar{u},$$

pour tous u et $v \in \mathbf{H}$. Par ailleurs, un petit calcul montre que l'on a

$$u\,\bar{u} = \bar{u}\,u = a^2 + b^2 + c^2 + d^2 = ||u||^2.$$

Il en résulte qu'un quaternion $u \neq 0$ est inversible et a pour inverse le quaternion $\bar{u}/||u||^2$. Par suite $\mathbf{H}$ est un corps. Ce n'est pas un corps commutatif ; son centre est la sous-algèbre $\mathbf{R}$ des quaternions réels. En effet, si $u = a + bi + cj + dk$, la relation $ui = iu$ implique $c = d = 0$, et $uk = ku$ implique $b = 0$.

PROPOSITION 11. – *La norme est multiplicative. Autrement dit, pour tous quaternions u et v, on a*

$$||uv|| = ||u||\,||v||.$$

On a en effet

$$(uv)\,\overline{uv} = u\,v\,\bar{v}\,\bar{u} = u\,\bar{u}\,v\,\bar{v},$$

car le quaternion réel $v\bar{v}$ commute à $\bar{u}$. ||

En raison de cette propriété, l'ensemble des quaternions q tels que $||q|| = 1$ constitue un groupe pour la multiplication. Ce groupe est noté $\mathbf{Sp}(1)$, ou simplement $\mathbf{S}$ dans ce paragraphe.

COROLLAIRE. – *Soit s un quaternion de norme 1. L'application $u \mapsto su$ est une transformation orthogonale de $\mathbf{R}^4$. Il en est de même de l'application $u \mapsto us$.*

En effet ce sont des applications linéaires qui conservent la norme (*cf.* prop. 1). ||

Remarque. – Le corps des quaternions a été inventé par William Rowan HAMILTON vers 1843. Il avait d'abord essayé sans succès de définir sur $\mathbf{R}^3$, par analogie avec le corps des nombres complexes, une multiplication respectant la norme. Son élève Arthur CAYLEY sut définir une structure multiplicative, mais non associative, sur $\mathbf{R}^8$ (les octaves de Cayley). On sait aujourd'hui que ces constructions ne sont pas possibles dans d'autres dimensions. On sait aussi que les sphères des dimensions 0, 1 et 3 sont les seules qui peuvent être munies d'une structure de groupe topologique. L'existence de multiplications sur les espaces vectoriels réels de dimension 1, 2, 4 et 8 a des conséquences importantes en topologie et en arithmétique.

5. Topologie de SO(3) et de SO(4)

Soit $s \in \mathbf{S}$ un quaternion de norme 1. L'application ϕ_s de $\mathbf{R}^4$ dans $\mathbf{R}^4$ définie par

$$\phi_s(q) = s\,q\,s^{-1} \tag{7}$$

est une transformation orthogonale de $\mathbf{R}^4$ (corollaire de la prop. 11). On a $\phi_s(1) = 1$, par suite les quaternions réels sont fixés par ϕ_s. Le sous-espace de base (i, j, k) des quaternions purs, orthogonal à la droite réelle, est donc stable par ϕ_s. Identifions l'espace des quaternions purs à $\mathbf{R}^3$ par la base (i, j, k) et notons encore ϕ_s la transformation orthogonale induite sur $\mathbf{R}^3$.

PROPOSITION 12. – *L'application* $\Phi : s \mapsto \phi_s$ *est un morphisme continu et surjectif du groupe* $\mathbf{S}$ *des quaternions de norme* 1 *sur le groupe* $\mathbf{SO}(3)$. *Son noyau est le sous-groupe* $\{1, -1\}$ *des quaternions réels de norme égale à* 1.

Sur la formule (7) définissant ϕ_s, on voit que Φ est un morphisme de groupes. La multiplication par un quaternion est une application linéaire, donc continue, car la dimension est finie. L'inverse s^{-1}, égal à $\bar{s}$, dépend continûment de s, d'où la continuité de Φ.

La sphère $\mathbf{S}$, réunion de deux hémisphères homéomorphes à une boule, ayant leur frontière commune, est connexe (*cf.* chap. I, lemme 2 de l'appendice). Son image $\Phi(\mathbf{S})$ par l'application continue Φ est connexe, et contient l'application identique, image de 1 par Φ. Le sous-groupe $\mathbf{SO}(3)$ et son complémentaire sont fermés dans $\mathbf{O}(3)$, puisque ce sont les images réciproques de 1 et -1 par l'application "déterminant" qui est une application continue. Par suite $\Phi(\mathrm{S})$ est contenu dans $\mathbf{SO}(3)$.

Démontrons enfin la surjectivité. Soit θ un nombre réel et soit s le quaternion $\cos\theta + i\sin\theta$, que l'on peut aussi écrire $e^{i\theta}$. On a

$$\phi_s(i) = e^{i\theta} i e^{-i\theta} = i,$$

$$\phi_s(j) = e^{i\theta} j e^{-i\theta} = e^{2i\theta} j = j\cos 2\theta + k\sin 2\theta,$$

$$\phi_s(k) = e^{i\theta} k e^{-i\theta} = e^{2i\theta} k = -j\sin 2\theta + k\cos 2\theta.$$

L'application ϕ_s est la rotation d'angle 2θ autour du support de i orienté par i. De même, le groupe $\Phi(\mathbf{S})$ contient toutes les rotations autour de j et autour de k.

Tout quaternion pur u, de norme 1, peut s'écrire

$$u = i\cos\varphi\cos\psi + j\sin\varphi\cos\psi + k\sin\psi.$$

Dans $\mathbf{R}^3$, l'élément u est image de i par l'élément A de $\Phi(\mathbf{S})$ composé de la rotation d'angle $-\psi$ autour de j et de la rotation d'angle φ autour de k. Si $s = \cos\theta + i\sin\theta$ comme ci-dessus, la transformation $\mathrm{A}\phi_s\mathrm{A}^{-1}$ est la rotation d'angle 2θ autour de u. Ceci prouve, en vertu de la prop. 4, l'égalité $\Phi(\mathbf{S}) = \mathbf{SO}(3)$.

Le noyau de Φ est l'ensembles des quaternions de norme 1 appartenant au centre de $\mathbf{H}$, c'est-à-dire 1 et -1. ||

Remarques. – 1) Si u est un quaternion pur de norme 1, on peut vérifier que le quaternion $s = \cos\theta + u\sin\theta$ a pour norme 1, et que ϕ_s est la rotation d'angle 2θ autour de l'axe défini et orienté par u (exerc.6).

2) L'espace quotient $\mathbf{S}/\{1,-1\}$ s'identifie au plan projectif $\mathrm{P}_2(\mathbf{R})$. Comme la sphère $\mathbf{S}$ est compacte, l'application canonique de $\mathrm{P}_2(\mathbf{R})$ sur $\mathbf{SO}(3)$ déduite de Φ est un homéomorphisme. L'application de passage au quotient de $\mathbf{S}$ par le sous-groupe $\{1,-1\}$ est ouverte. Comme ce sous-groupe est discret, tout point s de $\mathbf{S}$ possède un voisinage que Φ envoie homéomorphiquement sur un voisinage de $\Phi(s)$. Dans cette situation, selon un résultat classique, la sphère $\mathbf{S}$ est un revêtement à deux feuillets du groupe topologique $\mathbf{SO}(3)$ (voir par exemple le livre de Mneimé et Testard, IV, app. 2).

On peut aussi décrire le groupe topologique $\mathbf{SO}(4)$ à l'aide des quaternions. On définit un morphisme Ψ du groupe $\mathbf{S}$ des quaternions de norme 1 dans $\mathbf{O}(4)$ en posant, pour $s \in \mathbf{S}$ et $q \in \mathbf{H}$,

$$\Psi(s)(q) = s\,q.$$

Comme plus haut, l'image de Ψ est contenue dans $\mathbf{SO}(4)$.

Par ailleurs, les transformations orthogonales conservent la norme. Le groupe $\mathbf{SO}(4)$ opère donc sur $\mathbf{S}$ par restriction de son opération sur $\mathbf{R}^4$. Notons Π l'application orbitale du point 1 de $\mathbf{S}$, définie par $\Pi(\psi) = \psi(1)$ pour $\psi \in \mathbf{SO}(4)$. L'application Π est continue.

Lemme. – Le morphisme Ψ *est une section continue de l'application* Π, *autrement dit, on a* $(\Pi \circ \Psi)(s) = s$ *pour tout* $s \in \mathbf{S}$.

En effet $(\Pi \circ \Psi)(s) = \Psi(s)(1) = s\,1 = s$. ||

PROPOSITION 13. – *Le groupe topologique* $\mathbf{SO}(4)$ *est homéomorphe au produit* $\mathbf{S} \times \mathbf{SO}(3)$.

Une transformation $\psi \in \mathbf{SO}(4)$ qui laisse fixe le point 1, laisse stable le sous-espace des quaternions purs, et y induit une transformation orthogonale directe. Ainsi, le sous-groupe de $\mathbf{SO}(4)$ fixateur de 1 s'identifie au groupe $\mathbf{SO}(3)$.

Nous allons démontrer que l'application Θ de $\mathbf{S} \times \mathbf{SO}(3)$ dans $\mathbf{SO}(4)$ définie par

$$\Theta(s, \phi) = \Psi(s) \circ \phi$$

est un homéomorphisme. Pour cela, il suffit de construire une application réciproque continue. Pour tout $\psi \in \mathbf{SO}(4)$, d'après le lemme, la transformation $\Psi(\psi(1))^{-1}$ envoie le point $\psi(1)$ au point 1. Par suite la composée $\Psi(\psi(1))^{-1} \circ \psi$ fixe le point 1. Pour tout $\psi \in \mathbf{SO}(4)$, posons

$$\Sigma(\psi) = (\psi(1), \Psi(\psi(1))^{-1} \circ \psi) \in \mathbf{S} \times \mathbf{SO}(3).$$

On vérifie formellement que $\Theta \circ \Sigma$ est l'application identique de $\mathbf{SO}(4)$, et que $\Sigma \circ \Theta$ est l'application identique de $\mathbf{S} \times \mathbf{SO}(3)$. ||

Remarques. – 3) La démonstration de la prop. 13 fonctionne chaque fois qu'un groupe opère continûment sur un espace topologique et que l'application orbitale d'un point possède une section continue.

4) Aucune des applications Θ ni Σ n'est un morphisme de groupes (remarquer que Π, qui est la première composante de Σ, n'est pas un morphisme).

5) Les entiers $n = 1, 3, 7$ sont les seuls pour lesquels l'opération de $\mathbf{SO}(n+1)$ sur $\mathbf{S}_n$ a la propriété que les applications orbitales possèdent des sections continues (John ADAMS, 1957).

6) Le groupe $\Psi(\mathbf{S})$ est un sous-groupe de $\mathbf{SO}(4)$ qui opère transitivement sur $\mathbf{S}_3$ sans être égal à $\mathbf{SO}(4)$ tout entier.

Exercices

1

L'espace vectoriel $\mathbf{R}^n$ est muni du produit scalaire euclidien

$$< x, y >= x_1 y_1 + \cdots + x_n y_n .$$

Soit f une application de $\mathbf{R}^n$ dans $\mathbf{R}^n$ satisfaisant à $f(0) = 0$ et à $\|f(y) - f(x)\| = \|y - x\|$ pour tous x et $y \in \mathbf{R}^n$.

a) Démontrer que l'on a $< f(x), f(y) >=< x, y >$ pour tout x et tout $y \in \mathbf{R}^n$.

b) Soit $(e_1, \ldots, e_k)$ une famille orthonormale de vecteurs de $\mathbf{R}^n$. Démontrer que la famille $(f(e_1), \ldots, f(e_k))$ est orthonormale.

c) En déduire que l'application f est linéaire, et que c'est donc un automorphisme orthogonal de $\mathbf{R}^n$.

d) Démontrer que toute isométrie de $\mathbf{R}^n$ est une application affine dont l'application linéaire associée est orthogonale.

2

a) Soient $\vec{x}$ et $\vec{y}$ deux vecteurs de $\mathbf{R}^2$. Démontrer que l'aire du parallélogramme construit sur $\overrightarrow{x}$ et $\overrightarrow{y}$ (parallélogramme de sommets 0 , $\vec{x}$, $\vec{x} + \vec{y}$ et $\vec{y}$) est égale à $|\det(\vec{x}, \vec{y})|$, valeur absolue du déterminant relatif à la base canonique.

b) Démontrer que cette aire est égale à $\|\vec{x} \wedge \vec{y}\|$, où on a plongé $\mathbf{R}^2$ comme sous-espace $\mathbf{R}^2 \times \{0\}$ de $\mathbf{R}^3$.

c) Supposons connu que, dans $\mathbf{R}^n$, le volume du parallélépipède construit sur les vecteurs $\vec{x}_1 , \ldots , \vec{x}_n$ est égal à $|\det(\vec{x}_1, \ldots, \vec{x}_n)|$. Soient maintenant n vecteurs $\vec{x}_1 , \ldots , \vec{x}_n$ de $\mathbf{R}^p$, où $p \geq n$, et soit M la matrice $p \times n$ dont les colonnes sont les coordonnées des vecteurs $\vec{x}_j$. Démontrer que le volume n-dimensionnel du parallélépipède construit sur les n vecteurs $\vec{x}_j$ est égal à $\sqrt{\det({}^t\mathrm{MM})}$. On considèrera d'abord des vecteurs appartenant à $\mathbf{R}^n \times \{0\}$, puis on ramènera le cas général à ce cas particulier.

3

a) Soit M une matrice carrée 3×3 . La partie symétrique M_s et la partie antisymétrique M_a de M sont définies par

$$\mathrm{M}_s = \frac{1}{2}(\mathrm{M} + {}^t\mathrm{M}), \qquad \mathrm{M}_a = \frac{1}{2}(\mathrm{M} - {}^t\mathrm{M}).$$

Démontrer que, pour $\mathrm{U} \in \mathbf{O}(3)$, on a

$$(\mathrm{U}^{-1}\mathrm{MU})_s = \mathrm{U}^{-1}\mathrm{M}_s\mathrm{U}, \quad (\mathrm{U}^{-1}\mathrm{MU})_a = \mathrm{U}^{-1}\mathrm{M}_a\mathrm{U}.$$

b) Soit $\theta \in \mathbf{R}$ et soit $\mathrm{R}(\theta)$ la matrice de la rotation d'angle θ autour de l'axe $\overrightarrow{0x_3}$

$$\mathrm{R}(\theta) = \begin{pmatrix} \cos\theta & -\sin\theta & 0 \\ \sin\theta & \cos\theta & 0 \\ 0 & 0 & 1 \end{pmatrix}$$

Remarquer que l'on a

$$\mathrm{R}(\theta)_a \vec{x} = (\sin\theta)\,\vec{e}_3 \wedge \vec{x} \qquad \text{pour tout} \quad \vec{x} \in \mathbf{R}^3,$$

$$\mathrm{Tr}\,\mathrm{R}(\theta) = 1 + 2\cos\theta.$$

En déduire que, si S est la matrice de la rotation d'angle θ autour d'une droite vectorielle orientée par un vecteur unitaire $\vec{u}$, on a

$$\mathrm{S}_a \vec{x} = (\sin\theta)\,\vec{u} \wedge \vec{x} \qquad \text{pour tout} \quad \vec{x} \in \mathbf{R}^3,$$

$$\mathrm{Tr}\,\mathrm{S} = 1 + 2\cos\theta.$$

c) Application : vérifier que la matrice

$$\mathrm{S} = \begin{pmatrix} 1/4 & -3/4 & -\sqrt{6}/4 \\ -3/4 & 1/4 & -\sqrt{6}/4 \\ \sqrt{6}/4 & \sqrt{6}/4 & -1/2 \end{pmatrix}$$

est la matrice d'une rotation, et déterminer l'axe et l'angle de cette rotation.

4

a) En utilisant la proposition 4, démontrer que $\mathbf{SO}(3)$ est connexe.

b) Comment pourrait-on démontrer que $\mathbf{SO}(n)$ est connexe pour tout entier n ?

5

a) En dérivant la relation ${}^t\mathrm{A}\mathrm{A} = 1_3$, démontrer que l'espace vectoriel tangent à $\mathbf{O}(3)$ au point 1_3 (élément neutre) est l'espace des matrices antisymétriques.

b) Au § 5, on a défini, pour tout quaternion s de norme 1, la transformation orthogonale $\Phi(s)$ de l'espace vectoriel de base (i, j, k) par $\Phi(s)(q) = s\,q\,\bar{s}$.

Donner l'expression de la dérivée de Φ. Expliciter les matrices de $\Phi'(1).i$, $\Phi'(1).j$, $\Phi'(1).k$.

c) En déduire que Φ est une application de rang 3, puis que son image est la composante connexe de l'élément neutre dans $\mathbf{O}(3)$.

6

a) Un quaternion pur est un quaternion appartenant au sous-espace vectoriel de base (i, j, k) de $\mathbf{H}$. Démontrer que, pour que q soit un quaternion pur, il faut et il suffit que $\bar{q} = -q$.

b) Soient u et v deux quaternions purs. Démontrer l'équivalence des propriétés suivantes :

(i) u et v sont orthogonaux,

(ii) uv est un quaternion pur,

(iii) $uv + vu = 0$.

c) Le choix de la base (i, j, k) identifie l'espace vectoriel des quaternions purs à $\mathbf{R}^3$. Pour tout quaternion s de norme 1, on note $\Phi(s)$ la transformation orthogonale de l'espace des quaternions purs définie par $\Phi(s)(q) = s\,q\,\bar{s}$. Soit u un quaternion pur de norme 1. Démontrer que $\Phi(u)$ est le retournement (ou demi-tour) dont l'axe est le support de u.

d) Démontrer que, si u et v sont deux quaternions purs de norme 1, il existe un quaternion pur w, de norme 1, tel que $v = wu\overline{w}$.

e) Soient θ un nombre réel et u un quaternion pur de norme 1. On pose $s = \cos\theta + u\sin\theta$ ($= e^{u\theta}$). Démontrer que $\|s\| = 1$ et que $\Phi(s)$ est la rotation d'angle 2θ autour de l'axe défini et orienté par u.

7

a) Démontrer que, pour que le carré q^2 d'un quaternion soit réel, il faut et il suffit que q soit réel ou pur.

b) Soit f un automorphisme de l'algèbre $\mathbf{H}$, c'est-à-dire une bijection $\mathbf{R}$-linéaire de $\mathbf{H}$ dans lui-même qui respecte la multiplication. Démontrer que f induit l'identité sur la droite réelle et laisse stable l'espace des quaternions purs.

c) En utilisant b) de l'exerc. 6, démontrer que f induit une transformation orthogonale de l'espace des quaternions purs. En déduire que f est un automorphisme intérieur.

8

On désigne par $\mathbf{S}$ le groupe des quaternions de norme 1.

a) Démontrer que l'on définit un morphisme Δ du groupe produit $\mathbf{S} \times \mathbf{S}$ dans le groupe orthogonal $\mathbf{O}(4)$ en posant $\Delta(r,s)(q) = r\,q\,\overline{s}$ pour tous $(r,s) \in \mathbf{S} \times \mathbf{S}$ et $q \in \mathbf{H}$.

b) Démontrer que l'image de Δ est $\mathbf{SO}(4)$, et que le noyau de Δ est le sous-groupe à deux éléments $(1,1)$ et $(-1,-1)$.

c) Démontrer que les groupes $\Delta(\mathbf{S} \times \{1\})$ et $\Delta(\{1\} \times \mathbf{S})$ sont deux sous-groupes distingués de $\mathbf{SO}(4)$ qui opèrent transitivement sur $\mathbf{S}$.

CHAPITRE V

SIMILITUDES

Une similitude dans un espace affine euclidien E est une application de E dans E qui multiplie les distances par un facteur $k > 0$, appelé rapport de similitude. Une similitude de rapport 1 est une isométrie. En se ramenant au résultat connu pour les isométries, on démontre que les similitudes sont des applications affines bijectives. Mais le fait remarquable est qu'une similitude de rapport $k \neq 1$ admet un point fixe.

Ces résultats sont établis dans les deux premiers paragraphes. Toute la suite du chapitre est consacrée aux similitudes planes.

1. Définition

DÉFINITION 1. – *Soit k un nombre réel > 0. Une* similitude de rapport *k d'un espace affine euclidien E est une application de E dans E qui multiplie les longueurs par k, autrement dit une application f telle que, pour tous points A et B de E, on ait $\|\overrightarrow{f(A)f(B)}\| = k\|\overrightarrow{AB}\|$.*

Exemples. - Les similitudes de rapport 1 sont les isométries. Une homothétie de rapport k est une similitude de rapport $|k|$.

PROPOSITION 1. – *Les similitudes sont des transformations affines bijectives. Les similitudes d'un espace affine euclidien E constituent un sous-groupe du groupe affine de E, engendré par les homothéties et les isométries.*

Soient f une similitude de rapport k de E, et h une homothétie de rapport k. L'application composée $g = h^{-1} \circ f$ est une isométrie. Ainsi qu'on l'a rappelé en introduction, une isométrie de E est une application affine bijective. L'homothétie h est aussi une bijection affine, donc $f = h \circ g$ aussi.

L'application composée de deux similitudes de rapport k et k' est une similitude de rapport kk'. L'application réciproque d'une similitude de rapport k est une similitude de rapport $1/k$. D'où la proposition.

DÉFINITION 2. – *On dit qu'une similitude* f *est* directe *si* $\det \vec{f} > 0$, *on dit qu'elle est* indirecte *si* $\det \vec{f} < 0$.

Les similitudes directes constituent un sous-groupe d'indice 2 du groupe des similitudes. C'est l'image réciproque, par le morphisme $f \mapsto \det \vec{f}$, du sous-groupe du groupe multiplicatif $\mathbf{R}^*$ constitué des nombres réels > 0.

Soit s la symétrie orthogonale par rapport à un hyperplan affine de E. Le déterminant de $\vec{s}$ est -1. L'application $f \mapsto s \circ f$ est une bijection du groupe des similitudes directes sur l'ensemble des similitudes indirectes. La bijection réciproque est l'application $g \mapsto s \circ g$.

Soit E un espace affine euclidien de dimension n. Si h est une homothétie de rapport -1, l'application linéaire associée a pour déterminant $(-1)^n$. Par suite h est un déplacement si n est pair, une isométrie indirecte si n est impair.

Si la dimension n *de* E *est paire*, une similitude directe de rapport k est produit d'une homothétie de rapport $\pm k$ et d'un déplacement. Une similitude indirecte de rapport k est produit d'une homothétie de rapport $\pm k$ et d'une isométrie indirecte.

Si la dimension n *de* E *est impaire*, une similitude directe de rapport k est produit d'une homothétie de rapport k et d'un déplacement, ou d'une homothétie de rapport $-k$ et d'une isométrie indirecte. Une similitude indirecte de rapport k est produit d'une homothétie de rapport $-k$ et d'un déplacement, ou d'une homothétie de rapport k et d'une isométrie indirecte.

2. Forme canonique d'une similitude

PROPOSITION 2. – *Toute similitude de rapport* $\neq 1$ *admet un point fixe unique.*

Soit f une similitude de rapport $k \neq 1$ dans un espace affine euclidien E. Pour tout vecteur $x \in \vec{E}$, on a $\|\vec{f}(x)\| = k\|x\|$, donc $\|\vec{f}(x) - x\| \geq |1-k|\,\|x\|$. L'application linéaire $x \mapsto \vec{f}(x) - x$ est injective. Comme la dimension de $\vec{E}$ est finie, elle est surjective.

Soient A un point de E et $A' = f(A)$. D'après ce qui précède, il existe un unique point I de E tel que $\vec{f}(\overrightarrow{AI}) - \overrightarrow{AI} = \overrightarrow{A'A}$, ou encore

$\vec{f}(\overrightarrow{\mathrm{AI}}) = \overrightarrow{\mathrm{A'I}}$. Si l'on pose $\mathrm{I}' = f(\mathrm{I})$, on a par ailleurs $\vec{f}(\overrightarrow{\mathrm{AI}}) = \overrightarrow{\mathrm{A'I'}}$. Il en résulte que $\mathrm{I} = \mathrm{I}'$: le point I est un point fixe de f.

Démontrons que ce point fixe est unique. Par l'absurde, si J est un autre point fixe de f, on a $\|\overrightarrow{\mathrm{IJ}}\| = k\|\overrightarrow{\mathrm{IJ}}\|$, d'où $(1-k)\|\overrightarrow{\mathrm{IJ}}\| = 0$, d'où $\mathrm{I} = \mathrm{J}$. ||

COROLLAIRE. – *Soient f une similitude de rapport $k \neq 1$, et I son point fixe. Alors f est le produit $h \circ g$ (ou $g \circ h$) de l'homothétie h de centre I, de rapport k, et d'une isométrie g laissant fixe le point I, et commutant avec h.*

L'application $g = f \circ h^{-1}$ est une isométrie laissant fixe le point I. On a alors $f = g \circ h$.

Pour démontrer que g et h commutent, remarquons d'abord que l'homothétie vectorielle $\vec{h}$ commute avec toute application linéaire, en particulier avec $\vec{g}$. Comme I est point fixe de g et de h, pour des points quelconques M et N, on a $\overrightarrow{\mathrm{I}g(\mathrm{M})} = \vec{g}(\overrightarrow{\mathrm{IM}})$ et $\overrightarrow{\mathrm{I}h(\mathrm{N})} = \vec{h}(\overrightarrow{\mathrm{IN}})$. Par suite g et h commutent. ||

3. n = 1, 2, 3

PROPOSITION 3. – *Une similitude de rapport $k \neq 1$ d'une droite euclidienne est une homothétie de rapport $\pm k$.*

En effet, le groupe affine d'une droite est composé des homothéties et des translations. Ces transformations sont des similitudes. ||

PROPOSITION 4. – *Une similitude directe de rapport $k \neq 1$ d'un plan euclidien est produit d'une homothétie de rapport k et d'une rotation de même centre.*

Une similitude indirecte de rapport $k \neq 1$ d'un plan euclidien est produit d'une symétrie orthogonale par rapport à une droite D et d'une homothétie de rapport k dont le centre est situé sur D.

Dans les deux cas, les deux transformations commutent et la décomposition est unique.

Soit f une similitude plane de rapport $k \neq 1$, soit I son point fixe et soit h l'homothétie de centre I, de rapport k. L'application $g = h^{-1} \circ f$ est une isométrie qui admet I pour point fixe. Les deux premières assertions en résultent. Pour démontrer l'unicité, il suffit de remarquer que le centre de l'homothétie est nécessairement le point fixe de la similitude f. ||

PROPOSITION 5. – *Une similitude de rapport $k \neq 1$ d'un espace affine euclidien de dimension 3 est la composée d'une rotation autour d'une droite D et d'une homothétie de rapport $\pm k$ dont le centre est situé sur D. Les deux transformations commutent, et la décomposition est unique.*

Soit f une similitude de rapport $k \neq 1$ et soit I son point fixe. Soit h l'homothétie de centre I, de rapport k si f est une similitude directe, de rapport $-k$ si f est une similitude indirecte. L'application $g = h^{-1} \circ f$ est un déplacement qui admet I pour point fixe. C'est donc une rotation autour d'une droite passant par I. L'unicité est analogue à celle de la dimension 2. ||

4. Similitudes planes (utilisation des nombres complexes)

On identifie le plan $\mathbf{R}^2$ muni de la structure euclidienne usuelle au corps $\mathbf{C}$ des nombres complexes en posant $z = x + iy$.

PROPOSITION 6. – *Les similitudes directes du plan sont les transformations f de la forme $f(z) = az + b$, où a et b sont deux nombres complexes et $a \neq 0$.*

Les similitudes indirectes sont les transformations f de la forme $f(z) = a\bar{z} + b$, où a et b sont deux nombres complexes et $a \neq 0$.

Les translations sont les transformations $z \mapsto z + b$, où $b \in \mathbf{C}$ est le vecteur de la translation. La multiplication par un nombre réel $k \neq 0$ est l'homothétie de centre 0, de rapport k. La multiplication par le nombre complexe $e^{i\theta}$, où $\theta \in \mathbf{R}$, est la rotation de centre 0, d'angle θ. L'application $z \mapsto \bar{z}$ est la symétrie orthogonale s par rapport à l'axe réel.

Il résulte de cet inventaire que les transformations f de la forme $f(z) = az + b$ sont des similitudes directes et que celles de la forme $f(z) = a\bar{z} + b$ sont des similitudes indirectes.

Inversement, soit f une similitude directe. Le cas des translations étant réglé, supposons que f ne soit pas une translation. Alors f est soit une rotation, soit une similitude de rapport $\neq 1$. Dans les deux cas, f admet un point fixe. Soit α un point fixe de f ; on a vu que f est le produit $h \circ g$ d'une rotation de centre α et de l'homothétie h de centre α, de rapport k. Ainsi

$$f(z) - \alpha = ke^{i\theta}(z - \alpha),$$

ou encore $f(z) = ke^{i\theta}z + \alpha(1 - ke^{i\theta})$.

Les similitudes indirectes sont les composées $g \circ s$, où g est une similitude directe et s la symétrie orthogonale par rapport à l'axe réel. Ce sont donc les transformations de la forme $z \mapsto a\bar{z} + b$. ||

La similitude directe f définie par $f(z) = az + b$ est une translation si $a = 1$. C'est une isométrie si $|a| = 1$. Si $a \neq 1$, le point fixe de f est le point d'affixe z solution de $z = az + b$. L'application linéaire $\vec{f}$ associée est donnée par $\vec{f}(z) = az$.

La similitude indirecte g définie par $g(z) = a\bar{z} + b$ est une isométrie si $|a| = 1$. L'application linéaire associée est donnée par $\vec{g}(z) = a\bar{z}$.

PROPOSITION 7. – *Etant donnés des points* A, B, A′, B′ $\in \mathbf{R}^2$, *avec* A $\neq$ B, A′ $\neq$ B′, *il existe une unique similitude directe* f *telle que* $f(\mathrm{A}) = \mathrm{A}'$ *et* $f(\mathrm{B}) = \mathrm{B}'$.

De même, il existe une unique similitude indirecte g *telle que* $g(\mathrm{A}) = \mathrm{A}'$ *et* $g(\mathrm{B}) = \mathrm{B}'$.

Soient α, β, α', β' les affixes des points A, B, A′, B′. Déterminer la similitude directe f, c'est déterminer deux nombres complexes a et b, où $a \neq 0$, tels que

$$\begin{cases} \alpha' = a\,\alpha + b, \\ \beta' = a\beta + b. \end{cases}$$

Il s'agit d'un système linéaire carré dont le déterminant $\alpha - \beta$ est $\neq 0$, d'où une unique solution (a, b). Comme $\alpha' \neq \beta'$, le nombre a est $\neq 0$.

De même la recherche de la similitude indirecte g conduit au système de Cramer

$$\begin{cases} \alpha' = a\,\bar{\alpha} + b, \\ \beta' = a\bar{\beta} + b. \end{cases}$$

||

Remarque. – Un certains nombre de problèmes de géométrie plane peuvent être traités par le calcul en identifiant le plan au corps des nombres complexes. Nous traitons en exercice de cette manière la droite de Simson. Cette méthode est bien adaptée aux questions de similitudes qui conduisent à des problèmes linéaires.

5. Similitudes planes directes

Dans ce paragraphe, pour pouvoir parler d'angles de vecteurs, nous prenons $\mathrm{E} = \mathbf{R}^2$. Il suffirait en réalité d'identifier $\overrightarrow{\mathrm{E}}$ à $\mathbf{R}^2$ par le choix d'une base orthonormale.

PROPOSITION 8. – *Une similitude directe de* $\mathbf{R}^2$ *conserve les angles. Une similitude indirecte les transforme en leurs opposés.*

En effet, une homothétie du plan conserve les angles, et une isométrie conserve les angles si c'est un déplacement, ou change leur signe si c'est une isométrie indirecte. ||

DÉFINITION 3. – *Soient* I *un point de* $\mathbf{R}^2$, θ *un nombre réel et* k *un nombre réel* > 0. *La* similitude de centre I, d'angle θ, de rapport k, *est l'application composée de l'homothétie de centre* I, *de rapport* k, *et de la rotation de centre* I, *d'angle* θ.

Remarquons d'abord qu'une homothétie et une rotation de même centre commutent. De plus, d'après le § 2, l'ensemble des similitudes directes du plan est constitué des translations et des similitudes directes qui ont un point fixe. Ces dernières sont les similitudes de la définition 3.

La similitude s de centre I, d'angle θ, de rapport k, transforme un point A du plan en le point A′ défini par les relations

$$(1) \qquad (\overrightarrow{IA}, \overrightarrow{IA'}) \equiv \theta \pmod{2\pi}, \qquad |IA'| = k\,|IA|.$$

Ceci montre que, étant donnés un point I et deux points A et A′ distincts de I, il existe une unique similitude directe de centre I qui transforme A en A′.

L'application linéaire associée à s est la similitude vectorielle (de centre $0 \in \mathbf{R}^2$) de même angle et de même rapport. Si A et B sont deux points distincts dans $\mathbf{R}^2$, et si A′ et B′ sont leurs transformés par s, on a donc

$$(2) \qquad (\overrightarrow{AB}, \overrightarrow{A'B'}) \equiv \theta \pmod{2\pi}, \qquad |A'B'| = k\,|AB|.$$

Inversement, soient (A, B) et (A′, B′) deux couples de points distincts dans le plan. Cherchons à déterminer l'unique similitude directe s qui transforme A en A′ et B en B′ (prop. 7). L'idée est que les relations (2) définissent θ et k, et que les relations (1) permettent de déterminer I. Mais on doit être un peu plus soigneux car s peut être une translation.

Définissons $\theta \pmod{2\pi}$ et k par les relations (2). Si $\theta \equiv 0$ ou $\pi \pmod{2\pi}$, les droites AB et A′B′ sont parallèles. On sait qu'il existe une homothétie ou translation unique s qui transforme A en A′ et B en B′ (III, prop. 18). Si $\theta \equiv 0 \pmod{2\pi}$ et $k = 1$, l'application s est la translation de vecteur $\overrightarrow{AA'}$. Si $\theta \equiv 0 \pmod{2\pi}$ et $k \neq 1$, il s'agit

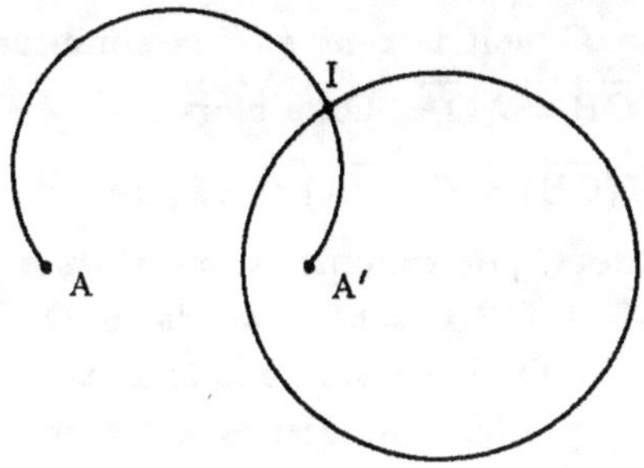

d'une homothétie de rapport k. Si $\theta \equiv \pi \pmod{2\pi}$, l'application s est une homothétie de rapport $-k$.

Supposons maintenant $\theta \not\equiv 0$ ou $\pi \pmod{2\pi}$. Si $A = A'$, le point fixe de la similitude s est A, et il n'y a plus à chercher. Si $A \neq A'$, le lieu des points M du plan tels que $(\overrightarrow{MA}, \overrightarrow{MA'}) \equiv \theta \pmod{2\pi}$ est un arc de cercle d'extrémités A et A′ (II, § 4). Le lieu des points M du plan tels que $MA'/MA = k$ est un cercle (ou une droite si $k = 1$) qui sépare A et A′ (III, exerc.17). Le point d'intersection de l'arc de cercle reliant les points A et A′ et du cercle (ou de la droite) qui les sépare est l'unique point I du plan satisfaisant aux relations (1). Ces relations montrent que la similitude s de centre I, d'angle θ, de rapport k, transforme A en A′. Les relations (2) (qui ont servi à définir θ et k) montrent que cette similitude transforme B en B′.

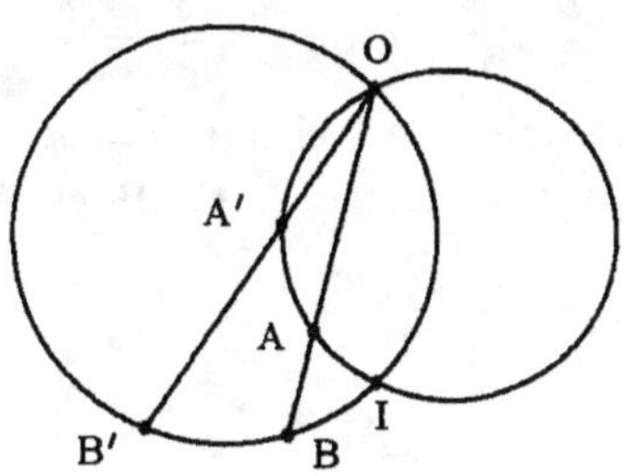

Supposons toujours $\theta \not\equiv 0$ ou $\pi \pmod{2\pi}$, et soit O le point d'intersection des droites AB et A′B′. Supposons aussi qu'aucun des points A, B, A′ ou B′ n'est confondu avec O. On a

$$(OA, OA') \equiv (OB, OB') \equiv (AB, A'B') \equiv \theta \pmod{\pi}.$$

Par suite, le point I appartient aux cercles OAA′ et OBB′.

Supposons que O soit le centre de la similitude. Soit $\lambda \in \mathbf{R}$ le nombre réel tel que $\overrightarrow{OB} = \lambda \overrightarrow{OA}$. On a alors

$$\overrightarrow{OB'} = \vec{s}(\overrightarrow{OB}) = \vec{s}(\lambda \overrightarrow{OA}) = \lambda \vec{s}(\overrightarrow{OA}) = \lambda \overrightarrow{OA'}.$$

L'homothétie de centre O, de rapport λ transforme A en B et A′ en B′. Les cercles OAA′ et OBB′ sont tangents en O. Inversement, si ces cercles sont tangents en O, le centre de la similitude est en O.

D'après ce qui précède, si les cercles OAA′ et OBB′ ne sont pas tangents, *le centre* I *de la similitude* s *est le point d'intersection autre que* O *de ces deux cercles.*

PROPOSITION 9. – *Soient* A, B, A′, B′ *des points distincts dans le plan euclidien. Pour qu'il existe une similitude directe de centre* I *transformant* A *en* A′ *et* B *en* B′, *il faut et il suffit qu'il existe une similitude directe de centre* I *qui transforme* A *en* B *et* A′ *en* B′.

Remarquons d'abord que, comme les quatre points A, B, A′, B′ sont supposés distincts, ils sont aussi distincts de I. Nous donnons maintenant deux démonstrations de la proposition.

Analytiquement, soient a, b, a', b' les affixes des points A, B, A′, B′. On peut supposer que l'affixe du point I est 0. S'il existe une similitude directe de centre I transformant A en A′ et B en B′, il existe un nombre complexe w tel que

$$a' = wa, \qquad b' = wb.$$

Aucun des nombres complexes a, a', b, b' n'est nul. On a donc

$$\frac{a'}{a} = \frac{b'}{b}, \qquad \text{d'où} \qquad \frac{b'}{a'} = \frac{b}{a},$$

et il existe un nombre complexe v tel que $b = va$, $b' = va'$, d'où une similitude de centre I qui transforme A en B et A′ en B′.

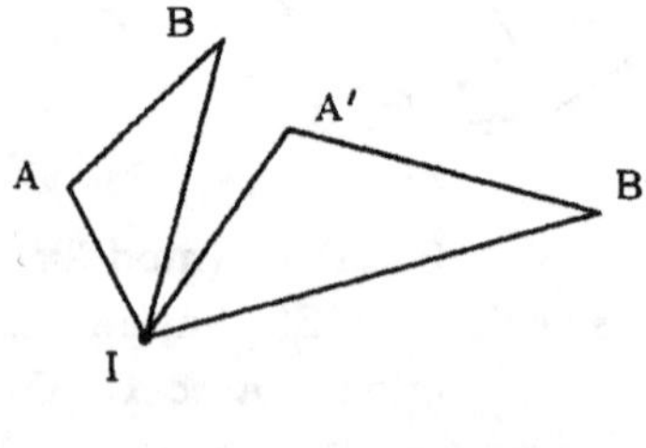

Géométriquement, supposons qu'il existe une similitude directe s de centre I transformant A en A′ et B en B′. Soit s' la similitude de centre I qui transforme A en B. Les similitudes s et s' commutent, et l'on a donc

$$s'(A') = s'(s(A)) = s(s'(A)) = s(B) = B'. \qquad \|$$

Remarque. – Si les droites AB et A'B' sont concourantes en un point O, et si les droites AA' et BB' sont concourantes en un point O', le point I est commun aux quatre cercles OAA', OBB', O'AB et O'A'B'. C'est le point de Miquel du quadrilatère formé par les quatre droites AB, A'B', AB' et A'B (voir II, exerc.18).

6. Triangles semblables

DÉFINITION 4. – *Deux triangles* ABC *et* A'B'C' *dans le plan euclidien sont* semblables *si les longueurs de leurs cotés sont proportionnelles, c'est-à-dire si*

$$\frac{A'B'}{AB} = \frac{B'C'}{BC} = \frac{C'A'}{CA}.$$

L'image d'un triangle par une similitude est un triangle semblable. La proposition suivante affirme que la réciproque est exacte.

PROPOSITION 10. – *Soient* ABC *et* A'B'C' *des triangles non aplatis dans le plan affine euclidien* E. *Si ces triangles sont semblables, l'unique application affine de* E *dans* E *qui transforme* A *en* A', B *en* B' *et* C *en* C' *est une similitude.*

Comme $A \neq B$ et $A' \neq B'$, il existe une unique similitude directe qui transforme A en A' et B en B'. Notons s cette similitude et k son rapport. Le point $C'' = s(C)$ satisfait à $|A'C''| = k\,|AC|$, $|B'C''| = k\,|BC|$. On a donc $|A'C''| = |A'C'|$ et $|B'C''| = |B'C'|$. Par suite, ou bien $C' = C''$, ou bien la médiatrice D du segment $C'C''$ est la droite A'B'. Dans le premier cas, la similitude directe s transforme le triangle ABC en le triangle A'B'C'. Dans le second cas, c'est la similitude indirecte $sym_D \circ s$.

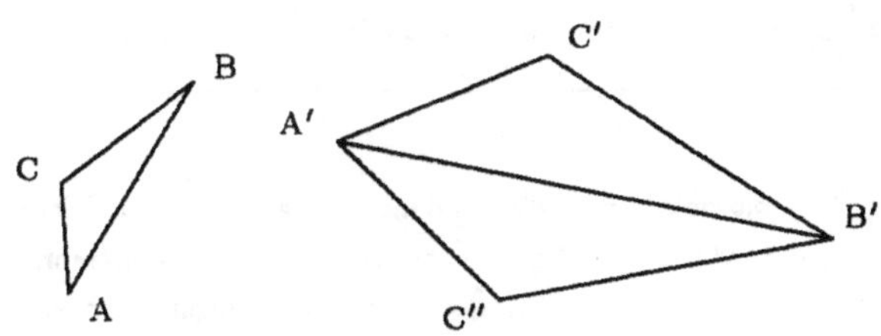

PROPOSITION 11. – *Dans* $\mathbf{R}^2$, *deux triangles ayant des angles égaux ou opposés sont semblables.*

Soient ABC et A′B′C′ deux triangles non aplatis dans $\mathbf{R}^2$. On suppose $\widehat{A} = \varepsilon\widehat{A}'$, $\widehat{B} = \varepsilon\widehat{B}'$, $\widehat{C} = \varepsilon\widehat{C}'$, où $\varepsilon = \pm 1$. Soit s l'unique similitude directe transformant A en A′ et B en B′ . Elle transforme C en un point C″ tel que $(\overrightarrow{A'B'}, \overrightarrow{A'C''}) \equiv \widehat{A} \pmod{2\pi}$ et $(\overrightarrow{B'C''}, \overrightarrow{B'A'}) \equiv \widehat{B} \pmod{2\pi}$. Si $\varepsilon = 1$, le point C″ appartient aux droites A′C′ et B′C′ , c'est donc le point C′ . Si $\varepsilon = -1$, on a $C' = sym_{A'B'} \circ s(C)$, d'où la proposition. ||

Remarque. – Une bijection affine f d'une droite D sur une droite D′ , appartenant toutes deux à un même plan affine euclidien, se prolonge en une similitude directe du plan. Soient en effet A et B deux points distincts sur D , A′ et B′ leurs images par f , et s l'unique similitude directe du plan qui transforme A en A′ , et B en B′ . Si M est un point de D satisfaisant à $\overrightarrow{AM} = \lambda\overrightarrow{AB}$, alors $\overrightarrow{A'f(M)}$ et $\overrightarrow{A's(M)}$ sont tous deux égaux à $\lambda\overrightarrow{A'B'}$, d'où $f(M) = s(M)$.

On dit alors que les points M et $f(M)$ décrivent des *divisions semblables* sur D et D′ . Si s est une similitude de centre I , le triangle IMs(M) reste semblable au triangle IAs(A) lorsque le point M varie (prop. 9).

Exercices

1

Soient $\theta \in \mathbf{R}$ et $b \in \mathbf{C}$. On considère la similitude indirecte g définie par

$$g(z) = e^{i\theta}\bar{z} + b.$$

a) Ecrire les équations donnant les coordonnées (x, y) des points fixes de g .

b) A quelle condition portant sur θ et b la similitude g est-elle une symétrie orthogonale ? Expliciter l'équation de l'axe de symétrie dans ce cas.

2

Soient A , B et C trois points non alignés dans un plan affine euclidien.

a) Etant donné un point M du plan, hors des droites AB et AC , démontrer qu'il existe une unique similitude directe de centre M qui transforme la droite AB en la droite AC .

b) On note s_M cette similitude. Soient P un point de la droite AB et $P' = s_M(P)$. Démontrer que les points A, M, P et P′ sont cocycliques.

c) On note U, V et W les projections orthogonales de M sur les droites BC, CA et AB. Soit H la projection orthogonale du point M sur la droite PP′. Démontrer que le point H décrit une droite Δ que l'on précisera lorsque le point P parcourt la droite AB.

d) En déduire que, pour que les points U, V, W soient alignés, il faut et il suffit que le point M appartienne au cercle circonscrit au triangle ABC. Dans ce cas, la droite portant les points U, V, W est appelée droite de Simson du point M.

3

On identifie le plan $\mathbf{R}^2$ à $\mathbf{C}$, et on va donner une démonstration analytique du théorème de la droite de Simson.

a) Si A et B sont deux points du plan d'affixes a et b, vérifier que le produit scalaire $\overrightarrow{0A} \cdot \overrightarrow{0B}$ est égal à $\mathrm{Re}\,(a\bar{b})$.

b) Soient A et B comme ci-dessus, et soit $\xi = r\,e^{i\theta}$ un nombre complexe $\neq 0$. Etudier suivant les valeurs de θ le lieu des points M d'affixe z satisfaisant à la relation $\mathrm{Im}\,((z-a)/\xi(z-b)) = 0$.

Démontrer que la relation $\mathrm{Im}\,((w-u)/(w-v)) = 0$ est une condition nécessaire et suffisante pour que les points U, V, W d'affixes u, v, w soient alignés.

c) Supposons $A \neq B$, soit M un point du plan et soit W le projeté orthogonal de M sur la droite AB. Calculer l'affixe w de W en fonction de a, b et de l'affixe z de M. Pour cela, vérifier et utiliser la relation

$$\overrightarrow{0W} = \overrightarrow{0A} + \frac{\overrightarrow{AM} \cdot \overrightarrow{AB}}{\overrightarrow{AB}^2}\,\overrightarrow{AB}.$$

d) Soient A, B, C trois points non alignés dans le plan. Soit M un point du plan et soient U, V, W les projetés orthogonaux du point M sur les droites BC, CA et AB. Démontrer que, pour que les points U, V, W soient alignés, il faut et il suffit que le point M appartienne à un cercle passant par les points A, B et C.

4

Soient $\mathcal{C}$ et $\mathcal{C}'$ deux cercles dans le plan affine euclidien, I et I′ leurs centres, R et R′ leurs rayons.

a) Déterminer l'ensemble des points I qui sont centres d'une similitude directe qui transforme $\mathcal{C}$ en $\mathcal{C}'$.

b) Supposons que les cercles $\mathcal{C}$ et $\mathcal{C}'$ aient deux points communs A et B. Soit s la similitude de centre A qui transforme $\mathcal{C}$ en $\mathcal{C}'$. Démontrer que, pour tout point M de $\mathcal{C}$, les points M, $s(M)$ et B sont alignés.

5

Soient A, B et C trois points non alignés dans le plan affine euclidien. On note s_A, s_B, s_C les symétries orthogonales par rapport aux droites BC, CA et AB respectivement. Soient $\mathcal{C}$ le cercle circonscrit au triangle ABC, et $\mathcal{C}_A$, $\mathcal{C}_B$, $\mathcal{C}_C$ les transformés de $\mathcal{C}$ par les symétries s_A, s_B et s_C. Les trois cercles $\mathcal{C}_A$, $\mathcal{C}_B$ et $\mathcal{C}_C$ passent par l'orthocentre H du triangle ABC (II, exerc.20).
Démontrer que, si M est un point de $\mathcal{C}$, les points $s_A(M)$, $s_B(M)$ et $s_C(M)$ sont alignés sur une droite passant par H (*droite de Steiner*). (Appliquer l'exercice 4 aux rotations $s_B \circ s_A$ et $s_C \circ s_A$)

CHAPITRE VI

CERCLES

Les questions abordées dans ce chapitre sont métriques et nous utiliserons des coordonnées cartésiennes. Tout se passe dans le plan $\mathbf{R}^2$.

Après la définition et les équations d'un cercle, la puissance d'un point par rapport à un cercle est abordée à la fois par la géométrie et par l'étude, sur les équations, de l'intersection d'une droite et d'un cercle. L'étude de l'intersection de deux cercles conduit à la notion d'axe radical, et de faisceau de cercles. Des conditions d'orthogonalité de deux cercles sont établies. Ces résultats sont appliqués à certains problèmes de construction à la règle et au compas. Le chapitre se termine par un paragraphe sur les inversions dans le plan, et quelques applications. D'autres sont données en exercices.

1. Définition et équations

DÉFINITION 1. – *Soient* I *un point de* $\mathbf{R}^2$ *et* R *un nombre réel* ≥ 0. *Le* cercle *de centre* I, *de rayon* R, *est l'ensemble des points* M *de* $\mathbf{R}^2$ *tels que* $\mathrm{IM} = \mathrm{R}$.

Posons $\mathrm{I} = (a, b)$, $\mathrm{M} = (x, y)$. La condition $||\overrightarrow{\mathrm{IM}}||^2 = \mathrm{R}^2$ s'écrit

$$(x-a)^2 + (y-b)^2 = \mathrm{R}^2,$$

ou, en développant,

$$x^2 + y^2 - 2ax - 2by + a^2 + b^2 - \mathrm{R}^2 = 0. \tag{1}$$

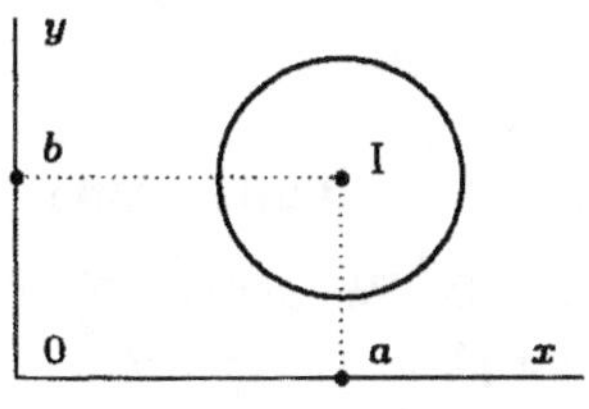

Inversement, l'équation

$$(2) \qquad x^2 + y^2 - 2ax - 2by + c = 0.$$

est l'équation du cercle de centre $I = (a, b)$, de rayon $R = \sqrt{a^2 + b^2 - c}$ si $a^2 + b^2 - c \geq 0$. Si $a^2 + b^2 - c < 0$, aucun point (x, y) de $\mathbf{R}^2$ ne satisfait à l'équation (2).

Le cercle de centre I, de rayon R, est décrit par les équations paramétriques

$$(3) \qquad \begin{cases} x = a + R\cos\theta, \\ y = b + R\sin\theta, \end{cases}$$

où θ parcourt l'intervalle $[0, 2\pi[$.

Cercle passant par trois points du plan. Etant donnés trois points M_1, M_2, M_3 de coordonnées (x_i, y_i), $i = 1, 2, 3$, pour que le cercle d'équation (2) passe par ces trois points, il faut et il suffit que l'on ait

$$(S) \qquad {x_i}^2 + {y_i}^2 - 2ax_i - 2by_i + c = 0, \qquad \text{pour } i = 1, 2, 3.$$

Le système (S) est un système de trois équations linéaires aux inconnues a, b, c. Son déterminant est

$$\det S = \begin{vmatrix} 2x_1 & 2y_1 & -1 \\ 2x_2 & 2y_2 & -1 \\ 2x_3 & 2y_3 & -1 \end{vmatrix} = -4 \begin{vmatrix} x_1 - x_3 & y_1 - y_3 \\ x_2 - x_3 & y_2 - y_3 \end{vmatrix}.$$

Si les points M_1, M_2, M_3 ne sont pas alignés, le déterminant est $\neq 0$, le système possède une unique solution qui donne l'équation de l'unique cercle passant par les trois points.

Remarque. – Le cercle C est l'image de $\mathbf{R}$ par le paramétrage continu (3). C'est donc une partie connexe de $\mathbf{R}^2$. Le complémentaire $\mathbf{R}^2 - C$ du cercle est la réunion de deux parties ouvertes disjointes de $\mathbf{R}^2$, l'*intérieur*, ensemble des points M tels que $|IM| < R$, et l'*extérieur*, ensemble des points M tels que $|IM| > R$. Si un ensemble connexe, droite ou cercle par exemple, a un point intérieur et un point extérieur à C, il rencontre C.

Par ailleurs, l'intérieur et l'extérieur sont des parties connexes de $\mathbf{R}^2$. L'intérieur est en effet convexe (le démontrer). Pour l'extérieur, utiliser le fait que les cercles de centre I de rayon $> R$ rencontrent tous une droite issue de I.

2. Intersection d'un cercle et d'une droite

Considérons le cercle C d'équation (2) et étudions l'intersection de C et d'une droite D du plan. Le cercle étant défini par une équation implicite (du type $f(x,y)=0$), nous définissons la droite D par des équations paramétriques. La droite D issue du point $M_0=(x_0,y_0)$ dont la direction est donnée par le vecteur unitaire $\vec{u}=(\alpha,\beta)$, où $\alpha^2+\beta^2=1$, a pour équations paramétriques

$$x=x_0+\lambda\alpha, \qquad y=y_0+\lambda\beta. \tag{4}$$

L'équation aux λ des points d'intersection est obtenue en substituant dans (2) les expressions de x et y données par (4). On obtient

$$(x_0+\lambda\alpha)^2+(y_0+\lambda\beta)^2-2a(x_0+\lambda\alpha)-2b(y_0+\lambda\beta)+c=0,$$

ou encore

$$\lambda^2+2\lambda \mathrm{P}(\mathrm{M}_0)+\mathrm{C}(\mathrm{M}_0)=0, \tag{5}$$

avec

$$\begin{aligned}\mathrm{C}(\mathrm{M}) &= x^2+y^2-2ax-2by+c,\\ &= (x-a)^2+(y-b)^2-a^2-b^2+c=\overrightarrow{\mathrm{IM}}^2-\mathrm{R}^2,\\ \mathrm{P}(\mathrm{M}) &= \alpha x+\beta y-a\alpha-b\beta,\\ &= \alpha(x-a)+\beta(y-b)=\vec{u}\cdot\overrightarrow{\mathrm{IM}}.\end{aligned}$$

Le discriminant de l'équation (5) est $\Delta(\mathrm{M}_0)=\mathrm{P}(\mathrm{M}_0)^2-\mathrm{C}(\mathrm{M}_0)$.

Soit H le projeté orthogonal du point I sur la droite D. On a $\overrightarrow{\mathrm{IM}_0}\cdot\vec{u}=\overrightarrow{\mathrm{HM}_0}\cdot\vec{u}$, d'où $\mathrm{P}(\mathrm{M}_0)^2=\overrightarrow{\mathrm{HM}_0}^2$ et

$$\Delta(\mathrm{M}_0)=\overrightarrow{\mathrm{HM}_0}^2-\overrightarrow{\mathrm{IM}_0}^2+\mathrm{R}^2=\mathrm{R}^2-\overrightarrow{\mathrm{IH}}^2.$$

Si $\Delta(\mathrm{M}_0)<0$, ce qui signifie que la distance du point I à la droite D est $>\mathrm{R}$, le cercle et la droite n'ont pas de point commun dans $\mathbf{R}^2$.

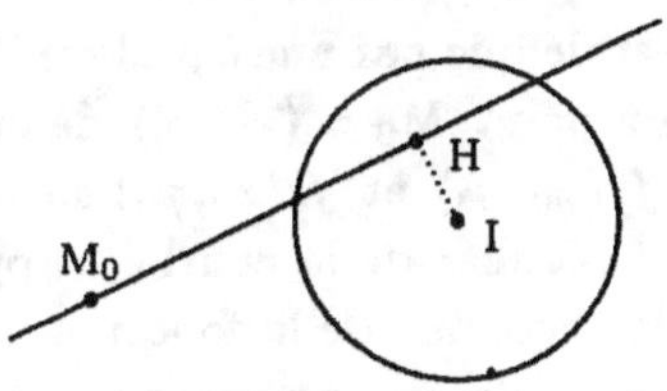

Si $\Delta(\mathrm{M}_0)>0$, la distance du point I à D est $<\mathrm{R}$, le cercle et la droite ont deux points communs M_1 et M_2. La demi-somme des racines de l'équation (5) est $-\mathrm{P}(\mathrm{M}_0)=\vec{u}\cdot\overrightarrow{\mathrm{M}_0\mathrm{H}}$. Le point H est le milieu du segment $\mathrm{M}_1\mathrm{M}_2$.

Si $\Delta(\mathrm{M}_0)=0$, la distance du point I à la droite D est égale au rayon ; le cercle et la droite ont pour seul point commun le projeté orthogonal H du point I sur la droite D. On dit que la droite D est tangente en H au cercle C. Du fait que $IH = R$, la tangente est extérieure au cercle à l'exception du point H.

Etant donné un arc paramétré plan $x = \xi(t)$, $y = \eta(t)$, de classe $\mathcal{C}^1$, le *vecteur vitesse* au point $M(t) = (\xi(t), \eta(t))$ est le vecteur dérivé $\overrightarrow{V}(t) = (\xi'(t), \eta'(t))$, parfois noté $\overrightarrow{M}'(t)$ ou $\overrightarrow{dM}/dt$. Un point $M(t)$ de l'arc est dit *régulier* si le vecteur vitesse en ce point est $\neq 0$. On appelle *tangente* à l'arc en un point régulier $M(t)$ la droite affine de direction $\overrightarrow{V}(t)$ issue du point $M(t)$. La tangente est invariante par un changement de paramétrage $t = \theta(u)$ de classe $\mathcal{C}^1$ dont la dérivée $\theta'(u)$ ne s'annule pas. On a en effet

$$\overrightarrow{dM}/du = (\overrightarrow{dM}/dt)\,\theta'(u).$$

Dans le cas du cercle paramétré par les équations (3), le vecteur vitesse a pour coordonnées

$$x'(\theta) = -R\sin\theta, \quad y'(\theta) = R\cos\theta.$$

Tous les points sont réguliers et la tangente au point $M(\theta)$ est orthogonale au rayon $IM(\theta)$.

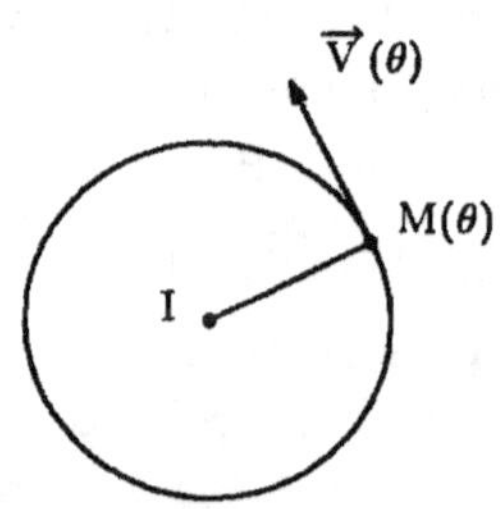

Si une courbe C est définie par une équation implicite $f(x, y) = 0$ de classe $\mathcal{C}^1$, on dit qu'un point $M_0 = (x_0, y_0)$ de la courbe est *régulier* si les dérivées partielles $f'_x(x_0, y_0)$ et $f'_y(x_0, y_0)$ ne sont pas toutes deux nulles. Soit M_0 un point régulier de la courbe, supposons par exemple $f'_y(x_0, y_0) \neq 0$. D'après le théorème de la fonction implicite, il existe un intervalle J de $\mathbf{R}$, voisinage de x_0, un voisinage V de M_0 dans $\mathbf{R}^2$, et une fonction ϕ de classe $\mathcal{C}^1$ sur J tels que la portion de la courbe C contenue dans V soit paramétrée par $y = \phi(x)$. Le vecteur vitesse $\overrightarrow{dM}/dx$ a pour coordonnées $(1, \phi'(x))$. Tous les points de $C \cap V$ sont réguliers pour ce paramétrage.

De l'identité $f(x, \phi(x)) = 0$ pour $x \in J$, on déduit en dérivant

$$f'_x(x, \phi(x)) + f'_y(x, \phi(x))\,\phi'(x) = 0.$$

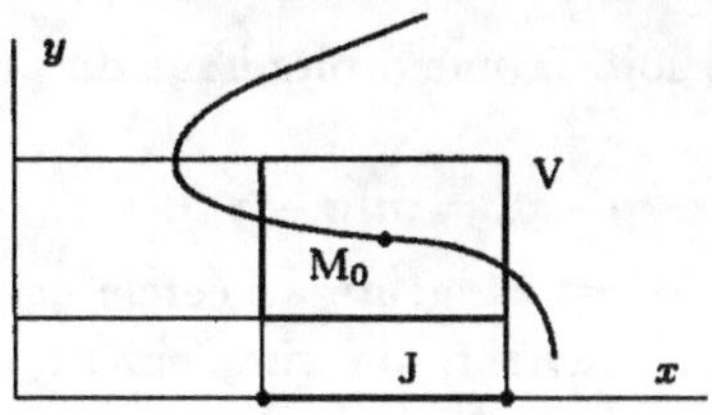

L'équation de la tangente au point M_0 est

$$(y - y_0) - (x - x_0)\,\phi'(x_0) = 0.$$

Elle s'écrit aussi

$$(x - x_0)\,f'_x(x_0, y_0) + (y - y_0)\,f'_y(x_0, y_0) = 0.$$

Dans le cas du cercle, on obtient l'équation

$$(x - x_0)\,(x_0 - a) + (y - y_0)\,(y_0 - b) = 0,$$

ou encore

$$xx_0 + yy_0 - a(x + x_0) - b(y + y_0) + c = 0. \tag{6}$$

Pour que la droite D d'équation $ux + vy + w = 0$ soit tangente au cercle de centre $I = (a, b)$, de rayon R, il faut et il suffit que la distance de I à la droite D soit égale à R. Cette condition s'écrit

$$(ua + vb + w)^2 - R^2(u^2 + v^2) = 0. \tag{7}$$

L'équation (7) est appelée *équation tangentielle* du cercle.

Tangentes issues d'un point. Par un point intérieur au cercle, il ne passe aucune tangente. Par un point H du cercle, il passe une unique tangente, la droite orthogonale au rayon IH. Par un point M_0 extérieur au cercle, on peut mener deux tangentes au cercle. Les contacts de ces tangentes sont les points d'intersection du cercle C et du cercle de diamètre IM_0, lieu des points H tels que les droites HI et HM_0 soient orthogonales. Ceci donne une construction géométrique de ces tangentes.

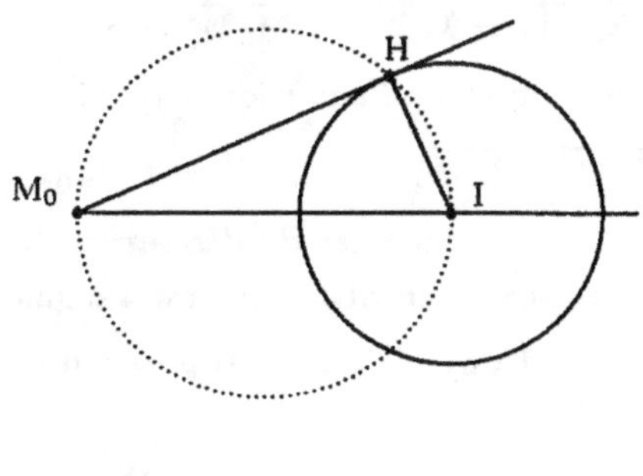

Analytiquement, soit D une droite issue du point $M_0 = (x_0, y_0)$, d'équation

$$y - y_0 = m(x - x_0).$$

On écrit que la droite D est tangente au cercle en utilisant l'équation tangentielle, si on s'en souvient, ou simplement en écrivant que la distance de I à D est égale à R :

$$((b - y_0) - m(a - x_0))^2 = R^2(1 + m^2).$$

L'équation donnant m est du second degré ; on la met en ordre :

$$m^2((x_0 - a)^2 - R^2) - 2m(x_0 - a)(y_0 - b) + ((y_0 - b)^2 - R^2) = 0.$$

Le discriminant (réduit) s'écrit après calcul

$$\Delta = R^2((x_0 - a)^2 + (y_0 - b)^2 - R^2),$$
$$= R^2(\overrightarrow{IM_0}^2 - R^2).$$

On retrouve qu'il y a deux tangentes si le point M_0 est extérieur, une tangente pour un point du cercle, et aucune tangente pour un point intérieur.

Dans le premier cas, le calcul des solutions m_1 et m_2 fait intervenir des racines carrées. Mais l'équation de l'ensemble des deux tangentes est rationnelle. Elle s'écrit

$$(y - y_0)^2 - (m_1 + m_2)(y - y_0)(x - x_0) + m_1 m_2 (x - x_0)^2 = 0,$$

expression qui ne fait intervenir que la somme et le produit des racines. Remarquons que le choix d'écrire l'équation de D résolue en y nous a fait oublier les droites verticales. Elles correspondent à l'annulation du coefficient de m^2 dans l'équation aux m, c'est-à-dire à $(x_0 - a)^2 = R^2$.

3. Puissance d'un point par rapport à un cercle

Reprenons les notations du début du § 2. Supposons que la droite D, de direction $\vec{u}$, issue du point M_0 coupe le cercle C en deux points M_1 et M_2. Ces points sont définis par

$$\overrightarrow{M_0M_1} = \lambda_1 \vec{u}, \qquad \overrightarrow{M_0M_2} = \lambda_2 \vec{u},$$

où λ_1 et λ_2 sont les racines de l'équation (5). On a alors

$$\overrightarrow{M_0M_1} \cdot \overrightarrow{M_0M_2} = \lambda_1 \lambda_2 \vec{u}^2 = C(M_0),$$

car $C(M_0)$ est le produit des racines de l'équation (5).

Pour la même raison, si la droite D est tangente au cercle C au point H, on a $\overrightarrow{MH}^2 = C(M_0)$. D'où la proposition qui suit.

PROPOSITION 1. – ***Si une droite issue du point*** M_0 ***rencontre le cercle*** C ***en deux points*** M_1 ***et*** M_2 ***, on a***

$$\overrightarrow{M_0M_1} \cdot \overrightarrow{M_0M_2} = C(M_0) = \overrightarrow{M_0I}^2 - R^2.$$

Si la droite est tangente au cercle au point H ***, on a*** $\overrightarrow{MH}^2 = C(M_0)$. ||

DÉFINITION 2. – ***Le nombre*** $C(M) = \overrightarrow{MI}^2 - R^2$ ***est appelé* puissance *du point*** M ***par rapport au cercle*** C . ***Pour un point*** M ***de coordonnées*** (x, y) ***, on a***

$$C(M) = x^2 + y^2 - 2ax - 2by + c.$$

La condition $C(M) = 0$ caractérise les points de C , la condition $C(M) > 0$ les points extérieurs à C , la condition $C(M) < 0$ les points intérieurs à C .

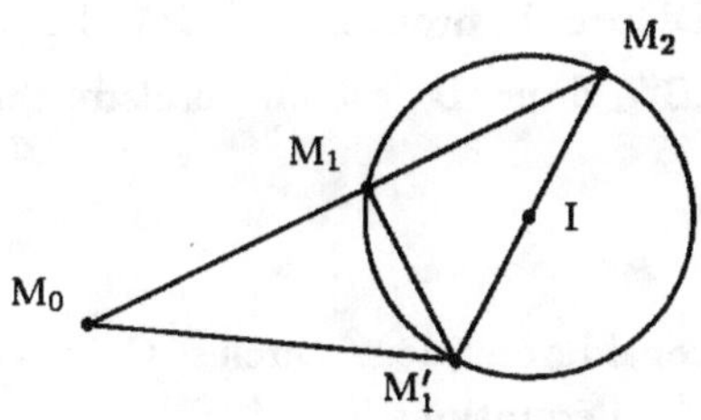

Donnons une démonstration géométrique de la proposition 1. Soit M'_1 le point diamétralement opposé à M_2 sur le cercle C . L'angle $(M_1M_2, M_1M'_1)$, inscrit dans un demi-cercle, est droit. Le point M_1 est le projeté orthogonal de M'_1 sur la droite M_0M_2 , d'où

$$\begin{aligned}\overrightarrow{M_0M_1} \cdot \overrightarrow{M_0M_2} &= \overrightarrow{M_0M'_1} \cdot \overrightarrow{M_0M_2} \\ &= (\overrightarrow{M_0I} + \overrightarrow{IM'_1}) \cdot (\overrightarrow{M_0I} + \overrightarrow{IM_2}) \\ &= \overrightarrow{M_0I}^2 - R^2.\end{aligned}$$

PROPOSITION 2. – ***Soient*** A , B , A′ , B′ ***quatre points distincts dans le plan. On suppose que les droites*** AB ***et*** A′B′ ***ont un unique point d'intersection*** P . ***Pour que les quatre points*** A , B , A′ , B′ ***appartiennent à un même cercle, il faut et il suffit que l'on ait***

$$\overrightarrow{PA} \cdot \overrightarrow{PB} = \overrightarrow{PA'} \cdot \overrightarrow{PB'}. \tag{8}$$

La condition est nécessaire d'après la prop. 1. Inversement, supposons l'égalité (8) satisfaite. Aucun des points A , B , A′ , B′ ne peut

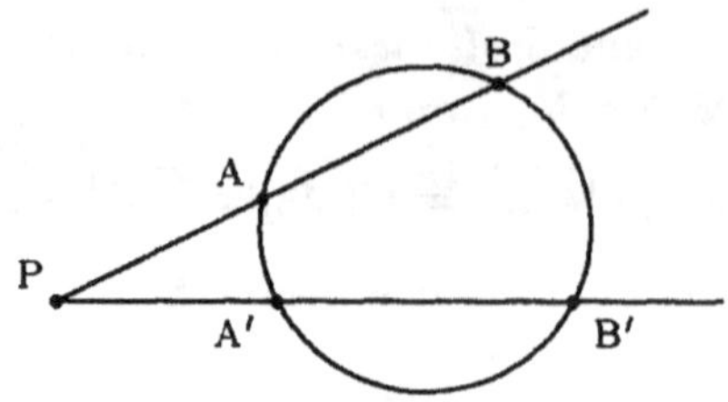

être le point P sinon deux d'entre eux seraient égaux à P et ils ne seraient pas distincts. Les points A, B, A′ ne sont pas alignés et il existe un unique cercle C passant par ces trois points. La droite PA′ ne peut être tangente à C, car on aurait alors $(\overrightarrow{PA'})^2 = \overrightarrow{PA} \cdot \overrightarrow{PB}$, d'où $A' = B'$ contrairement à l'hypothèse. La droite PA′ recoupe C en un deuxième point B″. D'après la prop. 1, on a $\overrightarrow{PA} \cdot \overrightarrow{PB} = \overrightarrow{PA'} \cdot \overrightarrow{PB''}$, d'où $\overrightarrow{PB''} = \overrightarrow{PB'}$, et $B' = B''$, donc B′ est un point du cercle C. ||

4. Deux cercles

Dans le plan, considérons deux cercles C et C′ de centres I et I′, de rayons R et R′, d'équations

(C) $$x^2 + y^2 - 2ax - 2by + c = 0,$$

(C′) $$x^2 + y^2 - 2a'x - 2b'y + c' = 0.$$

DÉFINITION 3. – *Si les centres* I *et* I′ *des cercles* C *et* C′ *sont distincts, on appelle* axe radical *des deux cercles la droite* Δ *d'équation*

(Δ) $$2(a - a')x + 2(b - b')y - (c - c') = 0.$$

PROPOSITION 3. – *L'axe radical des cercles* C *et* C′ *est l'ensemble des points* M *du plan tels que* C(M) = C′(M) ; *c'est l'ensemble des points qui ont même puissance par rapport aux deux cercles. Il est orthogonal à la droite des centres* II′. *Les points communs aux deux cercles sont les points d'intersection de l'un d'entre eux et de l'axe radical.*

En effet, l'équation de Δ s'écrit C(M) − C′(M) = 0. ||

La proposition montre que la recherche des points d'intersection de deux cercles se ramène à l'étude de l'intersection d'une droite et d'un cercle.

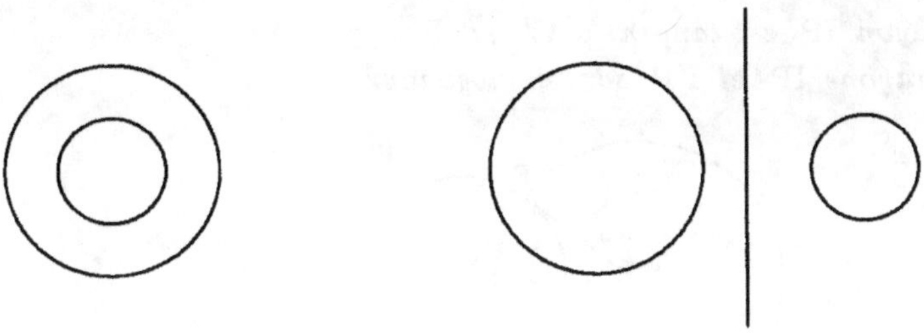

Deux cercles C et C′ du plan peuvent être
- concentriques, ils sont alors disjoints ou confondus,
- non concentriques et disjoints,
- tangents, l'axe radical est alors la tangente commune au point commun,
- sécants, l'axe radical est alors la droite joignant les deux points communs.

Si les cercles ne sont pas concentriques, la droite des centres II′ est axe de symétrie de chacun des deux cercles.

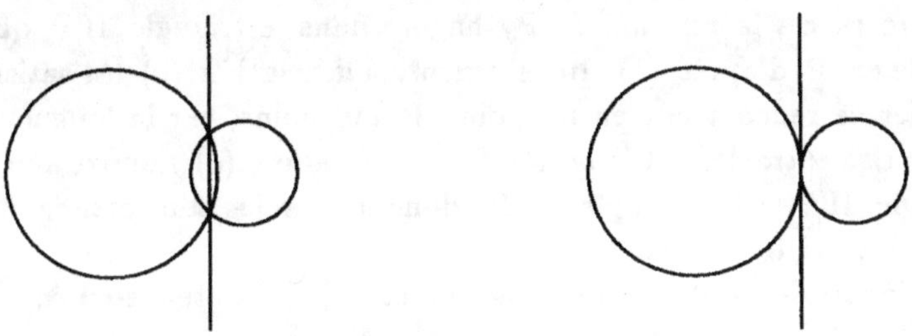

Nous admettons l'énoncé suivant.

PROPOSITION 4. – *Pour que les cercles* C *et* C′ *se rencontrent, il faut et il suffit que l'on ait*

$$|R - R'| \leq I\,I' \leq R + R'. \qquad \|$$

DÉFINITION 3. – *Deux cercles sont* orthogonaux *s'ils sont sécants et si, en chaque point commun, les tangentes sont orthogonales.*

Supposons les cercles C et C′ sécants et soient P et Q leurs points communs. Par symétrie par rapport à la droite des centres, si les tangentes en P sont orthogonales, les tangentes en Q sont aussi orthogonales. Les conditions suivantes sont nécessaires et suffisantes pour que les cercles soient orthogonaux.

(a) *Le rayon* IP *est tangent à* C′ *en* P .
(b) *Les rayons* IP *et* I′P *sont orthogonaux.*

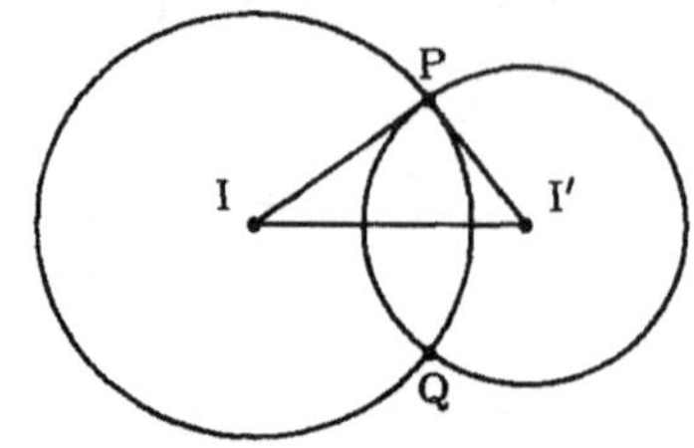

Sans faire l'hypothèse que les cercles C et C′ soient sécants, on a d'autres conditions équivalentes.

(c) $$\overrightarrow{\mathrm{II}'}^2 = \mathrm{R}^2 + \mathrm{R}'^2,$$

(d) $$\mathrm{C}(\mathrm{I}') = \mathrm{R}'^2 \quad (\text{ou bien } \mathrm{C}'(\mathrm{I}) = \mathrm{R}^2),$$

(e) $$2aa' + 2bb' = c + c'.$$

Les conditions (*c*) et (*d*) sont équivalentes. La condition (c) est nécessaire : c'est la relation de Pythagore dans le triangle II′P qui est rectangle en P d'après (*b*) . Inversement, si la relation (*c*) est satisfaite, les cercles se rencontrent en un point P au moins, car la longueur II′ est comprise entre $|\mathrm{R} - \mathrm{R}'|$ et $\mathrm{R} + \mathrm{R}'$. La relation (*c*) montre alors que le triangle II′P est rectangle en P , donc les cercles sont orthogonanux d'après la condition (*b*) .

L'équivalence des conditions (*e*) et (*c*) est obtenue en écrivant

$$\overrightarrow{\mathrm{II}'}^2 = (a - a')^2 + (b - b')^2, \quad \mathrm{R}^2 = a^2 + b^2 - c, \quad \mathrm{R}'^2 = a'^2 + b'^2 - c'.$$

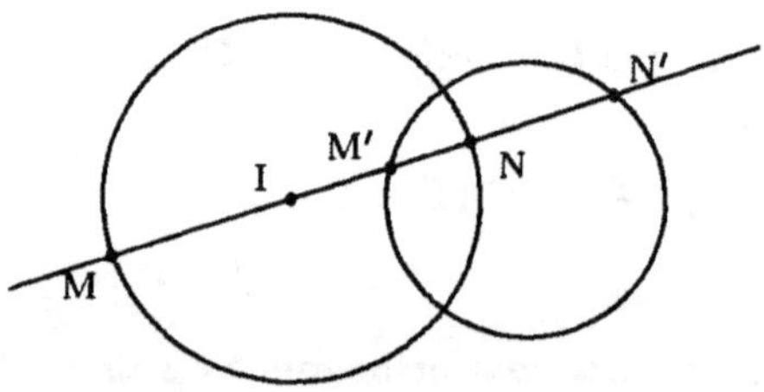

Soit D une droite passant par le centre I du cercle C , coupant le cercle C en des points M et N et coupant le cercle C′ en M′ et N′ . On sait que $\mathrm{C}'(\mathrm{I}) = \overrightarrow{\mathrm{IM}'} \cdot \overrightarrow{\mathrm{IN}'}$. Pour que les cercles C et C′ soient orthogonaux, il faut et il suffit que $\overrightarrow{\mathrm{IM}}^2 = \overrightarrow{\mathrm{IM}'} \cdot \overrightarrow{\mathrm{IN}'}$ (condition (*d*)). D'où une autre condition équivalente :

(f) *Les points d'intersection d'un diamètre de* C *avec* C *et avec* C′ *forment une division harmonique* (*cf.* III, exerc.17, ou VII.8).

Remarque. – Si les cercles C et C′ sont orthogonaux, le cercle de diamètre II′ passe par les deux points communs à C et C′.

5. Faisceaux linéaires de cercles

Dans le plan, considérons deux cercles C_1 et C_2 de centres I_1 et I_2, d'équations

$$(C_1) \qquad x^2 + y^2 - 2a_1x - 2b_1y + c_1 = 0,$$
$$(C_2) \qquad x^2 + y^2 - 2a_2x - 2b_2y + c_2 = 0,$$

On suppose dans la suite que les deux cercles *ne sont pas concentriques.*

Pour λ_1 et $\lambda_2 \in \mathbf{R}$, non tous deux nuls, et pour $M = (x, y)$, posons

$$C(M) = \lambda_1 C_1(M) + \lambda_2 C_2(M).$$

Si $\lambda_1 + \lambda_2 = 0$, l'équation $C(M) = 0$ est l'équation de l'axe radical de C_1 et C_2.

Si $\lambda_1 + \lambda_2 \neq 0$, l'équation $C(M) = 0$ est l'équation d'un cercle C que l'on notera $\lambda_1 C_1 + \lambda_2 C_2$. On peut supposer $\lambda_1 + \lambda_2 = 1$. Le cercle $(1 - \lambda)C_1 + \lambda C_2$ a alors pour équation

$$x^2 + y^2 - 2((1-\lambda)a_1 + \lambda a_2)x - 2((1-\lambda)b_1 + \lambda b_2)y + (1-\lambda)c_1 + \lambda c_2 = 0.$$

Son centre est le point $(1 - \lambda)I_1 + \lambda I_2$, barycentre de $(I_1, 1 - \lambda)$ et (I_2, λ).

DÉFINITION 4. – *L'ensemble des cercles d'équations*

$$(1 - \lambda)C_1(M) + \lambda C_2(M) = 0,$$

où $\lambda \in \mathbf{R}$, *est appelé* faisceau linéaire de cercles *engendré par* C_1 *et* C_2.

PROPOSITION 5. – *Pour qu'un cercle* C *appartienne au faisceau engendré par deux cercles non concentriques* C_1 *et* C_2, *il faut et il suffit que l'axe radical de* C *et* C_1 *soit l'axe radical de* C_1 *et* C_2.

On a en effet l'équivalence des deux relations

$$C(M) = (1 - \lambda)C_1(M) + \lambda C_2(M),$$
$$C(M) - C_1(M) = \lambda(C_2(M) - C_1(M)). \qquad ||$$

L'axe radical de C_1 et C_2 est appelé axe radical du faisceau. Un faisceau est déterminé par la donnée d'un cercle et de l'axe radical du faisceau. Les centres de tous les cercles du faisceau appartiennent à la droite I_1I_2 .

Notons Δ l'axe radical du faisceau, D la droite I_1I_2 et H le point d'intersection de ces deux droites (orthogonales). Il y a trois types de faisceaux.

Faisceau de cercles sécants. Si les cercles C_1 et C_2 ont deux points communs P et Q , l'axe radical est la droite PQ . Le faisceau est constitué de tous les cercles passant par P et Q . Tout point de la droite D est centre d'un unique cercle du faisceau. On dit parfois que les points P et Q sont les points de base du faisceau.

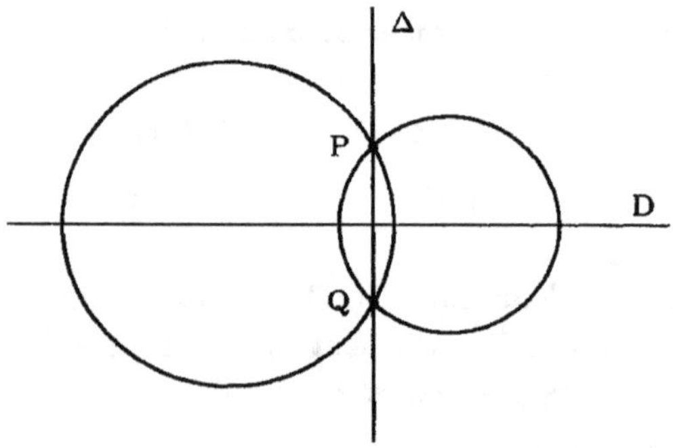

Faisceau de cercles tangents. Si les cercles C_1 et C_2 sont tangents en un point H , l'axe radical est la tangente commune au point H . Le faisceau est l'ensemble des cercles tangents à Δ au point H , en convenant que le cercle de centre H de rayon 0 a bien cette propriété. Tout point de la droite D est centre d'un unique cercle du faisceau.

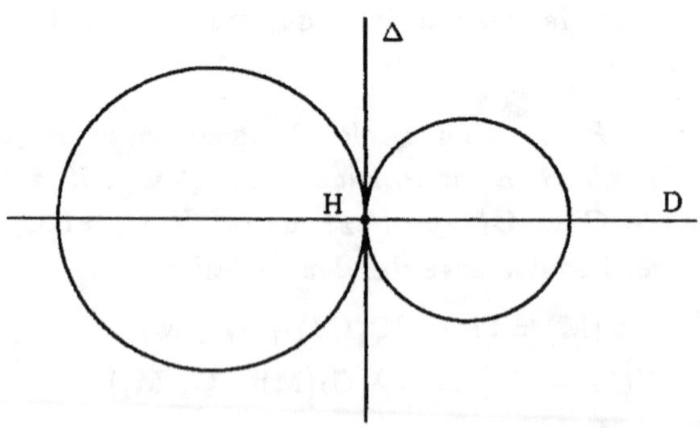

Faisceau de cercles à points limites. Si les cercles C_1 et C_2 sont disjoints, ils sont aussi disjoints de l'axe radical. On note H le point d'intersection de l'axe radical et de la droite des centres. Soit ρ le nombre réel > 0 tel que $C_1(H) = C_2(H) = \rho^2$. Les cercles du faisceau sont les cercles centrés sur la droite D qui sont orthogonaux au cercle Γ de centre H, de rayon ρ. Soient P et P′ les deux points de D tels que $HP = HP' = \rho$. Tout point I de D hors du segment ouvert PP′ est centre d'un cercle du faisceau dont le rayon R satisfait à $IH^2 = R^2 + \rho^2$. Les cercles de centres P et P′, de rayon nul, appartiennent au faisceau. Il n'y a pas de cercle du faisceau centré dans le segment ouvert PP′. Les points P et P′ sont appelés *points limites*, ou *points de Poncelet* du faisceau.

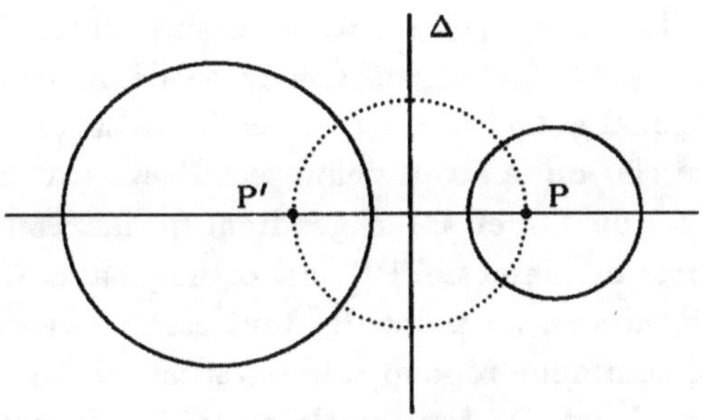

PROPOSITION 6. – *Par tout point situé hors de l'axe radical d'un faisceau de cercles, il passe un unique cercle du faisceau.*

Soit $\mathcal{F}$ le faisceau de cercles engendré par les deux cercles non concentriques C_1 et C_2. Pour $\lambda \in \mathbf{R}$ et $M \in \mathbf{R}^2$, posons

$$C_\lambda(M) = (1-\lambda)C_1(M) + \lambda C_2(M).$$

Si M_0 est un point situé hors de l'axe radical de C_1 et C_2, on a $C_1(M_0) \neq C_2(M_0)$. Il existe un unique nombre réel λ tel que $C_\lambda(M_0) = 0$. Le cercle d'équation $C_\lambda(M) = 0$ est l'unique cercle du faisceau $\mathcal{F}$ passant par le point M_0. Ce cercle est bien réel puisque le point M_0 lui appartient. ||

6. Faisceaux orthogonaux

PROPOSITION 7. – *Si un cercle* Γ *est orthogonal à deux cercles* C_1 *et* C_2 *distincts, il est orthogonal à tous les cercles du faisceau* $\mathcal{F}$ *engendré par* C_1 *et* C_2.

Soient I_1 et I_2 les centres des cercles C_1 et C_2, et soient R_1 et R_2 leurs rayons. Commme le cercle Γ est orthogonal aux cercles C_1

et C_2, on a $\Gamma(I_1) = R_1{}^2$ et $\Gamma(I_2) = R_2{}^2$ (d'après la condition (d) du § 4). Si les cercles C_1 et C_2 avaient même centre, ils auraient même rayon et seraient confondus. Ainsi, les cercles C_1 et C_2 ne sont pas concentriques. Si ρ désigne le rayon du cercle Γ, le centre J a pour puissance ρ^2 par rapport aux deux cercles C_1 et C_2 (condition (d)). Le point J appartient donc à l'axe radical Δ de C_1 et C_2, et a même puissance par rapport à tous les cercles du faisceau $\mathcal{F}$. ||

PROPOSITION 8. – *Les cercles orthogonaux à deux cercles non concentriques forment un faisceau.*

Soient C_1 et C_2 deux cercles de centres I_1 et I_2, de rayons R_1 et R_2. Si Γ est un cercle orthogonal à C_1 et C_2, les puissances des points I_1 et I_2 par rapport à Γ sont respectivement $R_1{}^2$ et $R_2{}^2$. Par conséquent la droite I_1I_2 est toujours l'axe radical de deux cercles orthogonaux à C_1 et C_2. Il suffit donc de démontrer qu'il existe un cercle Γ orthogonal à C_1 et C_2 ; les cercles orthogonaux à C_1 et C_2 sont alors les cercles du faisceau défini par Γ et l'axe radical I_1I_2.

Dans le cas où C_1 et C_2 engendrent un faisceau à points limites P et P', le cercle de diamètre PP' est orthogonal à C_1 et C_2. Si C_1 et C_2 sont tangents en un point H, tout cercle passant par H centré sur la tangente commune répond à la question. Si C_1 et C_2 ont deux points communs P et Q, tout cercle centré sur la droite PQ dont le diamètre AB porté par la droite PQ est divisé harmoniquement par P et Q est orthogonal à C_1 et C_2. ||

Soient C_1 et C_2 deux cercles non concentriques et $\mathcal{F}$ le faisceau engendré par ces cercles. Soit $\mathcal{F}'$ le faisceau des cercles orthogonaux à C_1 et C_2 (prop. 8). Tout cercle de $\mathcal{F}'$ est orthogonal à tout cercle de $\mathcal{F}$ (prop. 7). On dit alors que les faisceaux $\mathcal{F}$ et $\mathcal{F}'$ sont *orthogonaux* ou *conjugués*. Si le faisceau $\mathcal{F}$ est un faisceau à points de base P et P', le faisceau $\mathcal{F}'$ est le faisceau à points limites P et P'. Si le faisceau $\mathcal{F}$ est un faisceau de cercles tangents, le faisceau $\mathcal{F}'$ est aussi un faisceau de cercles tangents. L'axe radical de chacun des faisceaux est la droite des centres de l'autre.

Analytiquement, l'équation d'un cercle du faisceau à points de base $P = (0, a)$, $P' = (0, -a)$ est

$$(C_\lambda) \qquad x^2 + y^2 - 2\lambda x - a^2 = 0,$$

où $\lambda \in \mathbf{R}$. La condition pour que le cercle C' d'équation

$$x^2 + y^2 - 2a'x - 2b'y + c' = 0$$

soit orthogonal à C_λ est

$$2a'\lambda = -a^2 + c'.$$

Pour que cette condition soit satisfaite pour tout $\lambda \in \mathbf{R}$, il faut et il suffit que l'on ait $a' = 0$ et $c' = a^2$. L'équation du cercle C′ est de la forme

$$(C'_\mu) \qquad x^2 + y^2 - 2\mu y + a^2 = 0,$$

où μ est un nombre réel quelconque. L'équation (C'_μ) est l'équation générale des cercles du faisceau à points limites P et P′.

7. Constructions géométriques

Avant l'introduction du dessin assisté par ordinateur, les instruments de précision du dessinateur étaient la règle et le compas (*ruler and compass*). La règle permet de tracer un segment de droite passant par deux points donnés. Le compas permet de tracer un cercle dont on connait le centre et le rayon (ou le centre et un point). Dans la pratique, le dessinateur utilise aussi le té et l'équerre qui facilitent certains tracés réalisables avec la règle et le compas. Le té permet de tracer les droites parallèles à une direction fixe. L'équerre, avec la règle, permet de tracer la droite orthogonale ou parallèle à une direction donnée passant par un point donné.

Pour les constructions qui suivent, on demande une construction à la règle et au compas, mais on autorise les raccourcis permis par l'usage de l'équerre.

1) *Construire la médiatrice d'un segment.*

Les points communs à deux cercles sécants, de même rayon, centrés aux points A et B, sont deux points de la médiatrice du segment AB.

2) *Construire le centre du cercle circonscrit à un triangle.*

Le centre du cercle circonscrit est le point commun aux médiatrices des côtés que l'on sait construire (construction 1).

3) *Construire les contacts des tangentes à un cercle issues d'un point extérieur au cercle.*

Si $\mathcal{C}$ a pour centre I, le cercle de diamètre M_0I coupe le cercle $\mathcal{C}$ aux points de contact des tangentes au cercle $\mathcal{C}$ issues de M_0 (§ 2). Les points de contact des tangentes sont aussi les points d'intersection de $\mathcal{C}$ et de la polaire de M par rapport à $\mathcal{C}$ (VII, exerc.8, ou IX, prop. 7 et cor. de la prop. 9).

4) *Construire l'axe radical de deux cercles sécants. Construire l'axe radical de deux cercles disjoints.*

Si deux cercles $\mathcal{C}_1$ et $\mathcal{C}_2$ sont sécants, leur axe radical est la droite joignant leurs points communs. S'il ne sont pas sécants, pour construire un point de leur axe radical, on trace un cercle auxiliaire S rencontrant $\mathcal{C}_1$ et $\mathcal{C}_2$. Le point d'intersection de l'axe radical de S et $\mathcal{C}_1$ et de l'axe radical de S et $\mathcal{C}_2$ appartient à l'axe radical de $\mathcal{C}_1$ et $\mathcal{C}_2$.

5) *Construire les points de Poncelet du faisceau engendré par deux cercles disjoints non concentriques.*

On commence par déterminer un point M de l'axe radical des deux cercles (construction 4). Un cercle de centre M, orthogonal à l'un des cercles (construction 3) est orthogonal à tous les cercles du faisceau. Il coupe la droite des centres aux points de Poncelet du faisceau.

6) *Construire les cercles passant par deux points donnés et tangents à une droite donnée.*

Supposons donnés deux points A et B distincts, situés d'un même côté d'une droite D. Si la droite AB est parallèle à la droite D, il y a un cercle tangent à D passant par A et B. Son contact avec D appartient à la médiatrice du segment AB.

Si la droite AB coupe D en I, il y a deux cercles passant par A et B qui sont tangents à D. Leurs contacts T et T′ avec D sont caractérisés par $\mathrm{IT}^2 = \mathrm{IT}'^2 = \overrightarrow{\mathrm{IA}} \cdot \overrightarrow{\mathrm{IB}}$. Pour déterminer la longueur IT, on trace un cercle auxiliaire S passant par A et B, on mène de I une droite tangente au cercle S en un point U (construction 3), et l'on a $\mathrm{IU} = \mathrm{IT}$.

7) *Construire les cercles passant par deux points donnés et tangents à un cercle donné.*

Supposons donnés deux points A et B distincts, tous deux intérieurs ou extérieurs à un cercle $\mathcal{C}$. On construit un point I ayant même puissance par rapport à $\mathcal{C}$ et par rapport à tous les cercles du faisceau $\mathcal{F}$ des cercles passant par A et B. Pour cela, on détermine l'axe radical Δ de $\mathcal{C}$ et d'un cercle auxiliaire S de $\mathcal{F}$, ayant de préférence deux points communs avec $\mathcal{C}$ (construction 4). Si les droites Δ et AB se coupent en I, et si la droite AB n'est pas tangente à $\mathcal{C}$, il y a deux cercles répondant à la question. Leurs contacts avec $\mathcal{C}$ sont les points T et T′ de $\mathcal{C}$ tels que $\mathrm{IT}^2 = \mathrm{IT}'^2 = \overrightarrow{\mathrm{IA}} \cdot \overrightarrow{\mathrm{IB}}$. On détermine la longueur IT grâce à une tangente à S issue de I, comme dans la construction précédente.

Si la droite AB est tangente à $\mathcal{C}$, on ne trouve qu'un cercle. Si la médiatrice du segment AB est un diamètre de $\mathcal{C}$, elle est axe de symétrie de la figure, et coupe le cercle $\mathcal{C}$ aux points de contact des cercles cherchés.

8) *Construire les cercles tangents à deux droites données et passant par un point donné.*

Les cercles tangents à deux droites D et D′, sécantes en I, sont centrés sur l'une des bissectrices du couple (D, D′), et forment deux familles. Dans chaque famille, ils se déduisent les uns des autres par des homothéties de centre I. Si M est un point en dehors des droites D et D′, on construit un cercle S tangent à D et D′, situé dans la même composante connexe du complémentaire des deux droites que le point M. Il y a deux homothéties qui transforment le point M en un point de S. Les homothéties inverses transforment S en l'un des deux cercles cherchés. Concrètement, supposons que le centre J de S appartienne à la bissectrice Δ. La droite IM coupe S en M_1 et M_2 Les points J_1 et J_2 de Δ tels que J_1M soit parallèle à JM_1 et J_2M parallèle à JM_2, sont les centres des cercles cherchés.

9) *Construire le cercle d'un faisceau à points limites* P *et* P′ *passant par un point* A *pris hors de l'axe radical et de la droite* PP′.

Une première construction utilise le fait que le cercle cherché est orthogonal au cercle du faisceau conjugué qui passe par A. Une deuxième construction repose sur le fait que les bissectrices du couple (AP, AP′) coupent la droite PP′ en des points qui sont les extrémités d'un diamètre du cercle cherché.

10) *Construire, s'il existe, le cercle d'un faisceau* $\mathcal{F}$ *qui est orthogonal à un cercle* C *n'appartenant pas à* $\mathcal{F}$.

On remarquera que le centre du cercle cherché appartient à l'axe radical de C et d'un quelconque des cercles du faisceau conjugué de $\mathcal{F}$.

11) *Construire, s'il existe, le cercle orthogonal à trois cercles donnés.*

Son centre a même puissance par rapport aux trois cercles. Si les trois cercles n'ont pas leurs centres alignés, il existe un unique point ayant cette propriété, appelé centre radical des trois cercles. On l'obtient comme point commun aux trois axes radicaux des cercles pris deux par deux. Si ce point I est extérieur à un cercle (puissance > 0), il est extérieur aux trois. Un cercle de centre I orthogonal à l'un des cercles est orthogonal aux trois.

12) *Construire les cercles tangents à trois droites données.*

Il y a quatre cercles tangents à trois droites en position générale. Ce sont le cercle inscrit et les cercles exinscrits au triangle formé par les trois droites. Leurs centres sont les points d'intersection des bissectrices. On peut aussi utiliser des homothéties comme dans la construction 8 .

13) *Construire les cercles tangents à deux droites et à un cercle donnés.*

Se ramener à la construction 8 .

14) *Etant donnés trois nombres réels* a , b , c , *construire le nombre réel* $x = bc/a$.

On peut trouver une méthode utilisant une homothétie, et une méthode utilisant la puissance d'un point par rapport à un cercle.

15) *Etant donnés deux nombres réels* a *et* b , *construire le nombre réel* $y = \sqrt{ab}$.

Il y a plusieurs constructions possibles utilisant la puissance d'un point par rapport à un cercle.

Certaines de ces constructions peuvent être traitées à l'aide d'une inversion (voir exerc. 16 à 18).

8. Inversion

On désigne par E un plan affine euclidien.

DÉFINITION 5. – *Soient* O *un point de* E *et* k *un nombre réel* $\neq 0$. L'inversion *de pôle* O , *de puissance* k , *est l'application* f *de* $\mathrm{E} - \{\mathrm{O}\}$ *dans lui-même qui associe à tout point* M *distinct de* O *le point* $\mathrm{M}' = f(\mathrm{M})$ *défini par*

$$\overrightarrow{\mathrm{OM}'} = k \, \frac{\overrightarrow{\mathrm{OM}}}{\|\overrightarrow{\mathrm{OM}}\|^2} . \tag{9}$$

Par définition, le point M′ est le point de la droite OM tel que $\overrightarrow{\mathrm{OM}} \cdot \overrightarrow{\mathrm{OM}'} = k$. Si k est > 0 , l'ensemble des points fixes de l'inversion est le cercle de centre O , de rayon $\sqrt{k}$. Si k est < 0 , il n'y a pas de point fixe.

Il est immédiat que $(f \circ f)(\mathrm{M}) = \mathrm{M}$ pour tout point M de $\mathrm{E} - \{\mathrm{O}\}$. Une inversion de pôle O est une bijection de $\mathrm{E} - \{\mathrm{O}\}$ sur lui-même.

Si f' est l'inversion de pôle O, de puissance k', l'application $f' \circ f$ est la restriction à $E - \{O\}$ de l'homothétie de centre O, de rapport k'/k. En effet, de $\overrightarrow{OM} \cdot \overrightarrow{OM'} = k$ et $\overrightarrow{OM'} \cdot \overrightarrow{OM''} = k'$, il résulte $k' \overrightarrow{OM} = k \overrightarrow{OM'}$.

PROPOSITION 9. – *Si* A *et* B *sont deux points distincts non alignés avec* O, *les points* A, B *et leurs inverses* A′ *et* B′ *sont les points d'intersection des droites* OA *et* OB, *et d'un cercle.*

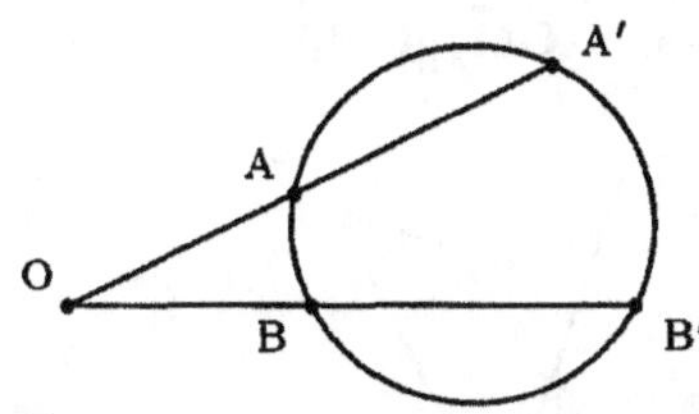

Soient A et B deux points distincts de O, et soient $A' = f(A)$, $B' = f(B)$. Si les points O, A et B sont alignés, les points A′ et B′ appartiennent à la droite OA, de sorte que les points A, B, A′ et B′ sont alignés. Si les points O, A et B ne sont pas alignés, et si $A \neq A'$, on désigne par C le cercle BAA′. Si $A = A'$, on prend pour cercle C le cercle passant par B qui est tangent en A à la droite OA. La puissance du point O par rapport au cercle C est égale à k. Le cercle C recoupe la droite OB en un point B″ tel que $\overrightarrow{OB} \cdot \overrightarrow{OB''} = k$. Par suite $B' = B''$, et les points A, B, A′ et B′ sont les points d'intersection du cercle C et des droites OA et OB. ||

PROPOSITION 10. – *L'inversion* f *de pôle* O, *de puissance* k, *est une application de classe* C^1 *de* $E - \{O\}$ *dans* E. *Sa dérivée* Df *est caractérisée par*

$$Df(M)(\vec{h}) = \frac{k}{OM^2}\left(\vec{h} - 2(\vec{u}.\vec{h})\,\vec{u}\right),$$

où $\vec{u} = \overrightarrow{OM}/\|\overrightarrow{OM}\|$.

Le produit scalaire $(\vec{u}, \vec{v}) \mapsto \vec{u} \cdot \vec{v}$ est une application de classe C^∞ de $E \times E$ dans $\mathbf{R}$. L'application linéaire tangente au point $(\vec{u}, \vec{v})$ est l'application

$$(\vec{h}, \vec{k}) \mapsto \vec{u} \cdot \vec{k} + \vec{h} \cdot \vec{v}.$$

On en déduit que l'application $M \mapsto \|\overrightarrow{OM}\|^2$ est dérivable et que l'application linéaire tangente est l'application $\vec{h} \mapsto 2\overrightarrow{OM} \cdot \vec{h}$.

Sur la relation (9) définissant l'inversion f, on voit que f est dérivable et que l'on a

$$\begin{aligned} Df(M)(\vec{h}) &= k\,\frac{\vec{h}}{OM^2} - k\,\overrightarrow{OM}\,\frac{2\overrightarrow{OM}\cdot\vec{h}}{OM^4}, \\ &= \frac{k}{OM^2}\,(\vec{h} - 2(\vec{u}\cdot\vec{h})\,\vec{u}), \end{aligned}$$

où $\vec{u}$ est le vecteur unitaire $\overrightarrow{OM}/\|\overrightarrow{OM}\|$. ||

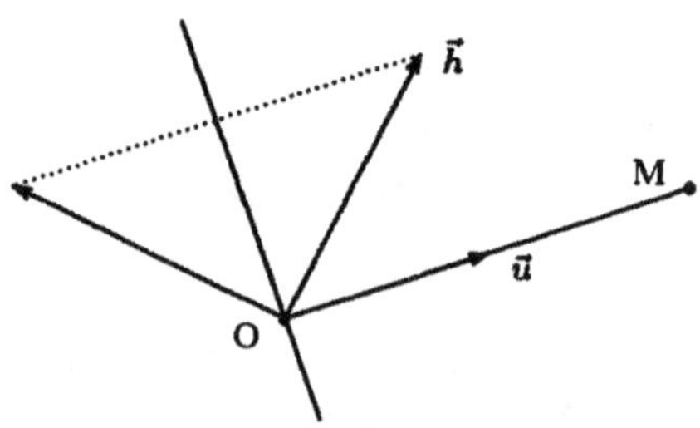

COROLLAIRE 1. – *Si C est une courbe différentiable dans* $E - \{O\}$ *et* A *un point régulier de C, la courbe $f(C)$ est différentiable et le point* $f(A)$ *est un point régulier de $f(C)$. La tangente en* A' *à la courbe $f(C)$ est la symétrique de la tangente en* A *à la courbe C par rapport à la droite perpendiculaire à* OA *issue du milieu du segment* AA'.

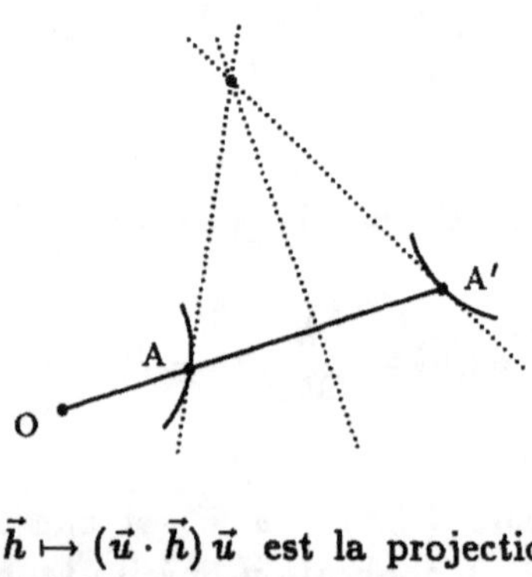

L'application $\vec{h} \mapsto (\vec{u}\cdot\vec{h})\,\vec{u}$ est la projection orthogonale sur la droite vectorielle engendrée par $\vec{u}$. L'application $\vec{h} \mapsto \vec{h} - 2(\vec{u}\cdot\vec{h})\,\vec{u}$ est la symétrie orthogonale par rapport à la droite vectorielle orthogonale au vecteur $\vec{u}$. ||

Comme conséquence de ce corollaire, certains manuels disent que « l'inversion conserve les angles ». Ce raccourci est un peu inexact et doit être corrigé.

COROLLAIRE 2. – *Soient $\mathcal{C}_1$ et $\mathcal{C}_2$ deux courbes différentiables passant par un point* A *de* $E - \{O\}$. *Si* A *est un point régulier des deux courbes, le point* $A' = f(A)$ *est un point régulier des courbes inverses* $\mathcal{C}'_1$ *et* $\mathcal{C}'_2$. *L'angle* $(\overrightarrow{V}'_1, \overrightarrow{V}'_2)$ *des vecteurs vitesses au point* A′ *des courbes* $\mathcal{C}'_1$ *et* $\mathcal{C}'_2$ *est l'opposé de l'angle* $(\overrightarrow{V}_1, \overrightarrow{V}_2)$ *des vecteurs vitesses au point* A *des courbes* $\mathcal{C}_1$ *et* $\mathcal{C}_2$. ||

Image d'une droite par une inversion.

Si D est une droite passant par O, l'image de $D - \{O\}$ par l'inversion f de pôle O, de puissance k, est $D - \{O\}$.

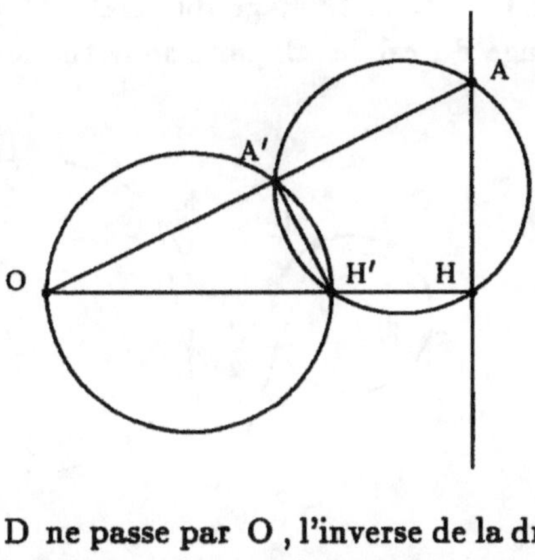

Si la droite D ne passe par O, l'inverse de la droite D est le cercle de diamètre OH′ (privé de O), où H′ est l'inverse du projeté orthogonal H de O sur D. En effet, si A est un point de D distinct de H, et A′ l'inverse de A, les points A, A′, H et H′ sont cocycliques (prop. 9), l'angle $(AA', A'H')$ est droit et le point A′ appartient au cercle de diamètre OH′. Inversement, si A′ est un point de ce cercle, distinct de O, la droite OA′ coupe D en un point A, et l'on a nécesairement $A' = f(A)$.

Inverse d'un cercle

D'après l'étude de l'inverse d'une droite ne contenant pas le pôle, l'inverse d'un cercle C passant par le pôle d'inversion O (privé du point O) est la droite perpendiculaire au diamètre OK du cercle C, issue du point K′ inverse de K.

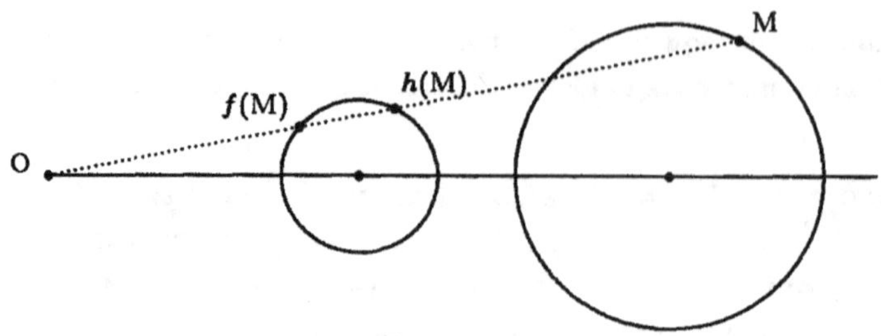

Soit maintenant C un cercle ne passant par O, et soit p la puissance de O par rapport à C. L'inversion g de pôle O, de puissance p laisse stable le cercle C. Pour chaque sécante D issue de O, elle échange les deux points d'intersection de D et du cercle C.

Si f est l'inversion de pôle O, de puissance k, l'application composée $f \circ g$ est l'homothétie h de centre O, de rapport k/p. Comme $g(C) = C$, on a $f(C) = h(C)$. L'image du cercle C par l'inversion f est le cercle C′, image du cercle C par l'homothétie h de centre O, de rapport k/p.

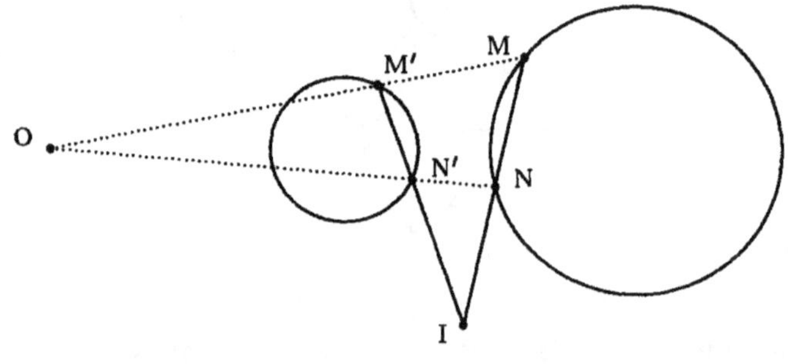

Supposons les cercles C et C′ distincts. Soient M et N des points de C, distincts et non alignés avec O. Soient M′ et N′ leurs transformés par l'inversion f. D'après la prop. 9, les points M, N, M′ et N′ sont cocycliques. Si les droites MN et M′N′ ont un point commun I, on a $\overrightarrow{IM} \cdot \overrightarrow{IN} = \overrightarrow{IM'} \cdot \overrightarrow{IN'}$, et le point I appartient à l'axe radical des cercles C et C′. Si les droites MN et M′N′ sont parallèles, les centres des cercles C, C′ et MNM′N′ sont alignés ; les droites MN et M′N′, qui sont les axes radicaux de deux de ces cercles, sont perpendiculaires à la ligne des centres, donc parallèles à l'axe radical de C et C′.

Si A est un point de C, la tangente à C′ au point A′, inverse de A, se déduit de la tangente en A à C par la symétrie orthogonale par rapport à la médiatrice de AA′. Si ces tangentes se coupent en un point I, on a l'égalité des longueurs IA et IA′ et le point I appartient à l'axe radical de C et C′. Les tangentes peuvent être parallèles lorsque A et A′ appartiennent à la ligne des centres, ou bien sont les contacts d'une tangente commune passant par O.

PROPOSITION 11. – *Soient* A *et* B *deux points de* $E - \{O\}$, *et soient* A′ *et* B′ *leurs transformés par l'inversion de pôle* O, *de puissance* k. *On a la relation*

$$A'B' = |k| \frac{AB}{OA.OB}.$$

Cela résulte du petit calcul

$$A'B'^2 = (\overrightarrow{OB}' - \overrightarrow{OA}')^2 = k^2 \left(\frac{\overrightarrow{OB}}{OB^2} - \frac{\overrightarrow{OA}}{OA^2}\right)^2$$
$$= k^2 \left(\frac{1}{OB^2} + \frac{1}{OA^2} - 2\frac{\overrightarrow{OA} \cdot \overrightarrow{OB}}{OA^2\, OB^2}\right)$$
$$= k^2 \frac{(\overrightarrow{OB} - \overrightarrow{OA})^2}{OA^2\, OB^2}.$$

COROLLAIRE. – *Soient* A, B, C, D *quatre points d'un cercle, disposés dans cet ordre. On a alors les relations de* PTOLÉMÉE [1] :

$$AC.BD = AB.CD + AD.BC,$$
$$\frac{AC}{BD} = \frac{AB.AD + CB.CD}{BA.BC + DA.DC}.$$

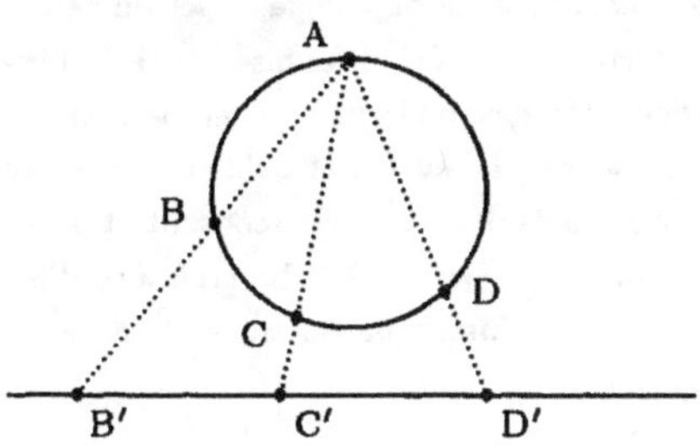

[1] Claude PTOLÉMÉE vécut à Alexandrie au début du deuxième siècle de notre ère. Il est surtout connu pour ses travaux en géographie et astronomie, et pour son modèle géocentrique du mouvement des planètes qui fit autorité pendant 14 siècles.

Pour cela on transforme le cercle BCD en une droite par une inversion de pôle A. La première relation est obtenue en écrivant $B'D' = B'C' + C'D'$, la deuxième en écrivant la relation de Stewart (III, exerc.7) pour les points A, B′, C′, D′.

Exercices

1

Donner une démonstration géométrique de la proposition suivante (prop.2) en faisant intervenir des triangles semblables. Soient A, B, A′, B′ quatre points distincts dans le plan. On suppose que les droites AB et A′B′ ont un unique point d'intersection P. Pour que les quatre points A, B, A′, B′ appartiennent à un même cercle, il faut et il suffit que l'on ait $\overrightarrow{PA} \cdot \overrightarrow{PB} = \overrightarrow{PA'} \cdot \overrightarrow{PB'}$.

2

Soient C_1 et C_2 deux cercles de centres I_1 et I_2 distincts, et soit H le point de l'axe radical situé sur I_1I_2. Démontrer que, pour tout point M du plan, on a

$$C_2(M) - C_1(M) = 2\,\overrightarrow{I_2I_1} \cdot \overrightarrow{HM}.$$

3

On considère un triangle ABC. On note O le centre du cercle circonscrit et R son rayon. On note I le centre du cercle inscrit et r son rayon. On note D le point d'intersection de la bissectrice intérieure de l'angle $\widehat{A}$ et du cercle circonscrit.

a) Démontrer les égalités $DB = DC = DI$. [Les bissectrices extérieures des angles $\widehat{B}$ et $\widehat{C}$ rencontrent la bissectrice intérieure de l'angle $\widehat{A}$ en un point J. On remarquera que le cercle de diamètre IJ passe par B et C, et qu'il est centré au point D.]

b) En appliquant l'exercice précédent au cercle circonscrit et au cercle de centre D, de rayon DI, démontrer la relation $OI^2 = R^2 - 2Rr$ (*relation d'Euler*).

c) Soient I_A le centre du cercle exinscrit dans l'angle $\widehat{A}$ et r_A son rayon. Démontrer la relation $OI_A^2 = R^2 + 2Rr_A$.

4

Dans un plan affine euclidien, on considère trois points non alignés A, B, C, et une droite coupant BC, CA et AB en D, E et F. On dit que les quatre droites ABF, BCD, CAE et DEF constituent un quadrilatère complet. Les six points A, B, C, D, E, F en sont les sommets. Les droites AD, BE, CF sont appelées diagonales.

On note A' le projeté orthogonal de A sur BC, B' le projeté orthogonal de B sur AC et H l'orthocentre du triangle ABC.

a) Démontrer la relation $\overrightarrow{HA} \cdot \overrightarrow{HA'} = \overrightarrow{HB} \cdot \overrightarrow{HB'}$.

b) Démontrer que H a même puissance par rapport aux trois cercles dont les diamètres sont les diagonales AD, BE, CF.

c) Démontrer que les orthocentres des quatre triangles ABC, BDF, CDE, AEF sont alignés sur une droite Δ, et que les milieux des trois diagonales sont alignés sur une droite perpendiculaire à Δ.

5

On pose $\omega = e^{2i\pi/5}$, $\psi = \omega + \dfrac{1}{\omega}$ et $\varphi = 1 + \psi$.

a) Démontrer que ψ est racine du polynôme $X^2 + X - 1$. Préciser l'autre racine.

b) Préciser le centre et les points d'intersection avec l'axe $\overrightarrow{Oy}$ du cercle d'équation $y^2 + x^2 + x - 1 = 0$.

c) Démontrer que les points d'abscisses $-\varphi$, ψ et 2 du cercle de centre O, de rayon 2 sont les sommets d'un pentagone régulier. On obtient ainsi une construction à la règle et au compas du pentagone régulier.

d) On pose $A = (-\varphi, 0)$, $B = (\psi, 0)$, $C = (2, 0)$, $O = (0, 0)$. Démontrer que la division $(ABCO)$ est harmonique.

6

On considère un cercle $\mathcal{C}$ de centre I. On dit que deux points M et N du plan sont ***conjugués*** par rapport au cercle $\mathcal{C}$ si le cercle de diamètre MN est orthogonal au cercle $\mathcal{C}$.

a) Etant donné un point M du plan, distinct de I, on note AB le diamètre de $\mathcal{C}$ qui contient M. Démontrer que, pour qu'un point N du plan soit conjugué de M, il faut et il suffit que le projeté orthogonal H de N sur le diamètre AB soit conjugué harmonique de M par rapport à A et B.

L'ensemble des points conjugués de M est la droite D perpendiculaire en H au diamètre MI. La droite D est dite ***polaire*** de M, et le point M ***pôle*** de D.

b) Démontrer que les conditions suivantes sont équivalentes :

(i) les points M et N sont conjugués,

(ii) le point N appartient à la polaire de M,

(iii) le point M appartient à la polaire de N.

c) Déterminer la polaire d'un point M de $\mathcal{C}$. Démontrer que, si le point M est extérieur au cercle, la polaire de M passe par les contacts des tangentes issues de M.

d) Soit D une droite qui coupe le cercle $\mathcal{C}$ en deux points P et Q. Démontrer que pour que deux points M et N de D soient conjugués par rapport à $\mathcal{C}$, il faut et il suffit que la division (M, N, P, Q) soit harmonique.

7

Démontrer que les tangentes en trois points A , B , C d'un cercle $\mathcal{C}$ coupent les droites BC , CA et AB en trois points alignés. (Pour cela, on démontrera que les polaires des trois points sont concourantes).

8

Soient A , B , C , D quatre points d'un cercle $\mathcal{C}$, de sorte que AB et CD ne soient pas des diamètres. On suppose que le pôle P de la droite AB est sur la droite CD . Le pôle Q de CD est alors sur AB . Un quadrangle ABCD ayant ces propriétés est appelé un *quadrangle harmonique*.

a) Démontrer que le cercle de centre Q , de rayon QC , appartient au faisceau de cercles à points limites A et B . En déduire la relation $AC.DB = AD.BC$.

b) Soit R le point d'intersection des droites AB et CD . Soient I et J les milieux des segments AB et CD . Démontrer que la droite IB est bissectrice du couple de droites (IC, ID) . (On remarquera que la division (P, R, C, D) est harmonique, et que les droites IP et IR sont orthogonales).

c) Démontrer l'égalité des angles de droites (AI, AC) et (DI, DA) . En déduire que les triangles IAD , ICA et BCD sont semblables.

d) Démontrer les relations

$$IA^2 = IB^2 = IC.ID, \qquad CA.CB = CD.CI, \qquad IC + ID = JA + JB.$$

e) Démontrer que, pour tout point M du cercle $\mathcal{C}$, le faisceau (MA, MB, MC, MD) est harmonique. (Remarquer que la question est indépendante du choix du point M , et que le résultat est immédiat par hypothèse lorsque M est l'un des points A , B , C ou D).

9

On considère un point M intersection de trois cordes AB , CD et PQ d'un cercle. On suppose que M est milieu de PQ . Les cordes AD et BC coupent PQ en R et S . Démontrer que M est milieu du segment RS .

[Aide : Soient E et F les projetés orthogonaux de R sur AB et CD , et soient G et H les projetés orthogonaux de S sur CD et AB . Utiliser la similitude des triangles ERM et HSM , FRM et GSM , ARE et CSG , DRF et BSH , pour démontrer

$$\left(\frac{MR}{MS}\right)^2 = \frac{RA.RD}{SB.SC} \quad \text{puis} \quad \left(\frac{MR}{MS}\right)^2 = \frac{RP.RQ}{SP.SQ},$$

et conclure (d'après Coxeter & Greitzer, *Redécouvrons la géométrie*).]

10

On se place dans un plan affine euclidien $\mathcal{P}$, et on note $h(A, a)$ l'homothétie de centre A , de rapport a .

a) Soient h_1, h_2 et h_3 trois homothéties de $\mathcal{P}$ telles que $h_3 \circ h_2 \circ h_1$ soit l'application identique de $\mathcal{P}$. Démontrer que les centres de ces homothéties sont alignés.
b) Soient $\mathcal{C}$ un cercle dans le plan $\mathcal{P}$, et A, B, C, D, E, F six points distincts situés sur le cercle $\mathcal{C}$. On pose

$$(\mathrm{AB}) \cap (\mathrm{DE}) = \mathrm{L}, \qquad (\mathrm{BC}) \cap (\mathrm{EF}) = \mathrm{M}, \qquad (\mathrm{CD}) \cap (\mathrm{FA}) = \mathrm{N},$$

$$(\mathrm{AB}) \cap (\mathrm{CD}) = \mathrm{P}, \qquad (\mathrm{CD}) \cap (\mathrm{EF}) = \mathrm{Q}, \qquad (\mathrm{EF}) \cap (\mathrm{AB}) = \mathrm{R},$$

en supposant que tous les couples de droites envisagés sont sécants, et que tous les points ainsi définis sont dictincts.
Justifier l'existence de nombres réels a, b, c, d, e, f tels que

$$h(\mathrm{E},e)(\mathrm{R}) = h(\mathrm{D},d)(\mathrm{P}) = \mathrm{Q}, \qquad h(\mathrm{C},c)(\mathrm{Q}) = h(\mathrm{B},b)(\mathrm{R}) = \mathrm{P},$$
$$h(\mathrm{A},a)(\mathrm{P}) = h(\mathrm{F},f)(\mathrm{Q}) = \mathrm{R}.$$

Préciser le centre et le rapport des homothéties

$$h_1 = h(\mathrm{A},a)^{-1} \circ h(\mathrm{F},f), \quad h_2 = h(\mathrm{E},e)^{-1} \circ h(\mathrm{D},d), \quad h_3 = h(\mathrm{C},c)^{-1} \circ h(\mathrm{B},b).$$

c) Démontrer que l'on a $ace = bdf$. En déduire que $h_3 \circ h_2 \circ h_1$ est l'application identique, puis que les points L, M, N sont alignés (***théorème de Pascal***).

11

Dans un plan affine euclidien, on considère une inversion f de pôle O, de puissance k positive. On pose $k = \mathrm{R}^2$, avec $\mathrm{R} > 0$. Le cercle $\mathcal{C}$ de centre O, de rayon R, est l'ensemble des points invariants par f. Il est appelé ***cercle de l'inversion*** considérée.
a) Démontrer que tout cercle orthogonal à $\mathcal{C}$ est stable par f.
b) Soit M un point du plan extérieur à $\mathcal{C}$. Démontrer que l'image par f du cercle Γ de diamètre OM est la polaire de M par rapport au cercle $\mathcal{C}$. [On pourra remarquer que les points de contact des tangentes à $\mathcal{C}$, issues de M, appartiennent au cercle Γ.]
c) Déduire de b) que l'inverse du point M est le pôle, par rapport à $\mathcal{C}$, de la droite orthogonale à OM issue de M, ceci que le point M soit extérieur ou intérieur au cercle $\mathcal{C}$.

12

Cet exercice décrit une construction du centre d'un cercle donné utilisant seulement le compas (***problème de Napoléon***).
Etant donné un cercle $\mathcal{C}$ du plan, on procède comme suit. D'un point A de $\mathcal{C}$ pour centre, on trace un cercle Γ recoupant $\mathcal{C}$ en B et B′. Les cercles de centres B et B′, passant par A, se recoupent en un point C. De C comme centre, on trace le cercle Γ_1 passant par A. Les cercles Γ et Γ_1 se coupent en D et D′. Les cercles de centres D et D′, passant par A se recoupent en un point I.
Démontrer que le point I est le centre du cercle $\mathcal{C}$.
Indications : Considérer l'inversion f de pôle A, dont le cercle Γ est l'ensemble des points fixes. Démontrer que f transforme $\mathcal{C}$ en la droite BB′, médiatrice de AC. En

déduire que $f(C)$ est le centre du cercle $\mathcal{C}$. Démontrer ensuite que f transforme la médiatrice de AD (qui passe par C) en le cercle de centre D passant par A, et que ce cercle passe aussi par le centre de $\mathcal{C}$.

Commentaire : Toute construction d'un point à la règle et au compas, excepté le tracé d'une droite, peut être réalisée à l'aide du seul compas. Ce résultat général a été démontré par Georg Mohr (1672), et Lorenzo Mascheroni (1797). On en trouvera un exposé dans le livre de J. Fresnel, ***Méthodes modernes en géométrie***, Hermann (1996).

13

Dans un plan affine euclidien, on considère deux inversions f et g, respectivement de pôles I et J. On suppose les points I et J distincts. On se propose de démontrer que la transformation $h = g \circ f \circ g$ est une inversion ou la symétrie par rapport à une droite.

a) Supposons d'abord que le point J ne soit pas invariant par l'inversion f. Soit A un point du plan, situé hors de la droite IJ. On pose $f(\mathrm{A}) = \mathrm{B}$, $g(\mathrm{A}) = \mathrm{A}'$, $g(\mathrm{B}) = \mathrm{B}'$, de sorte que l'on a $h(\mathrm{A}') = \mathrm{B}'$.

Le cercle JAB recoupe la droite IJ en un point U, le cercle JA$'$B$'$ recoupe la droite IJ en U$'$. Démontrer que l'on a $\mathrm{U} = f(\mathrm{J})$ et $\mathrm{U}' = g(\mathrm{I})$. En déduire que la droite A$'$B$'$ coupe la droite IJ au point $\mathrm{K} = g(\mathrm{U})$, et que l'on a

$$\overrightarrow{\mathrm{KA}'} \cdot \overrightarrow{\mathrm{KB}'} = \overrightarrow{\mathrm{KI}} \cdot \overrightarrow{\mathrm{KJ}}.$$

Conclure que la transformation h est une inversion de pôle $\mathrm{K} = g(f(\mathrm{J}))$.

b) Supposons maintenant que le point J soit invariant par f. La puissance de f est alors nécessairement > 0. Soit $\mathcal{C}$ le cercle des points invariants par f, et soit Δ la droite image de $\mathcal{C}$ par g. Soient A, B, A$'$ et B$'$ comme dans a). Remarquer que le cercle de diamètre AB est orthogonal à $\mathcal{C}$, et que la droite IJ est tangente en J au cercle JAB. En déduire que les points A$'$ et B$'$ sont symétriques par rapport à Δ.

14

Dans un plan affine euclidien, soient ABC un triangle non aplati, A$''$, B$''$ et C$''$ les pieds des hauteurs, et H l'orthocentre. On se propose de démontrer, à l'aide d'une inversion, que le cercle Γ circonscrit au triangle A$''$B$''$C$''$ passe par les milieux des segments AB, BC, CA, HA, HB et HC (cercle des neuf points).

a) En utilisant la puissance du point A par rapport aux cercles de diamètres BC, HB et HC, démontrer les égalités

$$\overrightarrow{\mathrm{AB}} \cdot \overrightarrow{\mathrm{AC}''} = \overrightarrow{\mathrm{AC}} \cdot \overrightarrow{\mathrm{AB}''} = \overrightarrow{\mathrm{AH}} \cdot \overrightarrow{\mathrm{AA}''}.$$

b) En déduire que l'inversion f de pôle A, de puissance $\overrightarrow{\mathrm{AH}} \cdot \overrightarrow{\mathrm{AA}''}$, transforme le cercle Γ circonscrit au triangle A$''$B$''$C$''$ en le cercle Γ' circonscrit au triangle BCH.

c) Soit K le deuxième point d'intersection de la droite AH et du cercle Γ'. En remarquant l'égalité des angles de droites (KB, KC) et (AC, AB), démontrer que le point A$''$ est milieu du segment HK. En déduire que le point $f(\mathrm{K})$ est milieu du segment AH.

d) D'après b) et c), le cercle Γ passe par le milieu du segment AH. Les points A, B, C, H jouant des rôles semblables, le cercle Γ passe par les milieux des six côtés du quadrangle ABCH.

15

On se propose de démontrer que le cercle des neuf points d'un triangle est tangent au cercle inscrit dans le triangle, et aux trois cercles exinscrits (*théorème de Feuerbach*).
a) Soit ABC un triangle non aplati. Démontrer que les bissectrices intérieures Δ_A, Δ_B et Δ_C des trois angles du triangle ont un point commun I, équidistant des trois côtés. Démontrer que la bissectrice intérieure Δ_A et les deux bissectrices extérieures Δ'_B et Δ'_C ont un point commun I_A équidistant des trois côtés, centre du cercle exinscrit S_A tangent aux trois côtés du triangle.
On définit de façon analogue les points I_B et I_C. Les points I, I_A, I_B, I_C sont les centres des quatre cercles tangents aux trois côtés du triangle.
b) On note α et α' les points où les bissectrices Δ_A et Δ'_A recoupent le cercle $\mathcal{C}$ circonscrit au triangle ABC. Démontrer que la droite $\alpha\alpha'$ est la médiatrice du segment BC. En remarquant que le cercle de diamètre II_A passe par B et C, démontrer que le point α est milieu du segment II_A.
Soient U et U′ les points de contact du cercle inscrit S et du cercle exinscrit S_A avec la droite BC. Démontrer que le segment UU′ a même milieu A′ que le segment BC.
c) On note A_1 le point d'intersection de la bissectrice Δ_A et de BC, et A″ le pied de la hauteur issue de A. Démontrer que la division (AA_1II_A) est harmonique. En utilisant b), en déduire la relation

$$\overrightarrow{A'A''} \cdot \overrightarrow{A'A_1} = \overrightarrow{A'U}^2.$$

d) Soit f l'inversion de pôle A′, de puissance $\overrightarrow{A'U}^2$. Les cercles S et S_A sont tangents à la droite BC. Notons L leur deuxième tangente commune. En remarquant que la droite Δ_A est une bissectrice du couple des droites BC et L, démontrer que L est parallèle à la tangente en A à $\mathcal{C}$.
Déduire de cela et de c) que l'inverse $f(L)$ de la droite L est un cercle passant par les points A′ et A″, dont la tangente en A′ est parallèle à la tangente en A à $\mathcal{C}$.
Ceci prouve que $f(L)$ est le cercle Γ, cercle des neuf points du triangle ABC. Comme la droite L est tangente aux cercles S et S_A, qui sont stables par f, il en est de même de Γ.

16

Soient $\mathcal{C}$ et $\mathcal{C}'$ deux cercles dans un plan affine euclidien. On suppose que ces cercles ont des rayons distincts et ne sont pas tangents.
a) Démontrer qu'il existe deux inversions f et f' qui transforment le cercle $\mathcal{C}$ en le cercle $\mathcal{C}'$. Les pôles I et I′ de ces inversions sont aussi les centres des deux homothéties transformant $\mathcal{C}$ en $\mathcal{C}'$.

b) Soit Γ un cercle orthogonal à $\mathcal{C}$ et $\mathcal{C}'$. Démontrer que Γ est stable par les inversions f et f'.
En déduire que la droite joignant l'un des points d'intersection de Γ et $\mathcal{C}$ à l'un des points d'intersection de Γ et $\mathcal{C}'$ passe par I ou I'.
c) Soit maintenant Γ un cercle tangent à $\mathcal{C}$ en T, et à $\mathcal{C}'$ en T'. Démontrer que la droite TT' passe par I ou I', et en déduire que le cercle Γ est stable par l'une des deux inversions f ou f'. [On pourra remarquer que la tangente en T' à $\mathcal{C}'$ est parallèle à la tangente à $\mathcal{C}$ au point U où la droite TT' recoupe $\mathcal{C}$.]
En déduire que la construction des cercles tangents à $\mathcal{C}$ et $\mathcal{C}'$, passant par un point P, se ramène à la construction des cercles passant par deux points et tangents à un cercle.

17

Soient $\mathcal{C}$ un cercle dans un plan affine euclidien.
a) Soit A un point du plan n'appartenant pas au cercle $\mathcal{C}$. Démontrer qu'il existe une inversion f de pôle A laissant stable le cercle $\mathcal{C}$ et préciser sa puissance.
b) Etant donné un point B distinct de A, donner une construction, à la règle et au compas, du point $\mathrm{B}' = f(\mathrm{B})$. [On pourra remarquer que l'inverse d'un cercle Γ passant par A et B est une droite facile à construire si les cercles $\mathcal{C}$ et Γ sont sécants.]
c) En déduire une construction des cercles tangents à $\mathcal{C}$ passant par A et B, s'ils existent.

18

Soient $\mathcal{C}_1$, $\mathcal{C}_2$ et $\mathcal{C}_3$ trois cercles dans un plan affine euclidien. On cherche à construire les cercles Γ tangents aux trois cercles donnés.
a) Si deux des cercles ont un point commun A, étudier le problème posé après une inversion de pôle A.
b) Si les trois cercles sont disjoints, démontrer qu'il existe une inversion transformant $\mathcal{C}_1$ et $\mathcal{C}_2$ en des cercles concentriques $\mathcal{C}_1'$ et $\mathcal{C}_2'$. Soit I' le centre des cercles $\mathcal{C}_1'$ et $\mathcal{C}_2'$, et R_1' et R_2' leurs rayons. Le diamètre du cercle Γ', inverse de Γ, est alors égal à $\mathrm{R}_1' + \mathrm{R}_2'$ ou $|\mathrm{R}_1' - \mathrm{R}_2'|$. Le centre de Γ' appartient à un cercle de centre I' de diamètre $|\mathrm{R}_1' - \mathrm{R}_2'|$ ou $\mathrm{R}_1' + \mathrm{R}_2'$. On trouve alors de zéro à huit cercles ayant ces propriétés et tangents au cercle $\mathcal{C}_3'$ inverse de $\mathcal{C}_3$.

CHAPITRE VII

HOMOGRAPHIES ET BIRAPPORT

Ce chapitre est une initiation à la géométrie projective. L'étude des transformations homographiques de la droite réelle conduit à prolonger la droite affine en droite projective (§ 1). Le groupe des homographies est caractérisé par la conservation du birapport (§ 2). Dans le plan, par l'étude des projections centrales d'une droite sur une autre droite, on définit une structure de droite projective sur le faisceau des droites issues d'un point, d'où le birapport de quatre droites concourantes (§ 3 et 4). Pour une homographie quelconque entre deux droites d'un plan, on établit l'existence d'un axe d'homographie et le théorème de PAPPUS (§ 6). Les deux derniers paragraphes sont consacrés aux involutions et à la conjugaison harmonique.

1. Homographies

A) *Fonctions homographiques*

Soient a, b, c, d des nombres réels. Pour $x \in \mathbf{R}$, on pose

(1) $$\varphi(x) = \frac{ax+b}{cx+d}\,.$$

Le nombre $\varphi(x)$ est défini si $cx + d \neq 0$.

Si $ad - bc \neq 0$ et $c = 0$, la fonction $\varphi(x) = \frac{a}{d}x + \frac{b}{d}$ est une bijection affine de $\mathbf{R}$ sur $\mathbf{R}$.

Si $ad - bc \neq 0$ et $c \neq 0$, le nombre $\varphi(x)$ est défini si x est $\neq -d/c$. La fonction φ est une bijection de $\mathbf{R} - \{-\frac{d}{c}\}$ sur $\mathbf{R} - \{\frac{a}{c}\}$. La bijection réciproque ψ est définie par

(2) $$\psi(y) = \frac{dy-b}{-cy+a}\,.$$

Les conditions équivalentes $y = \varphi(x)$ et $x = \psi(y)$ s'écrivent aussi

(3) $$cxy - ax + dy - b = 0.$$

La fonction φ est dérivable et sa dérivée a même signe que $ad - bc$. La courbe représentative est une hyperbole équilatère d'asymptotes $x = -d/c$ et $y = a/c$. La fonction φ est appelée *fonction homographique*, ou *homographie*, en raison de la similitude de son écriture et de l'écriture de la fonction réciproque.

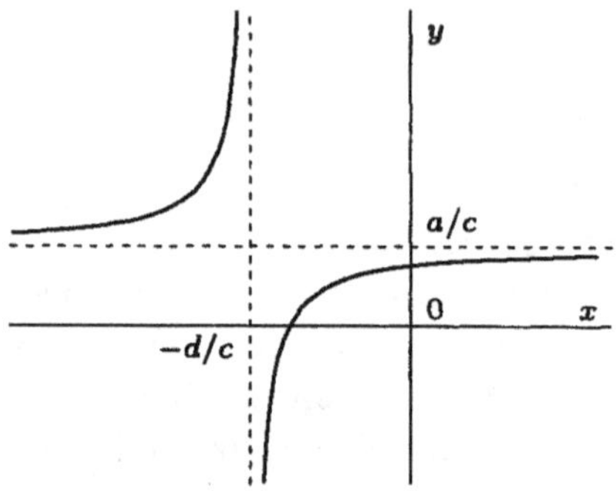

Remarque. – Lorsque $c = d = 0$, le nombre $\varphi(x)$ n'est jamais défini. Si $ad - bc = 0$ et $c \neq 0$, la fonction φ est constante ; on a $\varphi(x) = a/c$ pour tout $x \neq -d/c$.

B) *Prolongement à* $\widetilde{\mathbf{R}}$

On note $\widetilde{\mathbf{R}}$ la réunion disjointe $\mathbf{R} \cup \{\omega\}$ de la droite réelle et d'un point noté ω. Si $ad - bc \neq 0$ et $c \neq 0$, on convient de prolonger φ en une application $\widetilde{\varphi}$ de $\widetilde{\mathbf{R}}$ dans lui-même en posant

$$\widetilde{\varphi}(-\frac{d}{c}) = \omega, \qquad \widetilde{\varphi}(\omega) = \frac{a}{c}.$$

On obtient ainsi une bijection de $\widetilde{\mathbf{R}}$ sur lui-même dont l'application $\widetilde{\psi}$ prolongée de façon analogue est l'application réciproque. On munit $\widetilde{\mathbf{R}}$ de la topologie pour laquelle $\mathbf{R}$ est ouvert, avec sa topologie usuelle, et pour laquelle un ensemble fondamental de voisinages du point ω est formé des complémentaires des intervalles compacts $[-A, A]$, où A parcourt $\mathbf{R}$. Comme $|\varphi(x)|$ tend vers $+\infty$ lorsque x tend vers $-d/c$, et vers a/c lorsque $|x|$ tend vers $+\infty$, la fonction prolongée $\widetilde{\varphi}$ est continue. La fonction prolongée $\widetilde{\psi}$ est aussi continue. Ainsi, les applications $\widetilde{\varphi}$ et $\widetilde{\psi}$ sont des homéomorphismes réciproques l'un de l'autre.

Si $ad - bc \neq 0$ et $c = 0$, on pose $\widetilde{\varphi}(\omega) = \omega$, et les conclusions sont analogues.

L'espace $\widetilde{\mathbf{R}}$ est appelé *complétion projective* de la droite réelle $\mathbf{R}$. Le point ω est appelé *point à l'infini* de $\widetilde{\mathbf{R}}$. On le note souvent ∞ ; on prendra garde qu'il n'y a qu'un point à l'infini sur la droite complétée $\widetilde{\mathbf{R}}$.

DÉFINITION 1. – *On appelle* homographies *de* $\widetilde{\mathbf{R}}$ *les bijections de* $\widetilde{\mathbf{R}}$ *sur lui-même obtenues par prolongement d'une fonction homographique*

$$\varphi(x) = \frac{ax+b}{cx+d} \qquad \text{où } ad - bc \neq 0.$$

Pour simplifier, la fonction homographique et son prolongement seront en général désignés par la même lettre φ : on ne fera pas de distinction entre φ et $\widetilde{\varphi}$.

PROPOSITION 1. – *Les homographies constituent un groupe de bjections de* $\widetilde{\mathbf{R}}$.

Soient φ et φ' deux homographies définies par

$$\varphi(x) = \frac{ax+b}{cx+d} \quad \text{et} \quad \varphi'(y) = \frac{a'y+b'}{c'y+d'}.$$

Un petit calcul montre que l'on a

$$(\varphi' \circ \varphi)(x) = \frac{a''x+b''}{c''x+b''},$$

où les nombres a'', b'', c'', d'' sont définis par l'égalité matricielle

$$\begin{pmatrix} a'' & b'' \\ c'' & d'' \end{pmatrix} = \begin{pmatrix} a' & b' \\ c' & d' \end{pmatrix} \begin{pmatrix} a & b \\ c & d \end{pmatrix} \tag{4}$$

La composée de deux homographies est donc une homographie. Par ailleurs, on a déjà vu que la bijection réciproque d'une homographie est une homographie. D'où la proposition. ||

Le groupe des homographies de $\widetilde{\mathbf{R}}$ est aussi appelé *groupe projectif* de la droite. Le groupe affine de $\mathbf{R}$ s'identifie à un sous-groupe du groupe projectif.

C) *Applications homographiques*

Soient D une droite affine et $(O, \vec{u})$ un repère affine pour D. Un point M de D est repéré par sa coordonnée x définie par l'égalité $\overrightarrow{OM} = x\vec{u}$. Soient D' une autre droite affine et $(O', \vec{u}')$ un repère affine. Une application affine de D dans D' est une application qui, en coordonnées, s'écrit $x \mapsto ax + b$. On définit de même une *application homographique* f de D dans D' comme une application qui s'exprime en coordonnées par une fonction homographique $x' = \varphi(x)$. Si φ n'est pas une homographie affine, f n'est pas vraiment une application de D dans D′. Il y a un point exceptionnel de D où f n'est pas définie. Comme pour les applications de $\mathbf{R}$ dans $\mathbf{R}$, on règle cette question en adjoignant à chacune des droites D et D′ des points à l'infini ∞_D et $\infty_{D'}$.

La définition est indépendante des repères affines choisis, car un changement de repère affine se traduit par une bijection affine, donc homographique, sur les coordonnées.

D) *La droite projective réelle*

La droite projective réelle $P_1(\mathbf{R})$ est l'ensemble des droites vectorielles de $\mathbf{R}^2$. Un élément D de $P_1(\mathbf{R})$ est défini par la donnée d'un point (x,y) de D distinct de $(0,0)$. Un tel couple (x,y) est appelé ***système de coordonnées homogènes*** de D. Tous les systèmes de coordonnées homogènes de D sont alors de la forme $(\lambda x, \lambda y)$, où $\lambda \in \mathbf{R} - \{0\}$. Si $y \neq 0$, on peut choisir $(x/y, 1)$ pour coordonnées homogènes de D. L'application q qui, à un point D de $P_1(\mathbf{R})$, associe le nombre réel x/y si $y \neq 0$, et le point $\infty \in \widetilde{\mathbf{R}}$ si $y = 0$, est bijective. La bijection réciproque associe à un nombre réel λ le point de coordonnées homogènes $(\lambda, 1)$ dans $P_1(\mathbf{R})$ (c'est-à-dire la droite vectorielle passant par le point $(\lambda, 1)$ de $\mathbf{R}^2$) ; elle associe au point ∞ le point $(1,0)$.

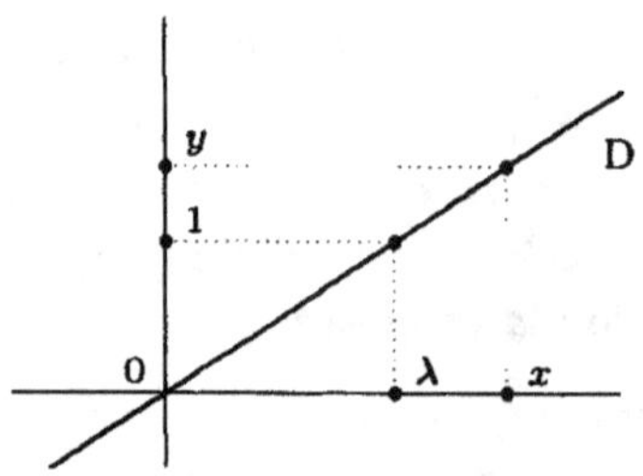

Une matrice $A = \begin{pmatrix} a & b \\ c & d \end{pmatrix}$, où $ad - bc \neq 0$, définit un isomorphisme linéaire de $\mathbf{R}^2$, donc une bijection ϕ de l'ensemble $P_1(\mathbf{R})$ des droites vectorielles de $\mathbf{R}^2$ sur lui-même. En coordonnées homogènes, c'est l'application

$$(x,y) \mapsto (ax + by, cx + dy).$$

Transportée par la bijection q à la droite complétée $\widetilde{\mathbf{R}}$, la bijection ϕ est l'homographie $\varphi(x) = \dfrac{ax+b}{cx+d}$. On comprend alors mieux les relations (2) et (4), la prop. 1, ainsi que les conventions $\varphi(\infty) = a/c$ et $\varphi(-d/c) = \infty$.

Pour que la transformation homographique φ soit l'identité, il faut et il suffit que la matrice A laisse stable toute droite de $\mathbf{R}^2$ et, par suite, que A soit la matrice d'une homothétie (III.6, lemme). Le groupe des homographies de $\widetilde{\mathbf{R}}$ s'identifie au groupe $\mathrm{Gl}_2(\mathbf{R})/\mathbf{R}^*$, quotient du groupe linéaire du plan par le sous-groupe des homothéties. Il est noté $\mathrm{PGl}_2(\mathbf{R})$.

Dans la suite, on identifiera la complétion projective $\widetilde{\mathbf{R}}$ de la droite et la droite projective $\mathrm{P}_1(\mathbf{R})$. On adoptera le point de vue le mieux adapté aux situations envisagées.

Munie de la topologie définie en B), la droite complétée $\widetilde{\mathbf{R}}$ est homéomorphe à un cercle ; en particulier, c'est un espace compact. Si l'on munit la droite projective $\mathrm{P}_1(\mathbf{R})$ de sa topologie de quotient de $\mathbf{R}^2 - \{0\}$ par le groupe des homothéties, l'application q est un homéomorhisme (exerc. 9 et 10).

2. Birapport

DÉFINITION 2. – *On appelle* birapport *de quatre nombres réels distincts* x_1, x_2, x_3, x_4 *le nombre réel*

$$\frac{x_3 - x_1}{x_3 - x_2} : \frac{x_4 - x_1}{x_4 - x_2},$$

où le symbole " : " désigne la division.

Le birapport de x_1, x_2, x_3, x_4 est noté (x_1, x_2, x_3, x_4).

PROPOSITION 2. – *Le birapport* (x_1, x_2, x_3, x) *est une fonction homographique de* x.

Les points x_1, x_2 et x_3 ont été supposés distincts. L'expression du birapport (x_1, x_2, x_3, x) est alors une fonction homographique non dégénérée de la variable x. ||

On prolonge comme au § 1 cette fonction homographique à $\widetilde{\mathbf{R}}$, et on obtient

$$(x_1, x_2, x_3, \infty) = \frac{x_3 - x_1}{x_3 - x_2}.$$

On étend de façon analogue la définition du birapport lorsque l'on donne la valeur ∞ à l'une des variables x_1, x_2 ou x_3.

On remarquera que le birapport ne prend aucune des valeurs 0, 1 ou ∞ si les éléments x_1, x_2, x_3, x_4 de $\widetilde{\mathbf{R}}$ sont distincts.

Si les points x_1, x_2, x_3 sont distincts, la fonction homographique $h(x) = (x_1, x_2, x_3, x)$ prend les valeurs

$$h(x_1) = \infty, \quad h(x_2) = 0, \quad h(x_3) = 1.$$

COROLLAIRE. – *Une application injective de $\widetilde{\mathbf{R}}$ dans $\widetilde{\mathbf{R}}$ qui conserve le birapport est une application homographique.*

Soit f une telle application. Soient x_1, x_2, x_3 des points distincts de $\widetilde{\mathbf{R}}$ et y_1, y_2, y_3 leurs images par f. Pour x et $y \in \widetilde{\mathbf{R}}$, posons

$$\phi(x) = (x_1, x_2, x_3, x), \qquad \psi(y) = (y_1, y_2, y_3, y).$$

Les fonctions ϕ et ψ sont homographiques d'après la proposition. Par hypothèse, on a $\psi(f(x)) = \phi(x)$ pour tout x, d'où $f = \psi^{-1} \circ \phi$, d'où le corollaire. ||

Soient x_1, x_2, x_3, x_4 quatre points distincts dans $\widetilde{\mathbf{R}}$. On vérifie que l'on a

$$(x_1, x_2, x_3, x_4) = (x_3, x_4, x_1, x_2) = (x_2, x_1, x_4, x_3).$$

Posons $k = (x_1, x_2, x_3, x_4)$. On a alors

$$(x_1, x_3, x_2, x_4) = 1 - k, \qquad (x_1, x_2, x_4, x_3) = \frac{1}{k}.$$

Les 24 permutations des x_i donnent six valeurs possibles pour le birapport, à savoir

$$k, \ 1 - k, \ \frac{1}{k}, \ 1 - \frac{1}{k}, \ \frac{1}{1-k}, \ \frac{k}{k-1}.$$

Si $k = -1$, l'ensemble nombre des valeurs se réduit aux trois valeurs -1, 2 et $1/2$.

PROPOSITION 3. – *Une homographie conserve le birapport.*

a) Une translation $\varphi : x \mapsto x + b$ conserve les différences $x_i - x_j$. On a en effet

$$\varphi(x_i) - \varphi(x_j) = (x_i + b) - (x_j + b) = x_i - x_j.$$

Par suite une translation conserve le birapport.

b) Une homothétie $\varphi : x \mapsto ax$ conserve les rapports $\dfrac{x_k - x_i}{x_j - x_i}$. Elle conserve donc les birapports.

c) L'application $\varphi : x \mapsto 1/x$ conserve le birapport. Lorsqu'aucun des nombres x_i n'est nul, cela résulte du petit calcul suivant :

$$\frac{\frac{1}{x_3} - \frac{1}{x_1}}{\frac{1}{x_3} - \frac{1}{x_2}} : \frac{\frac{1}{x_4} - \frac{1}{x_1}}{\frac{1}{x_4} - \frac{1}{x_2}} = \frac{x_3 - x_1}{x_3 - x_2} \frac{x_3 x_2}{x_3 x_1} : \frac{x_4 - x_1}{x_4 - x_2} \frac{x_4 x_2}{x_4 x_1}$$
$$= (x_1, x_2, x_3, x_4).$$

Lorsque l'un des nombres est nul, par exemple x_4, on a

$$\left(\frac{1}{x_1}, \frac{1}{x_2}, \frac{1}{x_3}, \infty\right) = \frac{\frac{1}{x_3} - \frac{1}{x_1}}{\frac{1}{x_3} - \frac{1}{x_2}} = \frac{x_3 - x_1}{x_3 - x_2}\frac{x_3 x_2}{x_3 x_1} = (x_1, x_2, x_3, 0).$$

D'où la conservation du birapport par $x \mapsto 1/x$.

d) Cas général. La fonction homographique $\varphi(x) = \dfrac{ax+b}{cx+d}$ s'écrit sous forme canonique :

$$\begin{aligned} \varphi(x) &= \frac{a}{c} + \frac{1}{c}\frac{bc - ad}{cx+d} \qquad \text{si } c \neq 0, \\ &= \frac{a}{d}x + \frac{b}{d} \qquad \text{si } c = 0. \end{aligned}$$

Toute homographie est composée d'une homothétie, d'une ou deux translations et éventuellement de la transformation $x \mapsto 1/x$. La proposition en résulte. ||

PROPOSITION 4. – *Si* (x_1, x_2, x_3) *et* (y_1, y_2, y_3) *sont deux familles de trois éléments distincts dans* $\widetilde{\mathbf{R}}$, *il existe une unique homographie* h *telle que* $h(x_i) = y_i$ *pour* $i = 1, 2, 3$.

D'après la prop. 3, on a nécessairement

$$(y_1, y_2, y_3, h(x)) = (x_1, x_2, x_3, x).$$

Inversement, cette relation définit $h(x)$ comme fonction homographique de x (prop. 2). ||

Exemple. - Si x_1, x_2, x_3 sont des éléments distincts de $\widetilde{\mathbf{R}}$, l'unique homographie h telle que $h(x_1) = \infty$, $h(x_2) = 0$, $h(x_3) = 1$, est définie par

$$h(x) = (x_1, x_2, x_3, x).$$

COROLLAIRE. – *Soient* (x_1, x_2, x_3, x_4) *et* (y_1, y_2, y_3, y_4) *deux familles de quatre éléments distincts dans* $\widetilde{\mathbf{R}}$. *Pour qu'il existe une homographie* h *telle que* $h(x_i) = y_i$ *pour* $i = 1, 2, 3, 4$, *il faut et il suffit que les birapports* (x_1, x_2, x_3, x_4) *et* (y_1, y_2, y_3, y_4) *soient égaux.*

La condition est nécessaire (prop. 3). Inversement, soit h l'unique homographie qui transforme les trois points x_1, x_2, x_3 en y_1, y_2, y_3 (prop. 4). Si les birapports (x_1, x_2, x_3, x_4) et (y_1, y_2, y_3, y_4) sont égaux, on a

$$(y_1, y_2, y_3, h(x_4)) = (y_1, y_2, y_3, y_4),$$

d'où $h(x_4) = y_4$ car l'application $y \mapsto (y_1, y_2, y_3, y)$ est homographique, donc injective. ||

Remarque. – Ce qui vient d'être dit dans ces deux paragraphes s'applique aussi bien aux nombres complexes qu'aux nombres réels. On peut parler de fonction homographique complexe en prenant les nombres a, b, c, d et la variable x dans $\mathbf{C}$. La complétion projective $\widetilde{\mathbf{C}}$ de $\mathbf{C}$ est obtenue par l'adjonction d'un unique point à l'infini. Le birapport de quatre nombres complexes distincts a les mêmes propriétés que celui de quatre nombres réels.

On peut munir $\widetilde{\mathbf{C}}$ d'une topologie prolongeant celle de $\mathbf{C}$, pour laquelle les homographies sont des homéomorphismes. Pour cette topologie, l'espace $\widetilde{\mathbf{C}}$ est homéomorphe à une sphère de dimension 2 (exerc. 9).

3. Birapport de quatre points d'une droite

Soit D une droite affine, et soit $(\mathrm{O}, \vec{u})$ un repère affine pour la droite D. Un point M de D est repéré par son abscisse $x \in \mathbf{R}$ définie par $\overrightarrow{\mathrm{OM}} = x\vec{u}$. Soient M_1, M_2, M_3, M_4 quatre points distincts sur la droite D, et x_1, x_2, x_3, x_4 leurs abscisses. Les abscisses x'_i des points M_i dans un autre repère affine $(\mathrm{O}', \vec{u}')$ se déduisent des abscisses x_i par une transformation affine $x'_i = ax_i + b$. On a donc égalité des birapports (x_1, x_2, x_3, x_4) et (x'_1, x'_2, x'_3, x'_4) (prop. 3).

DÉFINITION 3. – *Le* birapport $(\mathrm{M}_1, \mathrm{M}_2, \mathrm{M}_3, \mathrm{M}_4)$ *de quatre points distincts d'une droite affine* D *est le birapport de leurs abscisses dans tout repère affine de* D.

Par définition, le birapport des quatre points $\mathrm{M}_1, \mathrm{M}_2, \mathrm{M}_3, \mathrm{M}_4$ est donné par

$$(\mathrm{M}_1, \mathrm{M}_2, \mathrm{M}_3, \mathrm{M}_4) = \frac{\overrightarrow{\mathrm{M}_1\mathrm{M}_3}}{\overrightarrow{\mathrm{M}_2\mathrm{M}_3}} : \frac{\overrightarrow{\mathrm{M}_1\mathrm{M}_4}}{\overrightarrow{\mathrm{M}_2\mathrm{M}_4}}.$$

Exemple 1. - Soient P et Q deux points distincts sur la droite D. Si M_i est le barycentre de $(\mathrm{P}, 1 - \lambda_i)$ et (Q, λ_i), pour $i = 1, \ldots, 4$, on a

$$(\mathrm{M}_1, \mathrm{M}_2, \mathrm{M}_3, \mathrm{M}_4) = (\lambda_1, \lambda_2, \lambda_3, \lambda_4).$$

En effet, si p et q sont les abscisses de P et Q dans un repère affine, le point M_i a pour abscisse $x_i = (1 - \lambda_i)p + \lambda_i q$.

DÉFINITION 4. – *Un* repère projectif *pour une droite affine* D *est une application homographique* ϕ *de* $\widetilde{\mathbf{R}}$ *sur* $\widetilde{\mathrm{D}}$. *La coordonnée* (*ou abscisse*) *d'un point* M *de* $\widetilde{\mathrm{D}}$ *relativement au repère projectif* ϕ *est l'unique* $x \in \widetilde{\mathbf{R}}$ *tel que* $\mathrm{M} = \phi(x)$.

PROPOSITION 5. – *Soit* D *une droite affine et soient* M_1, M_2, M_3, M_4 *quatre points distincts sur la droite* $\widetilde{D}$. *Le birapport des abscisses* x_1, x_2, x_3, x_4 *de ces points est indépendant du repère projectif choisi.*

En effet, tout changement de repère projectif est une transformation homographique des coordonnées. ||

DÉFINITION 5. – *Soient* D *une droite affine,* M_1, M_2, M_3, M_4 *quatre points distincts sur la droite* $\widetilde{D}$. *Le* birapport (M_1, M_2, M_3, M_4) *est le birapport* (x_i) *des abscisses des points* M_i *dans tout repère projectif de* D.

Un repère projectif $\phi : \widetilde{\mathbf{R}} \to \widetilde{D}$ est entièrement défini par l'image de trois points de $\widetilde{\mathbf{R}}$, par exemple par les points $\phi(\infty)$, $\phi(0)$ et $\phi(1)$. On sait que, pour $x \in \mathbf{R}$, on a $(\infty, 0, 1, x) = x$. L'application homographique ϕ est donc caractérisée par

$$(\phi(\infty), \phi(0), \phi(1), \phi(x)) = x.$$

Un repère projectif ϕ est un repère affine si $\phi(\infty) = \infty_D$.

Exemples. - 2) Soit D une droite affine et soient P et Q deux points distincts sur la droite D. L'isomorphisme affine ϕ_1 de $\mathbf{R}$ sur D qui, à $\lambda \in \mathbf{R}$, associe le barycentre de $(P, 1-\lambda)$ et (Q, λ), se prolonge en un repère projectif de $\widetilde{D}$ en posant $\phi_1(\infty) = \infty_D$. On a $\phi_1(0) = P$, $\phi_1(1) = Q$, $\phi_1(\infty) = \infty_D$. Il est d'usage de noter $(1-\lambda)P + \lambda Q$ le point $\phi_1(\lambda)$.

3) Soit ϕ_2 l'application de $\widetilde{\mathbf{R}}$ dans $\widetilde{D}$ qui à l'élément de $\widetilde{\mathbf{R}}$ de coordonnées homogènes (λ, μ) associe le barycentre de (P, λ) et (Q, μ) si $\lambda + \mu \neq 0$, et le point ∞_D si $\lambda + \mu = 0$. L'application ϕ_2 est un repère projectif pour D. On a $\phi_2(0) = Q$, $\phi_2(-1) = \infty$, $\phi_2(\infty) = P$. Le point $\phi_2((\lambda, \mu))$ est souvent noté $\dfrac{\lambda P + \mu Q}{\lambda + \mu}$.

4) Un autre paramétrage projectif de D est souvent pratique. Pour $\lambda \in \mathbf{R}$, $\lambda \neq -1$, on désigne par $\phi_3(\lambda)$ le point $\dfrac{P + \lambda Q}{1 + \lambda}$, barycentre de $(P, 1)$ et (Q, λ). On obtient un repère projectif en posant $\phi_3(-1) = \infty_D$, $\phi_3(\infty) = Q$.

4. Birapport de quatre droites concourantes du plan

Dans un plan affine E, soient D et D′ deux droites distinctes issues d'un point I. On munit le plan E d'un repère affine. Un point M de E est repéré par ses coordonnées $(x, y) \in \mathbf{R}^2$. Les équations de

D et D′ respectivement s'écrivent $D(M) = 0$, $D'(M) = 0$, où

$$\begin{aligned} D(M) &= ux + vy + w, \\ D'(M) &= u'x + v'y + w'. \end{aligned}$$

PROPOSITION 6. – *L'ensemble des droites du plan* E *qui passent par le point* I *est l'ensemble des droites d'équation*

$$\lambda D(M) + \lambda' D'(M) = 0,$$

où λ *et* λ' *sont des nombres réels non tous deux nuls.*

Comme les directions des droites D et D′ sont distinctes, on a $uv' - u'v \neq 0$. Par suite $\lambda u + \lambda' u'$ et $\lambda v + \lambda' v'$ ne sont pas tous deux nuls. Posons

$$D_{(\lambda,\lambda')}(M) = \lambda D(M) + \lambda' D'(M). \tag{5}$$

L'équation $D_{(\lambda,\lambda')}(M) = 0$ est l'équation d'une droite qui passe par le point I commun à D et D′.

Inversement, soit P un point distinct de I dans le plan E. Comme D(P) et D′(P) ne sont pas tous deux nuls, l'équation

$$D'(P)\, D(M) - D(P)\, D'(M) = 0 \tag{6}$$

est l'équation de la droite IP. ||

On vérifie facilement que, pour que les droites $D_{(\lambda,\lambda')}$ et $D_{(\mu,\mu')}$ soient égales, il faut et il suffit qu'il existe $k \in \mathbf{R}$, $k \neq 0$, tel que $\mu = k\lambda$, $\mu' = k\lambda'$. Ainsi, l'application qui associe la droite $D_{(\lambda,\lambda')}$ à l'élément de $\widetilde{\mathbf{R}}$ dont les coordonnées homogènes sont (λ, λ'), est une bijection de $\widetilde{\mathbf{R}}$ sur l'ensemble des droites du plan E qui passent par le point I. Cela ne doit pas nous étonner si l'on revient à la définition de la droite projective $P_1(\mathbf{R})$ donnée au § 1.

PROPOSITION 7. – *Dans le plan affine* E, *soient quatre droites distinctes* D_i, $1 \leq i \leq 4$, *issues d'un point* I. *Pour toute droite* Δ *du plan* E, *qui ne contient pas* I *et qui rencontre chaque droite* D_i *en un point* M_i, *le birapport* (M_1, M_2, M_3, M_4) *est indépendant de la droite* Δ.

Soient D et D′ deux droites distinctes issues du point I. Soient P et P′ deux points distincts dans le plan E. Ecrivons que la droite $D_{(\lambda,\lambda')}$ (définie par (5)) contient le point $\dfrac{\mu P + \mu' P'}{\mu + \mu'}$. On obtient

$$\lambda\mu D(P) + \lambda\mu' D(P') + \lambda'\mu D'(P) + \lambda'\mu' D'(P') = 0. \tag{7}$$

La relation (7) est une correspondance homographique entre les éléments ℓ et m de $\widetilde{\mathbf{R}}$ de coordonnées homogènes (λ, λ') et (μ, μ') respectivement, si elle n'est pas dégénérée. Pour que cette correspondance soit dégénérée, il faut et il suffit que l'on ait

$$D(P)D'(P') - D'(P)D(P') = 0.$$

Cette dernière condition signifie que les points P et P′ sont alignés avec I. En effet, on a vu que, si P est distinct de I, la droite IP a pour équation (6).

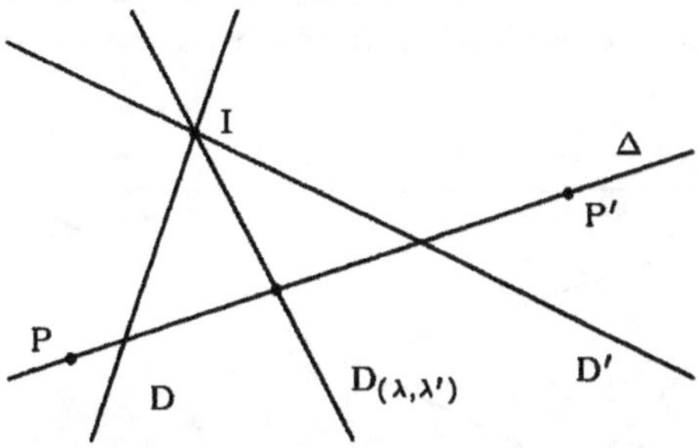

Revenons à la proposition. Si, pour $i = 1, 2, 3, 4$, la droite D_i est la droite D_{ℓ_i} du faisceau engendré par D et D′, et si les points P et P′ sont deux points de la droite Δ, le birapport des points M_i est égal au birapport des ℓ_i. D'où la proposition. ||

Remarque. – La droite PP′ a pour équation

$$(D'(P') - D'(P))D(M) + (D(P) - D(P'))D'(M) = D'(P')D(P) - D(P')D'(P).$$

La droite $D_{(\lambda,\lambda')}$ est parallèle à la droite PP′ lorsque

$$\lambda = D'(P') - D'(P), \qquad \lambda' = D(P) - D(P').$$

La relation (7) donne alors $\mu + \mu' = 0$, ce qui correspond au point à l'infini de la droite PP′. Par suite, dans la proposition, si la droite D_i est parallèle à Δ, le résultat reste vrai en prenant pour M_i le point à l'infini de la droite Δ.

Le *birapport* (D_1, D_2, D_3, D_4) *de quatre droites concourantes* et distinctes D_1, D_2, D_3, D_4, dans un plan affine, est, par définition, le birapport des points d'intersection de ces droites avec une droite quelconque du plan. D'après la démonstration de la prop. 7, le birapport de quatre droites D_{ℓ_i}, $\ell_i \in \widetilde{\mathbf{R}}$, d'un faisceau linéaire, est égal au birapport des ℓ_i.

Dans un plan E, soient Δ une droite et I un point hors de cette droite. La *projection centrale* de centre I du plan E sur la droite Δ est l'application qui associe à un point M du plan, distinct de I, le point $p(M)$ d'intersection de la droite IM et de Δ, si les droites IM et Δ ne sont pas parallèles. Si ces droites sont parallèles, on convient que $p(M) = \infty_\Delta$.

COROLLAIRE. – *Dans un plan affine, soient* Δ *et* Δ' *deux droites et* I *un point extérieur à ces droites. La projection centrale de centre* I *sur la droite* Δ' *induit une application homographique de* Δ *sur* Δ'.

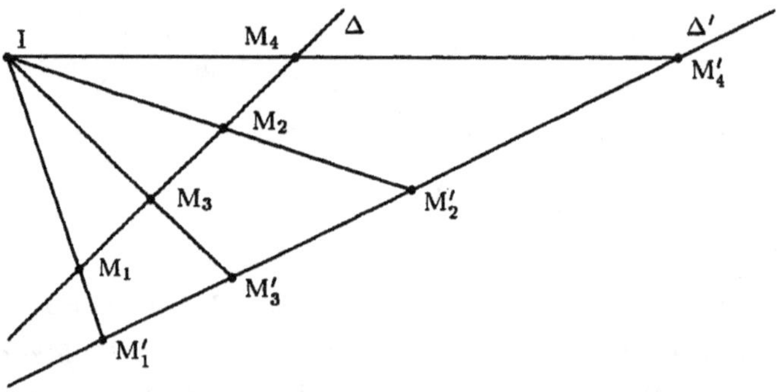

D'après ce qui précède, si M_1, M_2, M_3, M_4 sont quatre points de Δ, le birapport des droites projetantes IM_i est égal au birapport des points M_i de Δ, et aussi au birapport de leurs images M'_i sur Δ'. D'après le corollaire de la prop. 2 du § 2, une application qui conserve le birapport est une application homographique. ||

Faisceau de droites parallèles. - Dans le plan affine E rapporté à un repère affine, soit D la droite d'équation $ux + vy + w = 0$. Les droites parallèles à D sont les droites D_λ d'équation

$$(D_\lambda) \qquad ux + vy + \lambda = 0,$$

où λ parcourt $\mathbf{R}$.

Soient Δ et Δ' des droites non parallèles à D. Soient D_{λ_i}, $i = 1, 2, 3, 4$, quatre droites distinctes parallèles à D, et soient M_i et M'_i les points d'intersection de D_{λ_i} avec Δ et Δ'. Les points M'_i sont déduits des points M_i par la projection de direction D, qui est une application affine. Par suite le birapport des points M'_i est égal au birapport des points M_i. On peut définir ainsi le birapport des droites D_{λ_i}. On vérifie facilement que le birapport des droites D_{λ_i} est égal au birapport des λ_i.

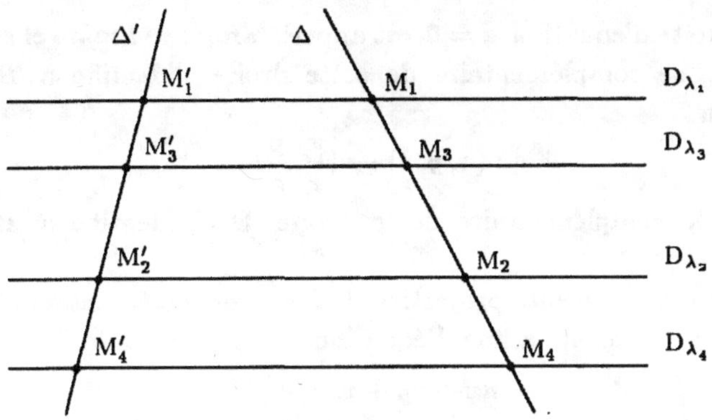

5. Un peu de géométrie projective

L'introduction d'un point à l'infini sur la droite réelle nous a permis, au § 1, de rendre bijectives les homographies. Au § 4, nous avons vu que les propriétés du birapport étaient permanentes si l'on convenait que deux droites parallèles avaient en commun un point à l'infini. On peut rendre compte de ce phénomène en se plaçant dans le cadre de la géométrie projective.

Le plan projectif $P_2(\mathbf{R})$ est l'ensemble des droites vectorielles de $\mathbf{R}^3$. Un élément M de $P_2(\mathbf{R})$ est défini par la donnée d'un point (x, y, z) de $\mathbf{R}^3$, distinct de l'origine. Dans la suite, on dira que M est un *point* du plan projectif, et que (x, y, z) est un *système de coordonnées homogènes* du point M, ou un représentant du point M. Il nous arrivera d'écrire abusivement $M = (x, y, z)$. Tous les systèmes de coordonnées homogènes de M sont de la forme $(\lambda x, \lambda y, \lambda z)$, où $\lambda \in \mathbf{R} - \{0\}$. En d'autres termes, le plan projectif $P_2(\mathbf{R})$ est l'ensemble quotient de $\mathbf{R}^3 - \{0\}$ par le groupe des homothéties vectorielles. Dans ce paragraphe, on note ρ l'application canonique de $\mathbf{R}^3 - \{0\}$ sur $P_2(\mathbf{R})$ qui, à un système de coordonnées homogènes (x, y, z), associe le point $M = \rho(x, y, z)$.

Une droite projective dans $P_2(\mathbf{R})$ est l'image par ρ d'un plan vectoriel de $\mathbf{R}^3$. L'équation d'une droite projective D, condition nécessaire et suffisante pour que le point M de coordonnées homogènes (x, y, z) appartienne à D, s'écrit

$$ux + vy + wz = 0,$$

où u, v, w sont des nombres réels non tous nuls. On dit que (u, v, w) sont les coordonnées homogènes de la droite D.

La droite d'équation $z = 0$ est appelée *droite de l'infini* et souvent notée D_∞. Le complémentaire de cette droite s'identifie à $\mathbf{R}^2$ par l'application

$$q : (x, y, z) \mapsto (\frac{x}{z}, \frac{y}{z}).$$

Notons E le complémentaire de la droite D_∞, identifié à $\mathbf{R}^2$ par l'application q.

Si D est une droite projective distincte de D_∞, l'intersection de D et de E est la droite affine d'équation

$$ux + vy + w = 0.$$

La droite D rencontre la droite de l'infini au point $(-v, u, 0)$. Pour la cohérence des notations, on pourra noter $\widetilde{E}$ le plan projectif, $\widetilde{D}$ la droite projective D, et D son intersection avec E.

Pour que trois points

$$P = (x, y, z), \quad P' = (x', y', z'), \quad P'' = (x'', y'', z'')$$

soient alignés, il faut et il suffit qu'il existe u, v, w, non tous nuls, tels que

$$\begin{array}{rcrcrcl} ux & + & vy & + & wz & = & 0, \\ ux' & + & vy' & + & wz' & = & 0, \\ ux'' & + & vy'' & + & wz'' & = & 0. \end{array} \tag{8}$$

Pour que le système linéaire homogène (8) admette une solution non nulle, il faut et il suffit que son déterminant soit nul, autrement dit

$$\det \begin{pmatrix} x & y & z \\ x' & y' & z' \\ x'' & y'' & z'' \end{pmatrix} = 0.$$

Si les points P et P' sont distincts, l'unique droite qui les contient est la droite de coordonnées

$$u = yz' - y'z, \quad v = zx' - z'x, \quad w = xy' - x'y.$$

Cette droite est aussi paramétrée comme lieu des points $M(\ell)$ de coordonnées homogènes

$$(\lambda x + \lambda' x', \lambda y + \lambda' y', \lambda z + \lambda' z'),$$

où ℓ est un élément de $\widetilde{\mathbf{R}}$ de coordonnées homogènes (λ, λ'). Attention, contrairement à ce que l'on a fait en géométrie affine, le point $M(\ell)$ ne peut être noté $\lambda P + \lambda' P'$, car ce point ne dépend pas seulement de ℓ, P et P', mais il dépend aussi du choix des coordonnées homogènes de P et P'. Une projection centrale n'est pas une application affine.

Pour que trois droites projectives $\widetilde{\mathrm{D}} = (u, v, w)$, $\widetilde{\mathrm{D}}' = (u', v', w')$, $\widetilde{\mathrm{D}}'' = (u'', v'', w'')$ soient concourantes, il faut et il suffit que l'on ait

$$\det \begin{pmatrix} u & v & w \\ u' & v' & w' \\ u'' & v'' & w'' \end{pmatrix} = 0.$$

Si $\widetilde{\mathrm{D}}$ et $\widetilde{\mathrm{D}}'$ sont deux droites distinctes, elles ont un unique point commun I de coordonnées homogènes

$$x = vw' - v'w, \quad y = wu' - w'u, \quad z = uv' - u'v.$$

Le point I est à l'infini si $uv' - u'v = 0$, c'est-à-dire si les droites affines D et D′ sont parallèles, ou si l'une des deux droites projectives est la droite de l'infini.

Une application linéaire bijective u de $\mathbf{R}^3$ dans $\mathbf{R}^3$ transforme toute droite vectorielle en une droite vectorielle. Il en résulte une application bijective de $\mathrm{P}_2(\mathbf{R})$ dans $\mathrm{P}_2(\mathbf{R})$ que nous notons $\rho(u)$, et qu'on appelle ***application projective***, ou ***homographie***.

Soient u et u' deux isomorphismes de $\mathbf{R}^3$; pour que l'on ait $\rho(u) = \rho(u')$, il faut et il suffit qu'il existe $\lambda \in \mathbf{R}$, $\lambda \neq 0$, tel que $u' = \lambda u$. En effet, l'endomorphisme $u^{-1} \circ u'$ laisse stables toutes les droites vectorielles, et on sait (III.6, lemme) qu'un tel endomorphisme est une homothétie.

Si u et u' sont deux isomorphismes de $\mathbf{R}^3$, on a

$$\rho(u' \circ u) = \rho(u') \circ \rho(u).$$

Il en résulte que les homographies constituent un groupe de bijections de $\mathrm{P}_2(\mathbf{R})$. D'après ce qui précède, ce groupe est isomorphe à $\mathrm{Gl}_3(\mathbf{R})/\mathbf{R}^*$.

Si A est la matrice d'un isomorphisme u de $\mathbf{R}^3$, l'homographie $\rho(u)$ transforme le point M de coordonnées homogènes (x, y, z) en le point M′ de coordonnées homogènes (x', y', z') satisfaisant à

$$\begin{pmatrix} x' \\ y' \\ z' \end{pmatrix} = \mathrm{A} \begin{pmatrix} x \\ y \\ z \end{pmatrix}.$$

Exemple. - Soient a, b, c trois nombres réels non nuls. Soit u l'isomorphisme de $\mathbf{R}^3$ dont la matrice est

$$\mathrm{A} = \begin{pmatrix} a & 0 & 0 \\ 0 & b & 0 \\ 0 & 0 & c \end{pmatrix}.$$

L'homographie $\rho(u)$ laisse invariants les points

$$\mathrm{X} = (1, 0, 0), \ \mathrm{Y} = (0, 1, 0) \ \text{et} \ \mathrm{O} = (0, 0, 1).$$

Elle transforme le point $U = (1,1,1)$ en le point de coordonnées (a,b,c). Les points X, Y, O sont parfois appelés *points de base* de $P_2(\mathbf{R})$, et U le *point unité.*

On dit que quatre points M_1, M_2, M_3, M_4 du plan projectif sont *projectivement indépendants* si trois d'entre eux n'appartiennent jamais à une même droite projective.

PROPOSITION 8. – *Soient* M_i *et* M'_i, $i = 1,2,3,4$, *deux suites de quatre points projectivement indépendants dans* $P_2(\mathbf{R})$. *Il existe une unique transformation projective* h *telle que* $h(M_i) = M'_i$ *pour* $i = 1,2,3,4$.

Les points M_1, M_2, M_3, qui ne sont pas alignés, sont les images par l'application ρ des vecteurs e_1, e_2, e_3 d'une base de $\mathbf{R}^3$. Soit u l'isomorphisme linéaire envoyant cette base sur la base canonique, l'homographie $\rho(u)$ transforme M_1, M_2, M_3 en les points bases X, Y, O, et le point M_4 en un point $M = (a,b,c)$ dont aucune coordonnée n'est nulle. D'après l'exemple précédent, il existe une homographie laissant invariants les points bases et transformant M en U. Par composition de ces deux homographies, on obtient une homographie k transformant M_1, M_2, M_3, M_4 en X, Y, O, U. Il existe de même une homographie k' transformant M'_1, M'_2, M'_3, M'_4 en X, Y, O, U. L'homographie $h = (k')^{-1} \circ k$ répond à la question. L'unicité résulte du fait que l'application identique est la seule homographie laissant invariants les quatre points X, Y, O, U. ||

Plus généralement, une application linéaire injective u d'un espace vectoriel E dans un espace vectoriel F induit une application notée $\rho(u)$ de l'espace P(E) des droites vectorielles de E dans l'espace P(F) des droites vectorielles de F. Les applications $\rho(u)$ sont appelées *applications projectives*, et *homographies* si elles sont bijectives.

On peut ainsi retrouver les résultats du § 2 par un cheminement différent. Une démonstration analogue à celle de la prop. 8, mais plus facile, permet de démontrer qu'étant donnés trois points distincts M_1, M_2, M_3, sur une droite projective $\widetilde{D}$, il existe une unique homographie h de $\widetilde{D}$ sur $\widetilde{\mathbf{R}}$ qui envoie M_1, M_2, M_3 en ∞, 0 et 1. Si M est un point de $\widetilde{D}$, on peut alors définir le birapport (M_1, M_2, M_3, M) comme l'élément $h(M)$ de $\widetilde{\mathbf{R}}$ (*cf.* § 2, exemple). Il est alors presque immédiat qu'une homographie conserve le birapport.

Il reste à démontrer que le birapport (x_1, x_2, x_3, x_4) de quatre nombres réels distincts a bien l'expression donnée comme définition au

§ 2. Une homographie h de $\mathbf{R}$ dans $\mathbf{R}$ qui envoie x_1 en ∞ et x_2 en 0 est de la forme
$$h(x) = k\,\frac{x - x_2}{x - x_1},$$
avec $k \in \mathbf{R}$. La condition $h(x_3) = 1$ donne $k = (x_3 - x_1)/(x_3 - x_2)$.

Remarque. – Muni de sa topologie d'espace quotient de $\mathbf{R}^3 - \{0\}$, le plan projectif $\mathrm{P}_2(\mathbf{R})$ est un espace compact ayant une sphère de dimension 2 pour revêtement à deux feuillets (*cf.* exerc. 10).

6. Homographie entre deux droites d'un plan

PROPOSITION 9. – *Soient* D *et* D′ *deux droites affines et* h *une application homographique de* D *dans* D′. *Il existe des repères affines* $\phi : \mathbf{R} \to \mathrm{D}$ *et* $\phi' : \mathbf{R} \to \mathrm{D}'$ *telle que l'expression* $\theta = \phi'^{-1} \circ h \circ \phi$ *de* h *dans ces repères soit*
$$\theta(x) = x \quad \textit{si } h \textit{ est une application affine},$$
$$\theta(x) = 1/x \quad \textit{sinon}.$$

Si h est une application affine, ce qui est équivalent à $h(\infty_{\mathrm{D}}) = \infty_{\mathrm{D}'}$, choisissons un repère affine $\phi : \mathbf{R} \to \mathrm{D}$. Alors $\phi' = h \circ \phi$ est un repère affine pour D′. L'expression θ de l'application h dans ces repères est l'application identique de $\mathbf{R}$.

Si h n'est pas une application affine, soient $\mathrm{J}' = h(\infty_{\mathrm{D}})$ et $\mathrm{I} = h^{-1}(\infty_{\mathrm{D}'})$. Choisissons des repères affines ϕ pour D et ϕ' pour D′ tels que $\phi(0) = \mathrm{I}$, $\phi'(0) = \mathrm{J}'$. L'expression θ de h dans ces repères est une homographie de $\mathbf{R}$ telle que $\theta(0) = \infty$, $\theta(\infty) = 0$. Elle est donc de la forme $\theta(x) = k/x$, avec $k \in \mathbf{R}^*$. Il suffit de modifier le repère ϕ' en le composant avec l'homothétie de rapport k de $\mathbf{R}$ pour obtenir le résultat annoncé. ||

Dans la pratique, les droites D et D′ sont souvent déjà munies de repères affines. La relation entre l'abscisse x d'un point M de D et l'abscisse x' du point $\mathrm{M}' = h(\mathrm{M})$ est de la forme
$$axx' + bx + cx' + d = 0,$$
où $ad - bc \neq 0$ (*cf.* § 1).

Si $a \neq 0$, cette relation s'écrit
$$\left(x + \frac{c}{a}\right)\left(x' + \frac{b}{a}\right) = \frac{bc - ad}{a^2}.$$
Le changement de repère affine pour transformer cette relation en $xx' = 1$ est alors visible.

Si $a = 0$, la relation affine $bx + cx' + d = 0$ ne présente pas de difficulté. Si les droites D et D′ sont contenues dans un même plan euclidien, les points M et M′ décrivent des divisions semblables (*cf.* V.6).

Remarque. – Il existe toujours des repères projectifs dans lesquels une homographie s'exprime comme l'application identique.

Soient maintenant deux droites D et D′ distinctes dans un même plan, et h une homographie de D dans D′. Pour éviter d'avoir à distinguer les cas particuliers de parallélisme, nous nous plaçons dans un plan projectif E et nous prenons pour D et D′ des droites projectives. Les droites D et D′ ont alors un unique point commun.

DÉFINITION 6. – *Soient* D *et* D′ *deux droites projectives distinctes dans un plan projectif, et soit* O *leur point commun. On dit qu'une homographie* h *de* D *sur* D′ *est une* homologie *si* $h(\mathrm{O}) = \mathrm{O}$.

Exemple. - Soient D et D′ deux droites projectives distinctes dans un plan projectif, et soit K un point du plan, hors des droites D et D′. La projection centrale de centre K induit une homologie de D sur D′. En réalité, toute homologie est de ce type.

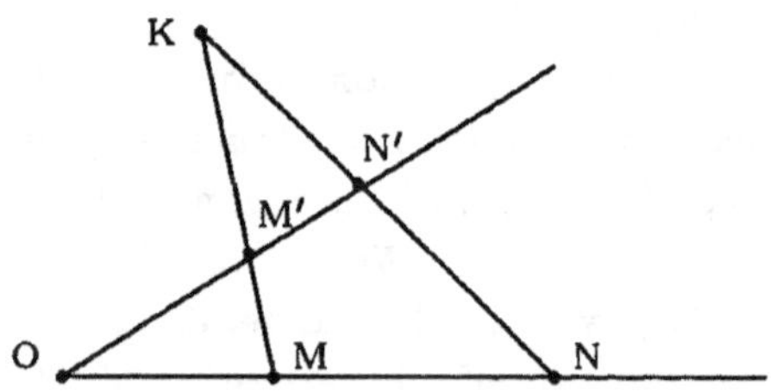

PROPOSITION 10. – *Toute homologie est une projection centrale*

Soient D et D′ deux droites projectives distinctes dans un plan projectif, et soit h une homologie de D sur D′. Soient M et N deux points de la droites D, distincts entre eux et distincts du point d'intersection O de D et D′. On pose $\mathrm{M}' = h(\mathrm{M})$, $\mathrm{N}' = h(\mathrm{N})$. Les quatre points M, M′, N et N′ sont distincts, et distincts de O. Les droites MM′ et NN′ se coupent en un point K qui n'appartient ni à D, ni à D′. La projection centrale p de centre K de D sur D′ est une homographie qui coïncide avec h aux points O, M et N. Par suite $h = p$ car deux homographies qui coïncident en trois points sont égales (prop. 4). ||

Le point K est appelé *centre de l'homologie* h.

Proposition 11. – *Soient* D *et* D′ *deux droites distinctes dans un même plan, et* O *leur point commun. Soit* h *une homographie de* D *sur* D′. *Il existe une droite* Δ *ayant la propriété que, si* M *et* N *sont deux points distincts sur la droite* D, *si* M′ *et* N′ *sont leurs transformés par* h, *les droites* MN′ *et* M′N *se rencontrent en un point de la droite* Δ.

Soient A, B, C trois points distincts sur la droite D, et soient A′, B′, C′ leurs transformés par l'homographie h. On suppose A et A′ distincts de O. Les droites AB′, A′B, AC′ et A′C sont distinctes. On note W le point d'intersection des droites AB′ et A′B, V le point d'intersection des droites AC′ et A′C, et Δ_A la droite VW.

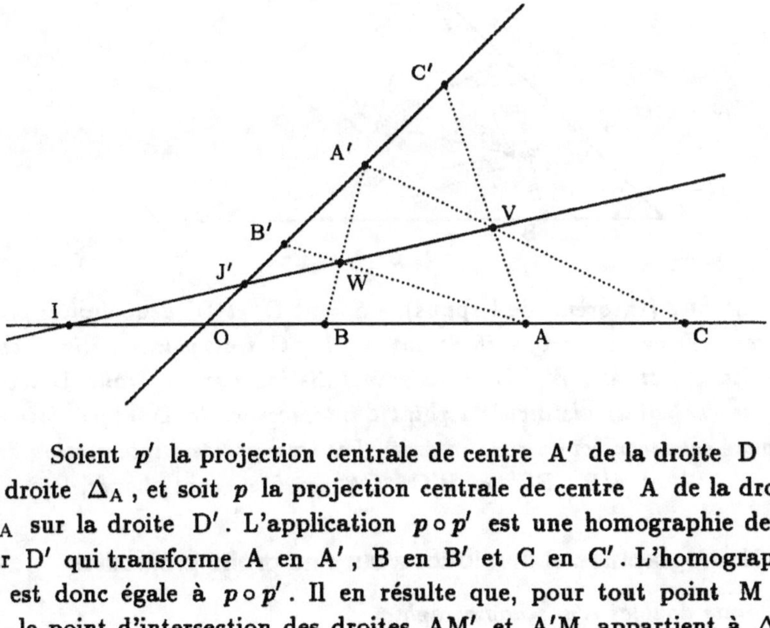

Soient p' la projection centrale de centre A′ de la droite D sur la droite Δ_A, et soit p la projection centrale de centre A de la droite Δ_A sur la droite D′. L'application $p \circ p'$ est une homographie de D sur D′ qui transforme A en A′, B en B′ et C en C′. L'homographie h est donc égale à $p \circ p'$. Il en résulte que, pour tout point M de D, le point d'intersection des droites AM′ et A′M appartient à Δ_A. En particulier, pour $M = O$, le point $J' = h(O)$ est l'intersection des droites Δ_A et A′O. De même, le point $I = h^{-1}(O)$ est l'intersection des droites AO et Δ_A.

Si les points I et J′ sont distincts (*i.e.* si h n'est pas une homologie), la droite Δ_A est la droite IJ′. Pour tout point M de la droite D, distinct de O et I, la droite Δ_M est égale à IJ′. Si N est un point de D distinct de M, les droites MN′ et M′N se coupent en un point de la droite IJ′. Si M est égal à O ou I les droites MN′ et M′N se rencontrent en J′ ou en I. D'où la proposition dans ce cas.

Si l'homographie h est une homologie, pour tout point M distinct de O, la droite Δ_M joint le point O au point d'intersection de AM′ et A′M. Elle est donc égale à Δ_A et la conclusion est la même. ||

La droite Δ est appelée *axe de l'homographie* h. Si h n'est pas une homologie, c'est la droite qui joint l'image et l'image réciproque du point O commun aux droites D et D′. Si h est une homologie, nous verrons que l'axe de l'homologie est la polaire du centre de l'homologie par rapport au couple de droites D et D′.

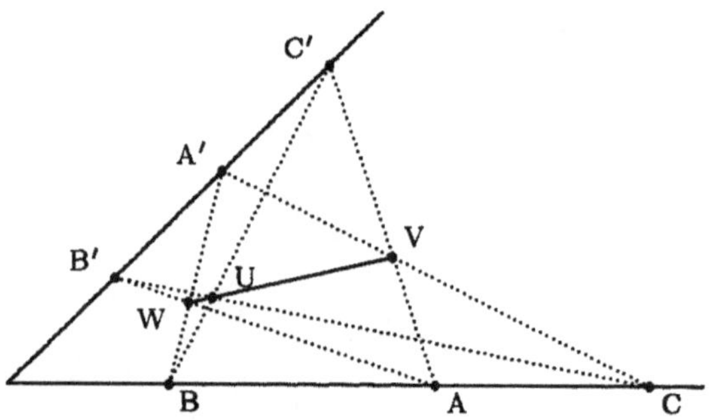

COROLLAIRE (théorème de Pappus). – *Soient* D *et* D′ *deux droites projectives dans un plan projectif. Soient* A, B, C *trois points distincts sur la droite* D, *et* A′, B′, C′ *trois points distincts sur la droite* D′. *On suppose ces points distincts du point d'intersection de* D *et* D′ *(sinon l'énoncé est incorrect ou sans intérêt). Les trois points d'intersection des droites* AB′ *et* A′B, BC′ *et* B′C, CA′ *et* C′A *sont alignés.*

7. Homographies et involutions sur une droite projective

A) *Points doubles d'une homographie*

Soit $h : x \mapsto x'$ une homographie de la droite projective $\widetilde{\mathbf{R}}$ sur elle-même définie par la relation

$$axx' + bx + cx' + d = 0, \tag{9}$$

où $ad - bc \neq 0$.

Si $a = 0$, l'homographie h est une application affine, le point ∞ est un point fixe. Si, de plus, on a $b + c = 0$, l'application h induit une translation sur $\mathbf{R}$. Elle n'a alors pas d'autre point fixe sauf lorsque

$d = 0$, cas où h est l'application identique. Si $b + c \neq 0$, l'application h induit sur $\mathbf{R}$ une homothétie, d'où un second point fixe.

Si $a \neq 0$, le point ∞ n'est pas fixe. Les points fixes $x \in \mathbf{R}$ sont les solutions de l'équation

$$ax^2 + (b + c)x + d = 0.$$

L'homographie possède zéro, un ou deux points fixes réels.

PROPOSITION 12. – *Si une homographie h de $\widetilde{\mathbf{R}}$ possède deux points fixes distincts u et v, le birapport $(u, v, x, h(x))$ est indépendant de $x \in \widetilde{\mathbf{R}} - \{u, v\}$.*

Inversement, si u et v sont deux points distincts sur $\widetilde{\mathbf{R}}$, la relation

$$(u, v, x, h(x)) = k, \tag{10}$$

où $k \in \widetilde{\mathbf{R}}$ est $\neq \infty$ ou 0, définit une homographie h ayant u et v pour points fixes.

Soient u, v, x, x', y et y' des éléments de $\widetilde{\mathbf{R}}$ supposés distincts entre eux. Un petit calcul élémentaire montre l'équivalence

$$(u, v, x, x') = (u, v, y, y') \iff (u, v, x, y) = (u, v, x', y').$$

La première assertion résulte alors du fait que l'homographie h conserve le birapport.

Pour démontrer la seconde, choisissons une homographie ϕ qui envoie u en ∞ et v en 0. La relation (10) est équivalente à

$$(\infty, 0, \phi(x), \phi(h(x))) = k,$$

qui s'écrit plus simplement $\phi(h(x)) = k\phi(x)$. Lue dans le repère projectif ϕ^{-1}, l'application h est l'homothétie de rapport k ; c'est une application homographique qui laisse fixes les points ∞ et 0. ||

L'homographie h définie par la relation (9) admet pour *unique point fixe* le point 0 si $a \neq 0$, $b + c = 0$ et $d = 0$. La relation (9) s'écrit

$$axx' + b(x - x') = 0, \qquad \text{ou encore} \qquad \frac{1}{x} - \frac{1}{x'} = \frac{a}{b}.$$

B) *Involutions*

DÉFINITION 7. – *Une* involution *est une application homographique h d'une droite projective dans elle-même, distincte de l'application identique, et dont le carré $h \circ h$ est l'application identique.*

Une involution sur $\widetilde{\mathbf{R}}$, est définie par une relation de la forme

$$axx' + b(x + x') + d = 0,$$

où $ad - b^2 \neq 0$.

PROPOSITION 13. – *Pour qu'une application homographique h de $\tilde{\mathbf{R}}$ dans $\tilde{\mathbf{R}}$, soit une involution, il suffit qu'il existe un point z de $\tilde{\mathbf{R}}$ tel que $h(z) \neq z$ et $h(h(z)) = z$.*

Une démonstration rapide consisterait à dire que l'homographie $h \circ h$ a trois points fixes, les deux points fixes de h (dans $\tilde{\mathbf{C}}$) et le point z, et que $h \circ h$ est donc l'application identique.

Plus soigneusement, supposons h définie par la relation

$$axx' + bx + cx' + d = 0.$$

Quitte à faire une homographie, on peut supposer que les points z et $z' = h(z)$ sont distincts de ∞. Par hypothèse, on a

$$azz' + bz + cz' + d = az'z + bz' + cz + d = 0,$$

d'où $(b-c)(z-z') = 0$, d'où il résulte $b = c$. ||

COROLLAIRE. – *Soient x, x', y, y' quatre points distincts de $\tilde{\mathbf{R}}$. Il existe une unique involution de $\tilde{\mathbf{R}}$ qui envoie x en x', et y en y'.* ||

PROPOSITION 14. – *Une involution de la droite projective réelle $\tilde{\mathbf{R}}$ admet deux points fixes ou aucun point fixe. Une involution de la droite projective complexe admet deux points fixes.*

En effet, l'équation aux points fixes $ax^2 + 2bx + d = 0$ a un discriminant $b^2 - ad \neq 0$. ||

PROPOSITION 15. – *Si une involution h a deux points fixes u et v, elle est caractérisée par $(u, v, x, h(x)) = -1$.*

On sait (prop. 12) que l'homographie h est caractérisée par

$$(u, v, x, h(x)) = k,$$

où $k \in \mathbf{R}$ est $\neq 0$, et $\neq 1$ (qui correspond à $h = \mathrm{Id}$). Par transposition de x et $h(x)$, on a $(u, v, h(x), x) = 1/k$. Pour que h soit une involution, il faut et il suffit que l'on ait $k = 1/k$, soit $k = -1$. ||

COROLLAIRE. – *Une involution est déterminée par ses deux points fixes.*

C) *Formes réduites d'une involution de* $\tilde{\mathbf{R}}$

Une involution affine est caractérisée par la relation

$$b(x + x') + d = 0.$$

Le point ∞ est un point fixe. Si on prend pour origine le second point fixe, la relation devient $x + x' = 0$. Une involution affine est la symétrie par rapport à un point.

Si l'involution n'est pas une application affine ($a \neq 0$), et si l'on prend pour origine l'image du point ∞, l'involution est caractérisée par $xx' = d$. Une involution qui ne laisse pas fixe le point ∞ est une inversion.

8. Birapport harmonique

DÉFINITION 8. – *On dit que quatre points distincts* A, B, C, D *d'une droite projective forment une* division harmonique *si leur birapport* (A, B, C, D) *est égal à* -1.

On sait que $(A, B, C, D) = (C, D, A, B)$ et que les permutations (A, B) et (C, D) transforment le birapport (A, B, C, D) en son inverse. Le fait que la division (A, B, C, D) soit harmonique est donc une propriété des deux paires de points {A, B} et {C, D}, indépendante de leur ordre.

Supposons que les points A, B, C, D appartiennent à une droite affine Δ. Pour que la division (A, B, C, D) soit harmonique, il faut et il suffit que l'on ait

$$\frac{\overrightarrow{AC}}{\overrightarrow{BC}} = -\frac{\overrightarrow{AD}}{\overrightarrow{BD}}. \tag{11}$$

Si l'on choisit un repère affine sur la droite Δ, et si l'on note a, b, c et d les abscisses des points A, B, C et D, la relation (11) est équivalente à la relation

$$(a, b, c, d) = -1,$$

qui s'écrit aussi

$$(a+b)(c+d) = 2\,(ab+cd). \tag{12}$$

Si l'on désigne par I le milieu du segment AB, on a les relations équivalentes

$$\frac{2}{\overline{AB}} = \frac{1}{\overline{AC}} + \frac{1}{\overline{AD}}, \tag{13}$$

$$IA^2 = IB^2 = \overrightarrow{IC}.\overrightarrow{ID}, \tag{14}$$

$$\overrightarrow{CA}.\overrightarrow{CB} = \overrightarrow{CD}.\overrightarrow{CI}. \tag{15}$$

Si A, B, C sont trois points distincts sur une droite affine Δ, pour que la division (A, B, C, ∞_Δ) soit harmonique, il faut et il suffit que le point C soit le milieu du segment AB.

Si A et B sont deux points distincts fixés sur une droite projective $\widetilde{\Delta}$, pour tout point C de $\widetilde{\Delta}$, distinct de A et B, il existe un unique point D de $\widetilde{\Delta}$ tel que $(A, B, C, D) = -1$ (prop. 2). On dit que le point D est le *conjugué harmonique* de C par rapport au couple de points A et B. L'application $C \mapsto D$ est une involution dont les points fixes sont A et B (prop. 15). On conviendra de dire que chacun des points A et B est son propre conjugué harmonique par rapport à A et B.

DÉFINITION 9. – *Dans un plan projectif, on dit que quatre droites projectives distinctes* D_1, D_2, D_3, D_4 *issues d'un point* I *forment un* faisceau harmonique *si le birapport* (D_1, D_2, D_3, D_4) *est égal à* -1.

Pour cela, il faut et il suffit que les points d'intersection M_1, M_2, M_3, M_4 de ces droites avec une (toute) droite ne contenant pas le point I, forment une division harmonique (§ 4, définition du birapport de quatre droites).

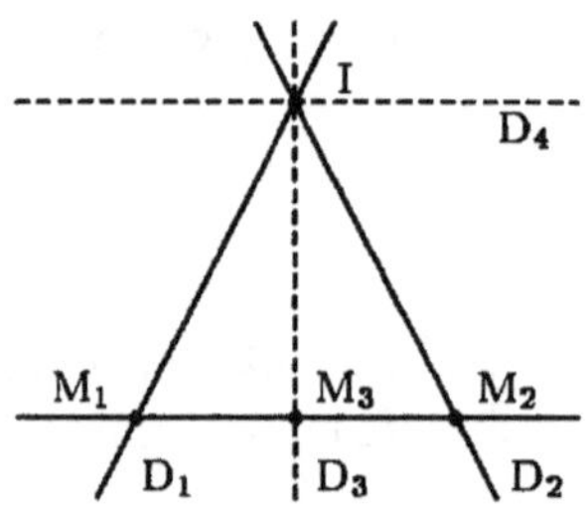

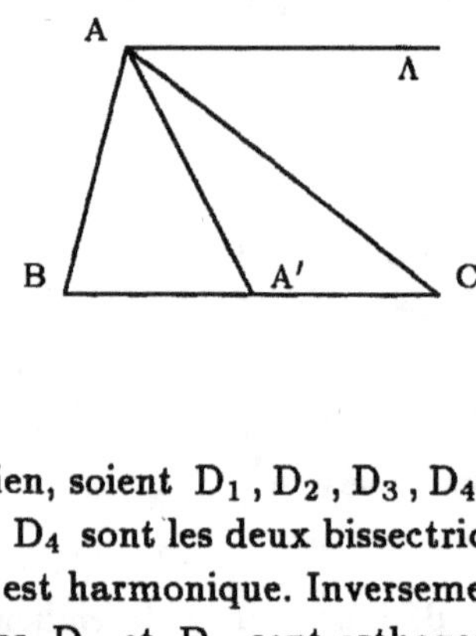

Exemples. - 1) Dans un plan affine euclidien, soient D_1, D_2, D_3, D_4 quatre droites issues d'un point I. Si D_3 et D_4 sont les deux bissectrices de D_1 et D_2, le faisceau (D_1, D_2, D_3, D_4) est harmonique. Inversement, si le faisceau est harmonique et si les droites D_3 et D_4 sont orthogonales, ce sont les bissectrices du couple des droites D_1 et D_2.

En effet, soit Δ une droite parallèle à D_4 qui rencontre D_1, D_2 et D_3 en des points M_1, M_2 et M_3. Si D_3 et D_4 sont les deux bissectrices de D_1 et D_2, le point M_3 est milieu du segment M_1M_2, et la division $(M_1, M_2, M_3, \infty_\Delta)$ est harmonique, d'où la première affirmation. Si le faisceau (D_1, D_2, D_3, D_4) est harmonique, le point M_3 est milieu du segment M_1M_2, et les droites D_1 et D_2 sont symétriques par rapport à D_3. La droite D_3 est l'une des bissectrices, la droite D_4, qui lui est orthogonale, est l'autre bissectrice.

2) Dans un plan affine, soient A, B, C trois points non alignés, soit A′ le milieu de BC et Λ la parallèle à BC issue de A. Les droites AB, AC, AA′ et Λ forment un faisceau harmonique.

Tout faisceau harmonique de droites concourantes dans le plan affine peut être obtenu par une construction de ce type.

PROPOSITION 16. – *Soient* A, B, C, D *quatre points projectivement indépendants dans un plan projectif. Soient* I, J *et* K *les points de rencontre des couples de droites* (AB, CD), (AC, DB) *et* (AD, BC). *Le faisceau de droites* (KA, KB, KI, KJ) *est harmonique.*

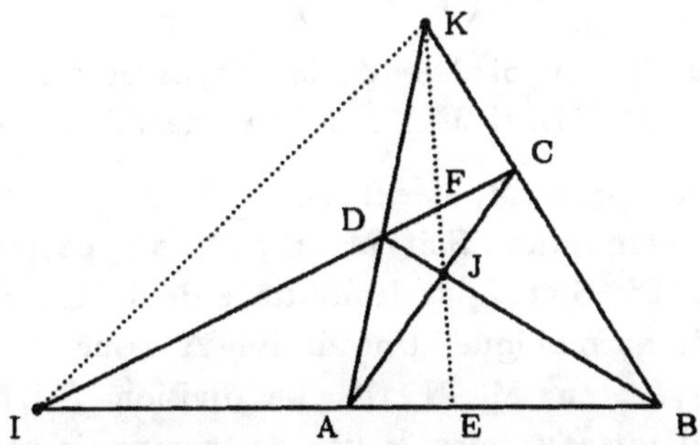

Dire que quatre points sont projectivement indépendants, c'est dire qu'ils sont distincts et que les six droites joignant deux d'entre eux sont distinctes (§ 5). Notons k le birapport (KA, KB, KI, KJ). Soient E et F les points d'intersection de la droite KJ et des droites AB et CD respectivement. En considérant les droites KA, KB, KI, KJ et les deux sécantes AB et CD, on obtient l'égalité des birapports

$$(A, B, I, E) = (D, C, I, F) = k.$$

En considérant les droites JA, JB, JI, JK et les mêmes deux sécantes AB et CD, on obtient l'égalité des birapports

$$(A, B, I, E) = (C, D, I, F).$$

On sait que les birapports (C, D, I, F) et (D, C, I, F) sont inverses l'un de l'autre. On a donc $k = 1/k$, soit $k^2 = 1$, d'où $k = \pm 1$. Si k était égal à 1, les points I, J et K seraient alignés. Le fait que ces points ne sont pas alignés n'est pas tout à fait évident. Nous l'établissons dans le lemme suivant, où intervient explicitement que nous faisons de la géométrie sur un corps de caractéristique différente de 2. ||

Lemme. – Si quatre points A, B, C, D, *dans un plan projectif, sont projectivement indépendants, les points* $I = AB \cap CD$, $J = AC \cap BD$ *et* $K = AD \cap BC$ *ne sont pas alignés.*

D'après la prop. 8, il existe une homographie envoyant les points A, B, C, D aux points X, Y, O et U définis au § 5. Autrement dit, on peut choisir un repère projectif dans lequel on ait $A = (1,0,0)$, $B = (0,1,0)$, $C = (0,0,1)$ et $D = (1,1,1)$. On voit facilement que l'on a alors $I = (1,1,0)$, $J = (1,0,1)$ et $K = (0,1,1)$. Ces points ne sont pas alignés car

$$\det \begin{pmatrix} 1 & 1 & 0 \\ 0 & 1 & 1 \\ 1 & 0 & 1 \end{pmatrix} = 2. \qquad ||$$

Remarque. – Sous les hypothèses de la proposition 16, les faisceaux (IB, IC, IK, IJ) et (JC, JD, JI, JK) sont aussi harmoniques.

Dans un plan projectif, soient D et D′ deux droites distinctes, et I leur point d'intersection. Soit M un point n'appartenant à aucune des droites D ou D′. Soit L la droite issue de I telle que le faisceau (IM, L, D, D′) soit harmonique. Une droite Δ issue de M rencontre les droites L, D, D′ en M′, N, N′. La division (M, M′, N, N′) est harmonique. En d'autres termes, le lieu des conjugués harmoniques du point M par rapport aux points d'intersection avec D et D′ d'une droite variable passant par M est la droite L. Cette droite est appelée *droite polaire* du point M par rapport au couple des droites D et D′.

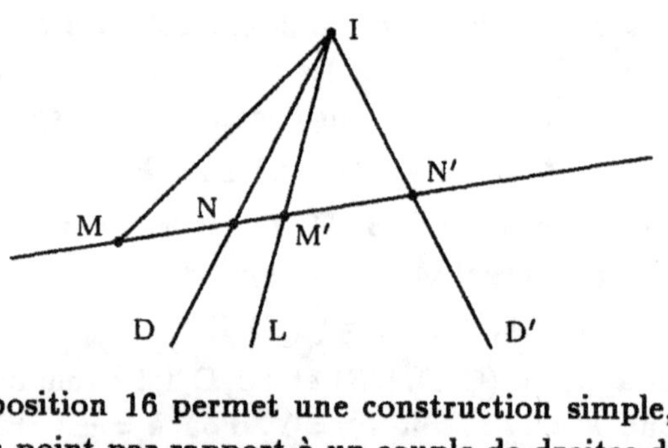

La proposition 16 permet une construction simple, à la règle, de la polaire d'un point par rapport à un couple de droites distinctes. Avec les notations de cette proposition, la droite KJ est la polaire du point I par rapport au couple de droites (AD, BC).

Exercices

1

a) Soient x_1, x_2, x_3, x_4 et y_1, y_2, y_3, y_4 deux suites d'éléments distincts dans $\widetilde{\mathbf{R}}$. On suppose l'égalité des birapports

$$(x_1, x_2, x_3, x_4) = (y_1, y_2, y_3, y_4).$$

Démontrer que, pour toute permutation $\sigma \in S_4$, on a l'égalité des birapports

$$(x_{\sigma(1)}, x_{\sigma(2)}, x_{\sigma(3)}, x_{\sigma(4)}) = (y_{\sigma(1)}, y_{\sigma(2)}, y_{\sigma(3)}, y_{\sigma(4)}).$$

b) D'après a), pour tout $\sigma \in S_4$, il existe une application h_σ de $\widetilde{\mathbf{R}}$ dans $\widetilde{\mathbf{R}}$ telle que,

si $$(x_1, x_2, x_3, x_4) = k,$$

alors $$(x_{\sigma(1)}, x_{\sigma(2)}, x_{\sigma(3)}, x_{\sigma(4)}) = h_\sigma(k).$$

Démontrer que la fonction h_σ est homographique. Démontrer que l'application $\sigma \mapsto h_\sigma$ est un morphisme du groupe symétrique S_4 dans le groupe $\mathrm{PGl}_2(\mathbf{R})$ des homographies.

c) Démontrer que l'image de ce morphisme est un groupe G à six éléments que l'on précisera, et que son noyau est un sous-groupe H de S_4 à quatre éléments que l'on précisera.

d) Démontrer que les orbites de G dans $\widetilde{\mathbf{R}}$ qui ont moins de six éléments sont $\{0, 1, \infty\}$ et $\{-1, 2, \frac{1}{2}\}$.

e) Sur le corps **C** des nombres complexes, démontrer qu'il y a une autre orbite exceptionnelle, l'ensemble $\{-j, -j^2\}$, des deux racines cubiques complexes de -1.

2

Dans $\mathbf{R}^2$, les équations

$$ax^2 + 2bxy + cy^2 = 0, \qquad \alpha x^2 + 2\beta xy + \gamma y^2 = 0,$$

sont respectivement l'équation d'un couple de droites vectorielles (D, D'), et l'équation d'un couple de droites vectorielles (Δ, Δ'). Ecrire la condition liant les coefficients pour que le faisceau (D, D', Δ, Δ') soit harmonique.

3

Soient $P = (p_1, p_2)$ et $Q = (q_1, q_2)$ deux points distincts dans $\mathbf{R}^2$. On suppose que la droite PQ ne passe pas par l'origine. Pour $\alpha \in \widetilde{\mathbf{R}}$, on note $M(\alpha)$ le point $(1-\alpha)P + \alpha Q$. Calculer les coordonnées du point $P(\alpha)$ d'intersection de la droite $OM(\alpha)$ et de la droite D d'équation $y = 1$. On retrouve ainsi qu'une projection centrale est une transformation homographique.

4

Démontrer l'équivalence

$$(\infty, 0, x, x') = (\infty, 0, y, y') \iff (\infty, 0, x, y) = (\infty, 0, x', y')$$

en remarquant que le multiplication des matrices diagonales est commutative.

5

a) Soient A et B deux points d'une droite affine D, et soit I le milieu du segment AB. On munit la droite $\widetilde{D}$ du repère projectif pour lequel les points A, B, I ont pour coordonnées homogènes $(1,0)$, $(0,1)$ et $(1,1)$. Démontrer que le point de coordonnées homogènes (x,y) est le barycentre de (A,x) et (B,y) si $x+y \neq 0$, et le point ∞_D si $x+y=0$.

b) Soient A, B, C trois points non alignés dans un plan affine P, et soit G l'isobarycentre de A, B, C. On munit le plan $\widetilde{P}$ du repère projectif dans lequel les coordonnées homogènes de A, B, C, G sont $(1,0,0)$, $(0,1,0)$, $(0,0,1)$ et $(1,1,1)$. Démontrer que le point M de coordonnées homogènes (x,y,z) est le barycentre de (A,x), (B,y), (C,z) si $x+y+z \neq 0$. Pour $x+y+z=0$, le point M est un point à l'infini dans une direction que l'on précisera.

6

Démontrer l'égalité suivante (*formule de Laguerre*) :

$$(\tan\theta, \tan\theta', i, -i) = \exp(2i(\theta-\theta')).$$

7

Soit f un nombre réel $\neq 0$. Dans $\mathbf{R}^2$, on note F et F′ les points de coordonnées $(f,0)$ et $(-f,0)$ respectivement.

Etant donné un nombre réel $a \neq -f$, on pose $A=(a,0)$, $B=(a,1)$, $H=(0,1)$. On note $H'=(0,h')$ le point d'intersection de la droite BF′ et de l'axe vertical $x=0$. On note $B'=(a',h')$ le point d'intersection de la droite HF et de la droite horizontale $y=h'$.

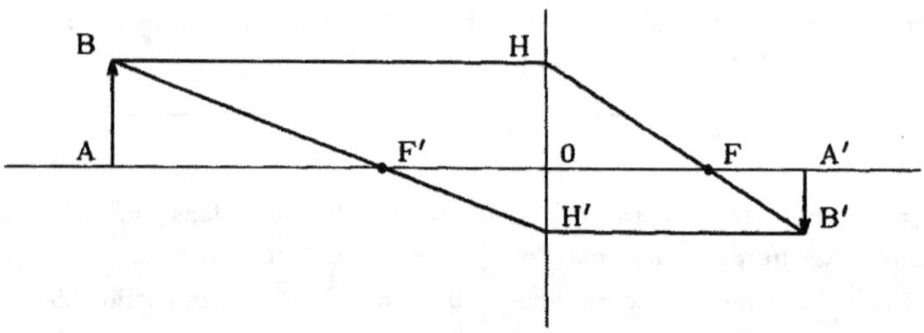

Démontrer que les nombres réels a et a' sont liés par la relation

$$\frac{1}{a'} - \frac{1}{a} = \frac{1}{f}.$$

Cette construction est utilisée en optique pour déterminer l'image $A'=(a',0)$ du point $A=(a,0)$ par une lentille de distance focale f.

8

En utilisant la proposition 16, donner une construction simple de la polaire d'un point par rapport à un cercle (VI, exerc.6).

9

a) Soit ω une lettre ne désignant pas un nombre réel. On note $\widetilde{\mathbf{R}}$ l'ensemble $\mathbf{R} \cup \{\omega\}$. Démontrer qu'il existe une unique structure d'espace topologique sur l'ensemble $\widetilde{\mathbf{R}}$ qui possède les propriétés suivantes :

α) la topologie induite sur $\mathbf{R}$ est la topologie usuelle,

β) l'ensemble $\mathbf{R}$ est ouvert dans $\widetilde{\mathbf{R}}$,

γ) les complémentaires des intervalles compacts $[-A, A]$ forment un ensemble fondamental de voisinages du point ω dans $\widetilde{\mathbf{R}}$.

b) On note $\mathbf{S}$ le cercle de centre 0, de rayon 1 dans $\mathbf{R}^2$, et A le point $(0,1)$. Etant donné un point $M = (x, 0)$ de l'axe $\overrightarrow{0x}$, déterminer les coordonnées (x', y') du point d'intersection M', autre que A, de la droite AM et du cercle $\mathbf{S}$. Inversement, exprimer x en fonction de (x', y').

Les points M et M' se correspondent par l'inversion de pôle A, de puissance 2, que l'on appelle aussi projection stéréographique de centre A.

c) Notons h l'application de $\mathbf{S} - \{A\}$ dans $\mathbf{R}$ qui, au point M' de $\mathbf{S} - \{A\}$, associe l'abscisse x du point d'intersection de la droite AM' et de l'axe $\overrightarrow{0x}$. Démontrer que h est un homéomorphisme.

Démontrer que h se prolonge en un homéomorphisme $\widetilde{h}$ du cercle $\mathbf{S}$ sur $\widetilde{\mathbf{R}}$, envoyant A en ω.

d) De façon analogue, démontrer que la droite complexe complétée $\widetilde{\mathbf{C}}$ est homéomorphe à la sphère unité de dimension 2.

10

La droite projective $P_1(\mathbf{R})$ est l'ensemble des droites vectorielles de $\mathbf{R}^2$. C'est donc l'ensemble quotient de $\mathbf{R}^2 - \{0\}$ par la relation d'équivalence R dont les classes sont les droites vectorielles de $\mathbf{R}^2$ privées de 0. On munit $P_1(\mathbf{R})$ de la topologie d'espace quotient. On note q' l'application de $\mathbf{R}^2 - \{0\}$ dans $\widetilde{\mathbf{R}}$ qui, à un élément (x, y), associe x/y si $y \neq 0$, et ω si $y = 0$ (notations de l'exerc.9).

a) Démontrer que l'application q' est continue, et qu'elle passe au quotient pour définir une bijection continue q de $P_1(\mathbf{R})$ sur $\widetilde{\mathbf{R}}$ (*cf.* § 1, D).

b) Démontrer que la relation d'équivalence R induit sur le cercle unité $\mathbf{S}$ de $\mathbf{R}^2$ la relation d'équivalence $R_{\mathbf{S}}$ dont les classes sont les paires $\{\vec{u}, -\vec{u}\}$ de vecteurs unitaires opposés.

Démontrer que l'espace topologique quotient $\mathbf{S}/R_{\mathbf{S}}$ est homéomorphe à $\mathbf{S}$ [on pourra identifier $\mathbf{S}$ et le groupe $\mathbf{U}$ des nombres complexes de module égal à 1, et considérer l'application $z \mapsto z^2$].

c) En déduire que la droite projective $P_1(\mathbf{R})$ s'identifie à l'espace quotient $\mathbf{S}/R_\mathbf{S}$, et que l'application q est un homéomorphisme de la droite projective $P_1(\mathbf{R})$ sur la droite complétée $\widetilde{\mathbf{R}}$.

d) En procédant comme en a) et b), démontrer que le plan projectif $P_2(\mathbf{R})$ s'identifie à l'espace quotient de la sphère unité $\mathbf{S}_2$ de $\mathbf{R}^3$ par la relation d'équivalence dont les classes sont les paires de points diamétralement opposés. En déduire que $P_2(\mathbf{R})$ est un espace compact.

CHAPITRE VIII

CONIQUES (géométrie élémentaire)

La terminologie de *conique* pour désigner ellipse, hyperbole et parabole, est l'abréviation de *section conique.* Au IVe siècle avant notre ère, dans ses travaux sur la duplication du cube (construction géométrique de $\sqrt[3]{2}$, reconnue impossible depuis Galois), MENECHME, élève de Platon, aurait été amené à considérer les courbes définies comme sections d'un cône de révolution par un plan orthogonal à une génératrice. Absentes des éléments d'EUCLIDE, les coniques sont le sujet d'un important traité d'APOLLONIUS (IIIe siècle av. J.C.). Celui-ci envisage les sections planes quelconques d'un cône à base circulaire, et établit les équations données au § 2. Ainsi, pour Apollonius, les coniques sont les projections centrales de cercles.

En l'absence du formalisme et des notations algébriques, les équations sont décrites par une représentation géométrique parfaitement transparente. Un produit ab est la surface du rectangle de côtés a et b. Une équation entre termes du second degré est une égalité entre sommes d'aires de rectangles. La construction d'un point (x, y) de la parabole d'équation $y^2 = 2px$ est équivalente à la construction d'un rectangle dont l'un des côtés est donné égal à $2p$ et dont la surface est égale au carré y^2. La dénomination de parabole vient du nom grec de cette construction ($\pi\alpha\rho\alpha\beta o\lambda\grave{\eta}$ signifie comparaison, abordage, application). Pour l'hyperbole d'équation $y^2 = x(2p + px/a)$, il s'agit de la construction d'un rectangle d'aire y^2, dont les côtés sont l'inconnue x et une longueur z, plus grande que $2p$, de sorte que la différence entre ce rectangle $z \times x$ et le rectangle $2p \times x$ soit un rectangle semblable au rectangle donné $p \times a$. Le nom d'hyperbole signifie *excès.* Pour l'ellipse d'équation $y^2 = x(2p - px/a)$, il s'agit d'une application avec *défaut* (ellipse). Les solutions de ces problèmes de construction sont données dans le livre VI des *Eléments* d'EUCLIDE, curieusement sans référence aux coniques.

La définition des coniques par un foyer et une directrice était connue de PAPPUS (IIIe s.). A part cette définition et les théorèmes de PONCELET et de DANDELIN (datant du début du XIXe s.), APOLLONIUS connaissait toute la théorie élémentaire exposée dans ce chapitre. DESCARTES utilisait les coniques à la façon des grecs pour résoudre des équations, et non pour elles-mêmes. Le progrès qu'on lui doit est d'écrire les équations des courbes, qui sont des relations entre les « lignes » qui représentent l'abscisse et l'ordonnée des points. Mais il faut attendre les progrès de l'analyse au XVIIIe siècle pour que l'on s'habitue à effectuer des manipulations et des calculs sur ces équations.

Au début du XVIIe siècle cependant, les coniques devaient être suffisamment connues et présentes dans l'enseignement universitaire pour que GALILÉE et KEPLER en connussent les propriétés. Le premier démontrait la trajectoire parabolique des objets en chute libre. Le deuxième, constatant que l'hypothèse de la loi des aires et les mesures de TYCHO BRAHÉ ne permettaient pas à la planète Mars d'avoir une trajectoire circulaire, fit l'hypothèse que la trajectoire était portée par une ellipse dont le soleil occupait un foyer.

Sans doute en vue de la mécanique et de l'astronomie, l'ellipse et la parabole apparaissent dans les programmes des classes terminales scientifiques françaises après le coup d'état de 1852. L'ellipse est le lieu des points dont la somme des distance aux deux foyers est égale à une longueur donnée. La parabole est le lieu des points équidistants du foyer et de la directrice. L'hyperbole n'apparait qu'en 1902, suivie en 1905 de la définition commune par foyer et directrice, ainsi que des sections planes des cônes de révolution.

Nous avons choisi de commencer par la définition commune par foyer et directrice (qui exclut le cercle). Les équations et la définition bifocale des coniques à centre en résultent. Les sections planes de cônes de révolution sont abordées dans l'esprit du théorème de DANDELIN. Les théorèmes de PONCELET sont traités dans le cadre des définitions bifocales.

1. Première définition (foyer et directrice), équation polaire

Soit D une droite dans un plan affine euclidien E. Si M est un point de E, on notera $d(\mathrm{M}, \mathrm{D})$ la distance du point M à la droite D. C'est la longueur du segment MH, où H est le projeté orthogonal du point M sur la droite D. Soient F un point de E hors de la droite D, et e un nombre réel > 0.

DÉFINITION 1. – *La conique de foyer* F, *de directrice* D, *d'excentricité* e, *est l'ensemble des points* M *du plan tels que* $\mathrm{MF} = e\,d(\mathrm{M}, \mathrm{D})$.

Choisissons un repère orthonormal dont l'origine est le point F, et l'axe des abscisses la droite perpendiculaire à D issue de F (axe de symétrie des données). On note K le projeté orthogonal du point F sur la directrice D, et on pose $\overline{\mathrm{FD}} = d$.

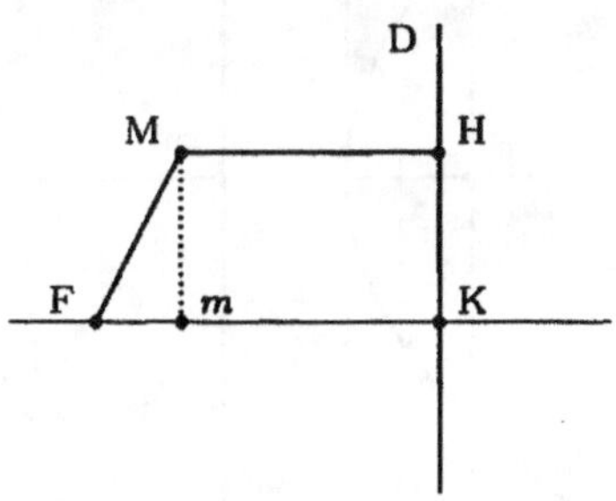

Soit $\mathrm{M} = (r\cos\theta, r\sin\theta)$ un point du plan, on note H et m les projections orthogonales de M sur les droites D et FK. On a

$$\mathrm{MF} = |r|, \qquad \mathrm{MH} = m\mathrm{K} = |d - r\cos\theta|.$$

La condition $\mathrm{MF} = e\,\mathrm{MH}$ s'écrit

$$\pm r = e(d - r\cos\theta). \tag{1}$$

Le changement de r en $-r$ et de θ en $\theta + \pi$ ne change pas le point M, et permet d'éliminer le signe $\pm$. L'équation de la conique en coordonnées polaires est donc

$$r = \frac{ed}{1 + e\cos\theta}. \tag{2}$$

2. Equation cartésienne

Par un choix convenable des axes de coordonnées, on peut supposer $d > 0$. Le nombre $p = ed$ est appelé *paramètre* de la conique.

En notant (x, y) les coordonnées du point M, l'équation (1) devient $\pm r = p - ex$, qui est équivalente à

(3) $$x^2 + y^2 = (p - ex)^2.$$

Si $e = 1$, l'équation (3) s'écrit

(4) $$y^2 = -2p\left(x - \frac{p}{2}\right).$$

C'est l'équation d'une *parabole* d'axe Fx, dont la tangente au sommet est la droite $x = p/2$, médiatrice de FK.

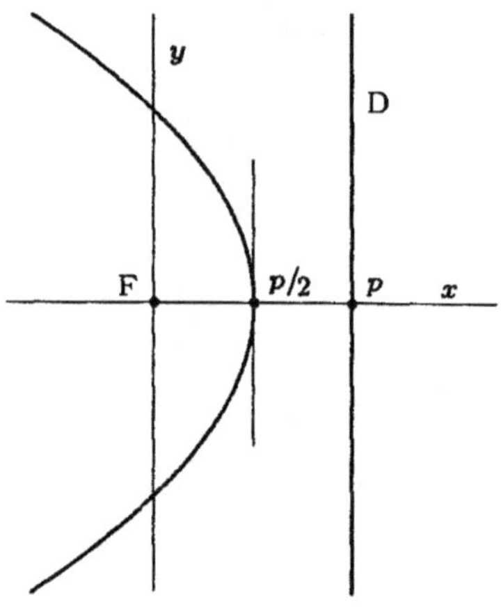

Si $e \neq 1$, l'équation (3) s'écrit

$$x^2(1 - e^2) + 2pex + y^2 - p^2 = 0,$$

ou encore, en regroupant les termes en x dans un carré,

(5) $$\frac{(x - x_0)^2}{a^2} + \epsilon\,\frac{y^2}{b^2} - 1 = 0,$$

avec

$$x_0 = -\frac{pe}{1 - e^2}, \quad a = \frac{p}{|1 - e^2|}, \quad b = \frac{p}{\sqrt{|1 - e^2|}}.$$

et $\epsilon = 1$ si $0 < e < 1$, $\epsilon = -1$ si $e > 1$.

La droite $y = 0$, axe de symétrie de la figure constituée du point F et de la droite D, est axe de symétrie de la conique. Mais il apparaît un axe de symétrie non prévu, la droite $x = x_0$, d'où un centre de symétrie

$O = (x_C, 0)$. Les coniques d'excentricité $\neq 1$ sont appelées *coniques à centre.*

En prenant la droite $x = x_0$ pour axe des ordonnées, pour $0 < e < 1$, l'équation (5) devient

$$\frac{x^2}{a^2} + \frac{y^2}{b^2} = 1, \tag{6}$$

équation d'une *ellipse* que l'on peut représenter paramétriquement par

$$x = a\cos u, \qquad y = b\sin u. \tag{7}$$

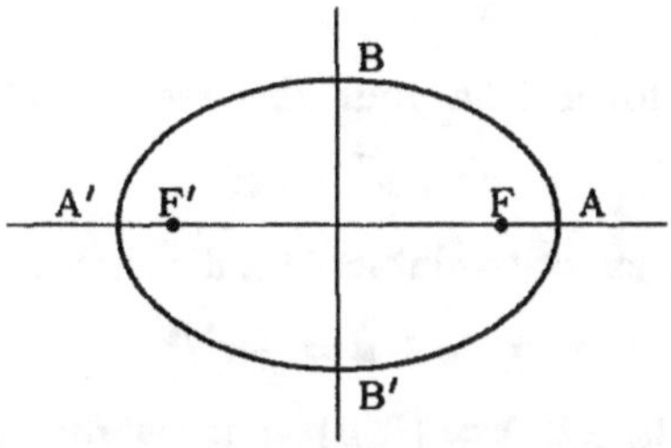

Les points d'intersection de l'ellipse et de l'axe $\overrightarrow{Ox}$ sont les points $A = (a, 0)$ et $A' = (-a, 0)$. Les points d'intersection avec l'axe $\overrightarrow{Oy}$ sont les points $B = (0, b)$ et $B' = (0, -b)$. Ces quatre points sont appelés *sommets* de l'ellipse. L'abscisse $-x_0$ du foyer F dans ces nouvelles coordonnées est > 0 et notée c ; on a

$$a^2 = b^2 + c^2.$$

On obtient ainsi toutes les ellipses dont l'axe horizontal $2a$, appelé grand axe, est strictement plus grand que l'axe vertical $2b$, appelé petit axe. Seul le cercle échappe à la définition par foyer et directrice. Le paramètre p, l'excentricité e et la distance d du foyer à la directrice sont donnés par

$$p = \frac{b^2}{a}, \qquad e = \frac{c}{a}, \qquad d = \frac{b^2}{c}. \tag{8}$$

La directrice est la droite d'équation

$$x = c + d = a^2/c.$$

Si l'excentricité est > 1, l'équation (5) devient

$$\frac{x^2}{a^2} - \frac{y^2}{b^2} = 1, \tag{9}$$

équation d'une *hyperbole* d'équations paramétriques

$$x = \pm a\,\mathrm{ch}\,u, \qquad y = b\,\mathrm{sh}\,u. \tag{10}$$

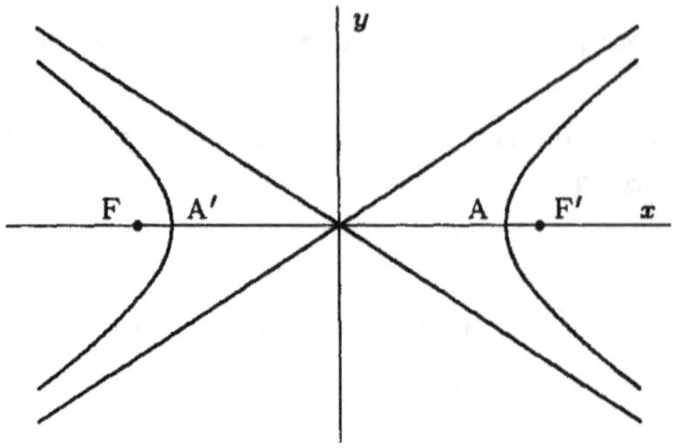

En posant $c = x_0$, le foyer F a pour abscisse $-c$ et l'on a

$$a^2 + b^2 = c^2.$$

Les relations (8) sont encore valables. La directrice D a pour équation

$$x = -c + d = -a^2/c.$$

Les points $A' = (-a, 0)$ et $A = (a, 0)$ sont les *sommets* de l'hyperbole.

Dans le cas des coniques à centre, soient F' et D' les symétriques de F et D par rapport au centre O de la conique. La conique de foyer F, de directrice D, d'excentricité e est aussi la conique de foyer F', de directrice D', de même excentricité. La longueur $2c = FF'$ est appelée *distance focale*.

3. Définition bifocale des coniques à centre

Soit $\mathcal{E}$ l'ellipse d'équation

$$\frac{x^2}{a^2} + \frac{y^2}{b^2} - 1 = 0,$$

où $0 < b < a$. Les foyers sont les points $F = (c, 0)$ et $F' = (-c, 0)$; les directrices correspondantes D et D' ont pour équations $x = a^2/c$ et $x = -a^2/c$. On note K et K' les points $(a^2/c, 0)$ et $(-a^2/c, 0)$.

Soit M un point du plan, et soient H et H' les projections orthogonales de M sur les droites D et D'. Si le point M est situé entre D et D', on a

$$MH + MH' = KK' = 2a^2/c.$$

Si, au contraire, le point M est à l'extérieur de la bande limitée par D et D', on a

$$|MH - MH'| = KK' = 2a^2/c.$$

Si le point M appartient à l'ellipse $\mathcal{E}$, on a $\mathrm{MF} = e\,\mathrm{MH}$, $\mathrm{MF'} = e\,\mathrm{MH'}$, d'où

$$(11) \qquad \begin{array}{ll} \text{ou bien} & \mathrm{MF} + \mathrm{MF'} = e\,\mathrm{KK'} = 2a, \\ \text{ou bien} & |\mathrm{MF} - \mathrm{MF'}| = e\,\mathrm{KK'} = 2a. \end{array}$$

Comme $\mathrm{FF'} = 2c < 2a$, la deuxième égalité est impossible, et l'on a

$$(12) \qquad \mathrm{MF} + \mathrm{MF'} = 2a.$$

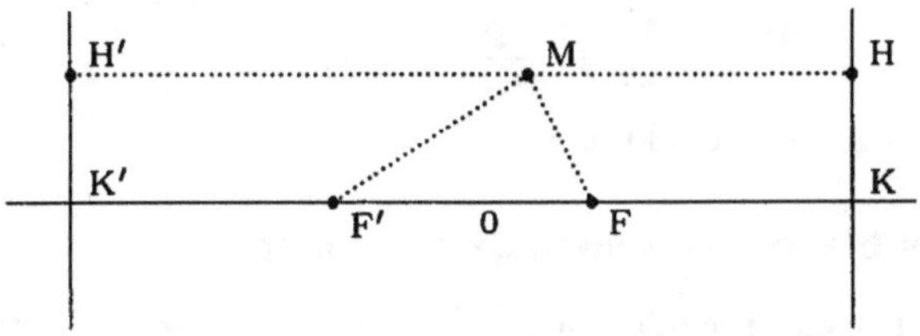

Le même raisonnement pour l'hyperbole $\mathcal{H}$ d'équation

$$\frac{x^2}{a^2} - \frac{y^2}{b^2} - 1 = 0,$$

conduit à

$$(13) \qquad |\mathrm{MF} - \mathrm{MF'}| = 2a,$$

la première égalité de (11) étant impossible car $\mathrm{FF'} > 2a$.

Nous venons de démontrer que les conditions (12) et (13) sont nécessaires pour que le point M appartienne à l'ellipse $\mathcal{E}$ ou à l'hyperbole $\mathcal{H}$ respectivement. On peut démontrer qu'elles sont suffisantes par une démonstration géométrique dans le même esprit que la démonstration directe (voir exerc. 19). Nous donnons ci-dessous une démonstration analytique qui prouve que les conditions sont nécessaires et suffisantes, à la fois pour l'ellipse et pour l'hyperbole.

PROPOSITION 1. – *Soit $\mathcal{C}$ la conique à centre de foyers* $\mathrm{F} = (c, 0)$ *et* $\mathrm{F'} = (-c, 0)$, *de grand axe* $2a$. *Pour qu'un point* M *du plan appartienne à* $\mathcal{C}$, *il faut et il suffit que l'on ait*

$$\begin{array}{llll} \mathrm{MF} + \mathrm{MF'} = 2a & \textit{si} & 0 < c < a & (\textit{cas de l'ellipse}), \\ |\mathrm{MF} - \mathrm{MF'}| = 2a & \textit{si} & 0 < a < c & (\textit{cas de l'hyperbole}). \end{array}$$

La condition $(\mathrm{MF} \pm \mathrm{MF}')^2 = 4a^2$ est équivalente à $\mathrm{MF} + \mathrm{MF}' = 2a$ si $0 < c < a$, et à $|\mathrm{MF} - \mathrm{MF}'| = 2a$ si $0 < a < c$. Elle est équivalente à

$$(\mathrm{MF}^2 + \mathrm{MF}'^2 - 4a^2)^2 = 4\,\mathrm{MF}^2\mathrm{MF}'^2,$$
$$(2x^2 + 2y^2 + 2c^2 - 4a^2)^2 = 4((x-c)^2 + y^2)((x+c)^2 + y^2),$$
$$(x^2 + y^2 + c^2 - 2a^2)^2 = (x^2 + y^2 + c^2)^2 - 4c^2x^2,$$
$$2a^2(2x^2 + 2y^2 + 2c^2 - 2a^2) - 4c^2x^2 = 0,$$
$$x^2(1 - \frac{c^2}{a^2}) + y^2 + c^2 - a^2 = 0,$$

soit finalement

$$\frac{x^2}{a^2} + \frac{y^2}{a^2 - c^2} = 1,$$

qui est l'équation de la conique C. ||

4. Sections planes d'un cône de révolution

Dans un espace euclidien de dimension 3, soit Λ un cône de révolution de sommet S, dont l'axe est une droite Δ passant par S et le demi-angle au sommet θ, où $0 < \theta < \pi/2$. Le cône Λ est la réunion des droites génératrices issues de S dont l'angle avec l'axe Δ vaut θ.

Soit Π un plan ne passant par S. Construisons d'abord les sphères inscrites dans le cône Λ tangentes au plan Π. Soit Σ_0 une sphère inscrite dans le cône Λ. Il y a deux points φ et φ' diamétralement opposés sur Σ_0 où le plan tangent est parallèle à Π. Si le plan tangent T au point φ ne contient pas le sommet S, il existe une homothétie de centre S qui transforme T en Π. Cette homothétie transforme la sphère Σ_0 en une sphère Σ inscrite dans le cône, tangente au plan Π au point F homothétique de φ. Si le plan Π_0 parallèle à Π, issu de S, n'est pas tangent au cône, on obtient deux sphères inscrites dans le cône et tangentes au plan Π. Si le plan Π_0 est tangent au cône, il est tangent à la sphère Σ_0, l'un des deux points φ ou φ' appartient à une génératrice du cône parallèle à Π. Il n'y a qu'une sphère inscrite tangente au plan Π.

Etant donnés le cône Λ et le plan Π, déterminons la courbe Γ intersection de ces deux surfaces. Soit Σ une sphère inscrite dans le cône Λ, tangente à Π au point F. Soit C le cercle de contact de Σ et Λ, et soit P le plan de ce cercle. Si les plans Π et P sont parallèles, le plan Π est orthogonal à l'axe du cône, et la courbe Γ est un cercle. On suppose que les plans Π et P ne sont pas parallèles, et on note D la droite commune à ces deux plans.

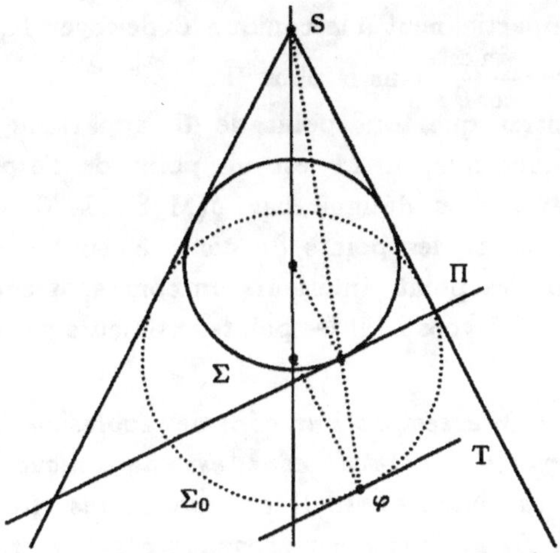

Si M est un point de Λ, si m est l'intersection de la génératrice SM et du cercle C, et μ la projection orthogonale de M sur le plan P, on a

$$\mathbf{M\mu = M}m\ \mathbf{\cos\theta}.$$

Si M est un point du plan Π, et si H est le projeté orthogonal de M sur la droite D, on a

$$\mathbf{M\mu = MH\ \sin\alpha},$$

où $\alpha \in]0, \pi/2[$ désigne une mesure de l'angle des normales aux plan P et Π.

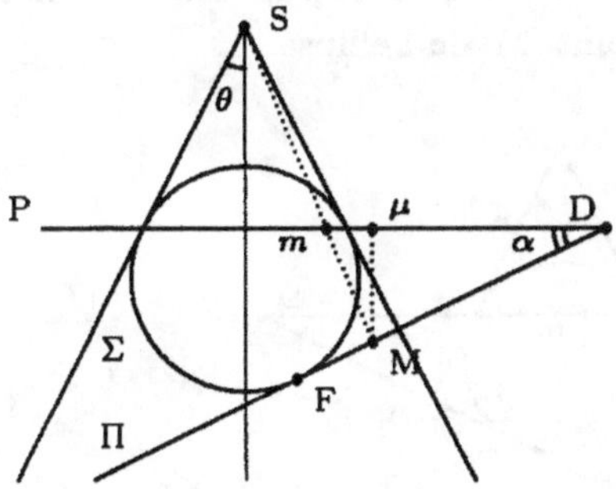

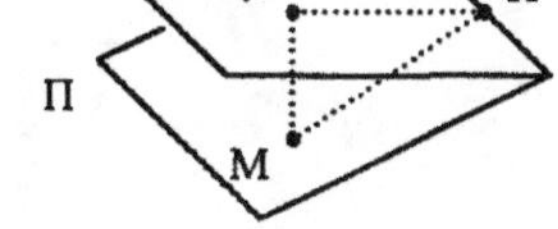

Si le point M appartient à la courbe Γ d'intersection de Λ et Π, les longueurs Mm et MF, longueurs de deux tangentes issues de M à Σ, sont égales. On a donc

$$\mathbf{MF = \frac{\sin\alpha}{\cos\theta}\ MH.}$$

Les points de Γ appartiennent à la conique C de foyer F, de directrice D, et d'excentricité $\dfrac{\sin\alpha}{\cos\theta}$ dans le plan Π.

Pour démontrer que tout point de C appartient au cône Λ, il suffit de remarquer que, si M est un point de l'espace extérieur à la sphère Σ, et si l'on désigne par $\delta(M,\Sigma)$ la distance tangentielle du point M à Σ, les points du cône Λ sont caractérisés par $M\mu = \delta(M,\Sigma)\cos\theta$, les points intérieurs au cône sont caractérisés par l'inégalité $M\mu > \delta(M,\Sigma)\cos\theta$, et les points extérieurs par l'inégalité opposée.

PROPOSITION 2. – *L'intersection d'un cône de révolution Λ et d'un plan Π ne passant pas par le sommet du cône, est une conique. Les foyers de cette conique sont les contacts avec Π des sphères inscrites dans le cône et tangentes à Π. La directrice correspondante est la droite commune au plan Π et au plan du cercle de contact.*

Le cas d'une seule sphère inscrite dans le cône et tangente au plan Π correspond à $\alpha+\theta=\pi/2$; l'excentricité est égale à 1, et la courbe Γ est une parabole.

On obtient une ellipse lorsque $\alpha+\theta<\pi/2$, c'est-à-dire lorsque le plan Π_0 ne contient aucune génératrice du cône ; le plan Π rencontre alors une seule nappe du cône. Si M est un point de l'ellipse Γ, la génératrice SM rencontre les cercles C et C′ de contact des deux sphères inscrites Σ et Σ' en m et m'. La longueur mm' est indépendante du point M. Comme le point M est situé entre m et m', on a l'égalité $mm' = Mm + Mm'$, et l'on retrouve que la somme $MF + MF'$ est indépendante du point M de l'ellipse.

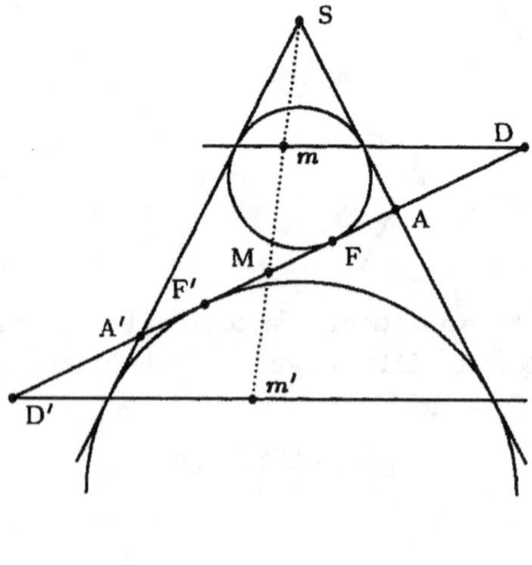

L'excentricité est > 1 si le plan Π_0 contient deux génératrices du cône. La conique Γ est une hyperbole dont les asymptotes sont parallèles à ces génératrices. Avec les notations introduites dans le cas de l'ellipse, on a $mm' = |\mathrm{M}m - \mathrm{M}m'|$ car le point M se trouve à l'extérieur des points de rencontre de sa génératrice et des cercles C et C'. On retrouve ainsi la différence des distances $|\mathrm{MF} - \mathrm{MF}'|$.

Inversement, on démontre que toute conique est une section plane d'un cône de révolution (exerc. 20).

APOLLONIUS de Perge savait que toute section plane d'un cône à base circulaire est une conique. Cependant, il fallut attendre vingt siècles pour que Germinal DANDELIN (1794-1847), ancien élève de l'école Polytechnique, fixé à Bruxelles, mette en évidence la détermination géométrique des foyers et directrices grâce aux sphères inscrites tangentes au plan sécant. Il signala que ce résultat était implicitement contenu dans un travail d'Adolphe QUÉTELET (1796-1841), mathématicien belge. La proposition 2 est connue sous le nom de théorème de Quételet et Dandelin, ou théorème belge.

5. Intersection d'une conique et d'une droite

A) *Ellipse*

L'équation (6), ou les équations paramétriques (7) du § 2, montrent que toute ellipse se déduit d'un cercle par une affinité orthogonale. Par suite l'ellipse est une courbe de classe C^∞ dont tous les points sont réguliers. Elle sépare le plan en deux parties ouvertes connexes, l'une bornée et convexe, appelée *intérieur* de l'ellipse, l'autre non bornée, appelée *extérieur*. Une droite rencontre une ellipse en 0, 1 ou 2 points. Les tangentes sont les droites qui ont un point commun avec l'ellipse.

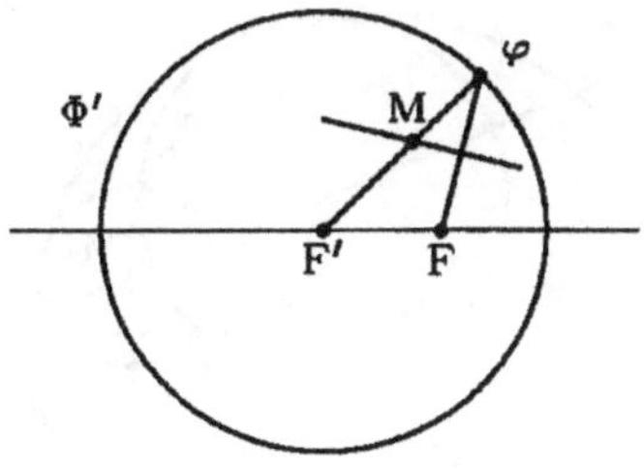

Soit $\mathcal{E}$ l'ellipse de foyers F et F', de grand axe $2a$, où $|\mathrm{FF}'| < 2a$. Pour qu'un point M du plan appartienne à $\mathcal{E}$, il faut et il suffit que la somme $\mathrm{MF} + \mathrm{MF}'$ des distances de M aux deux foyers soit égale à $2a$. Il revient au même de dire que le cercle $C(M)$ de centre M, de rayon MF, est tangent au cercle Φ' de centre F', de rayon $2a$. Par analogie avec la directrice d'une parabole, le cercle Φ' est appelé *cercle directeur associé* au foyer F. On peut construire point par point l'ellipse $\mathcal{E}$ de la façon suivante. On choisit un point φ du cercle directeur ; le point M d'intersection de la médiatrice du segment $F\varphi$ et du rayon $F'\varphi$ appartient à l'ellipse. Nous verrons ci-dessous que la médiatrice de $F\varphi$ est la tangente en M à l'ellipse.

Etudions l'intersection de l'ellipse $\mathcal{E}$ et d'une droite Δ du plan. Soit $\mathcal{F}$ le faisceau des cercles centrés sur Δ et passant par F. L'axe radical est la perpendiculaire à Δ issue de F. Lorsque F est en dehors de Δ, il s'agit du faisceau des cercles passant par le point F et par le point ψ symétrique de F par rapport à Δ. Si la droite Δ passe par F, le faisceau $\mathcal{F}$ est un faisceau de cercles tangents. Les points d'intersection de l'ellipse et de Δ sont les centres des cercles du faisceau $\mathcal{F}$ qui sont tangents au cercle Φ'. L'existence de tels cercles dépend des positions de F et ψ relativement à Φ'. Pour une ellipse, la distance focale $2c$ est strictement inférieure au grand axe $2a$. Le point F est intérieur au cercle Φ'. D'où trois cas :

a) Si le point ψ est extérieur au cercle Φ', il n'y a aucun cercle répondant à la question. La droite Δ ne rencontre pas l'ellipse.

b) Si le point ψ appartient au cercle directeur Φ', la droite Δ, médiatrice de $F\psi$, rencontre le rayon $F'\psi$ (car F est strictement intérieur à Φ') en un point M, centre de l'unique cercle passant par F, tangent à Φ' au point ψ. La droite Δ est tangente en M à l'ellipse.

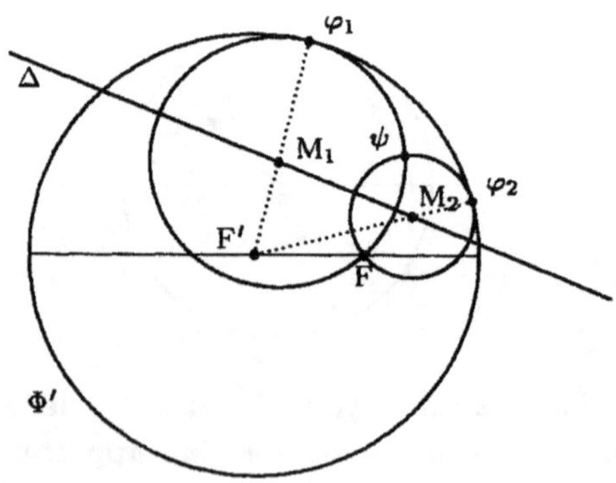

c) Si le point ψ est intérieur au cercle directeur Φ', il existe deux cercles du faisceau $\mathcal{F}$ qui sont tangents au cercle directeur. On peut les construire à l'aide d'un cercle auxiliaire S du faisceau, qui rencontre le cercle Φ' en deux points dictincts C et D (*cf.* VI.7, construction 7). Le point I d'intersection de la droite CD et de l'axe radical du faisceau $\mathcal{F}$ (s'il existe) est centre radical du cercle Φ' et du faisceau $\mathcal{F}$. Il est extérieur à S, car les points C et D du cercle Φ' ne séparent pas les points F et ψ sur le cercle S. Le point I est donc aussi extérieur à Φ'. Les contacts φ_1 et φ_2 des tangentes au cercle Φ' issues de I sont les contacts des deux cercles $C(M_1)$ et $C(M_2)$ cherchés.

Le cas d'exception est le cas où la droite CD et l'axe radical de $\mathcal{F}$ sont parallèles. Ce cas se présente si le foyer F', centre du cercle directeur, appartient à Δ, droite des centres du faisceau $\mathcal{F}$. Les points φ_1 et φ_2 sont alors les deux points d'intersection de la droite Δ et du cercle directeur.

L'énoncé suivant résulte de ce qui précède.

PROPOSITION 3. – *Pour qu'une droite Δ soit tangente à l'ellipse $\mathcal{E}$, il faut et il suffit que le symétrique ψ du foyer* F *par rapport à la droite Δ appartienne au cercle directeur de rayon $2a$, centré à l'autre foyer* F'. *Le point de contact de la droite Δ et de l'ellipse $\mathcal{E}$ est alors le point d'intersection de la droite $F'\psi$ et de la droite Δ.*

DÉFINITION 2. – *On appelle* cercle principal *de l'ellipse $\mathcal{E}$ le cercle de rayon a centré au centre de l'ellipse.*

Le cercle principal est le cercle ayant pour diamètre le grand axe de l'ellipse.

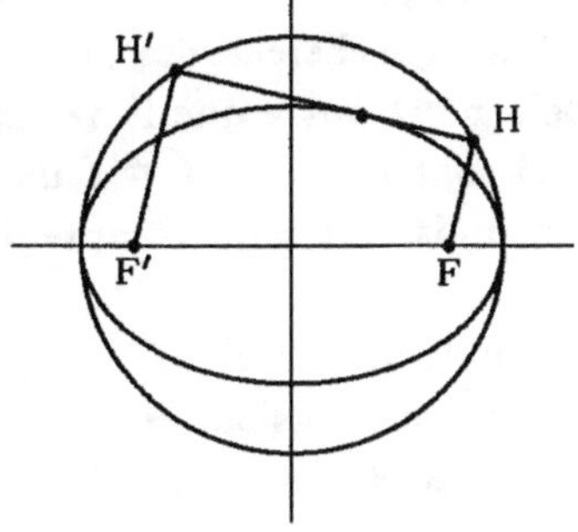

COROLLAIRE. – *Les projections orthogonales des foyers de l'ellipse $\mathcal{E}$ sur les tangentes décrivent le cercle principal.*

En effet, l'homothétie de centre F, de rapport $1/2$, transforme le cercle directeur Φ' en le cercle principal. Lorsque le point φ parcourt le cercle Φ', le projeté orthogonal de F sur la médiatrice de $F\varphi$ parcourt le cercle principal. En outre, le cercle principal joue le même rôle pour le foyer F'. ||

B) *Hyperbole*

Les équations (9) ou (10) du § 2 montrent que toute hyperbole se déduit par une affinité orthogonale de l'hyperbole équilatère d'équation $x^2 - y^2 = 1$, ou, après rotation, de l'hyperbole équilatère $y = 1/2x$. Une hyperbole est donc une courbe de classe C^∞ dont tous les points sont réguliers. Une hyperbole a deux composantes connexes, chacune d'entre elles a deux branches à l'infini avec asymptotes. Les deux asymptotes sont les mêmes pour chacune des deux composantes. Quand on cherche l'intersection d'une droite et d'une hyperbole, on est conduit à une équation du second degré. Une droite rencontre donc une hyperbole en 0, 1 ou 2 points. A la différence de l'ellipse, les droites qui rencontrent l'hyperbole en un seul point ne sont pas uniquement les tangentes. Les parallèles aux asymptotes, autres que celles-ci, ont aussi cette propriété.

Soit $\mathcal{H}$ l'hyperbole de foyers F et F', de grand axe $2a$, où $|FF'| > 2a$. Le foyer F est extérieur au cercle directeur Φ', de centre F', de rayon $2a$. Pour qu'un point M du plan appartienne à $\mathcal{H}$, il faut et il suffit que l'on ait $|MF - MF'| = 2a$. Cette condition est équivalente, comme pour l'ellipse, au fait que le cercle C(M), de centre M, passant par F, soit tangent au cercle Φ'. La construction d'un point M de l'hyperbole à partir du contact φ de C(M) et de Φ' est analogue à celle indiquée pour l'ellipse.

Soient Δ une droite du plan, et $\mathcal{F}$ le faisceau des cercles centrés sur Δ qui passent par F. La recherche des points d'intersection de la droite Δ avec l'hyperbole n'est autre que la recherche des centres des cercles du faisceau $\mathcal{F}$ qui sont tangents à Φ'. La discussion ressemble à celle faite pour l'ellipse, mais en tenant compte du fait que le foyer F est extérieur à Φ'.

a) Si le point ψ, symétrique de F par rapport à Δ, est intérieur à Φ', la droite et l'hyperbole sont disjointes.

b) Si le point ψ appartient à Φ', il y a un unique cercle convenable, sauf si le point ψ est l'un des contacts T_1 ou T_2 de l'une des tangentes à Φ' issues de F. On peut vérifier que les médiatrices de FT_1 et FT_2 sont les asymptotes de l'hyperbole. Si ψ est distinct de T_1 et T_2 sur Φ', la droite Δ est la tangente à $\mathcal{H}$ au point M, intersection de la droite Δ et du rayon $F'\psi$.

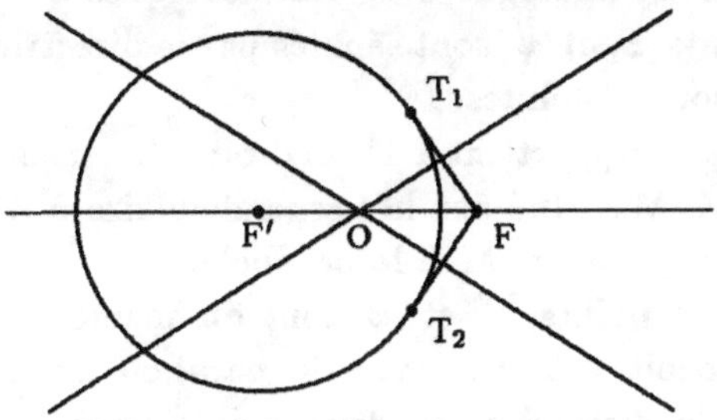

c) Si le point ψ est extérieur à Φ' et si l'axe radical du faisceau $\mathcal{F}$ n'est pas tangent à Φ', il y a deux points d'intersection. Si l'axe radical de $\mathcal{F}$ est tangent à Φ', il y a un unique point d'intersection, la droite Δ est parallèle à une asymptote.

PROPOSITION 4. – *Pour qu'une droite Δ soit tangente à l'hyperbole $\mathcal{H}$, ou soit une asymptote, il faut et il suffit que le symétrique ψ du foyer* F *par rapport à la droite Δ appartienne au cercle directeur de rayon $2a$, centré à l'autre foyer* F'.

Les asymptotes sont obtenues lorsque la droite $F\psi$ *est tangente au cercle directeur. Sinon, le point de contact de la droite Δ et de l'hyperbole $\mathcal{H}$ est le point d'intersection de la droite* $F'\psi$ *et de la droite* Δ.

COROLLAIRE. – *Les projections orthogonales des foyers de l'hyperbole $\mathcal{E}$ sur les tangentes et les asymptotes décrivent le cercle principal.*

C) *Parabole*

Dans $\mathbf{R}^2$, la parabole d'équation $y^2 = 2px$ est une courbe de classe C^∞ dont tous les points sont réguliers. Une droite horizontale rencontre la parabole en un unique point. Une droite d'équation $x = ay + b$ rencontre la parabole en 0, 1 ou 2 points. Les tangentes sont les droites non horizontales qui ont un point commun avec la parabole.

Soit $\mathcal{P}$ la parabole de foyer F, de directrice D. Pour qu'un point M du plan appartienne à $\mathcal{P}$, il faut et il suffit que le cercle C(M) de centre M, de rayon MF, soit tangent à la directrice D.

L'étude de l'intersection de la parabole avec une droite Δ est la recherche des cercles centrés sur Δ, passant par le point F et tangents à la directrice D. Soient, comme précédemment, ψ le symétrique de F par rapport à Δ, et $\mathcal{F}$ le faisceau des cercles centrés sur Δ et passant par F. Il s'agit de rechercher les cercles du faisceau $\mathcal{F}$ qui sont tangents à D. La discussion est analogue à celle des coniques à centre.

a) Si les points F et ψ sont séparés par la directrice D, la droite Δ et la parabole sont disjointes.

b) Si le point ψ appartient à D, la droite Δ rencontre la parabole en un unique point M, situé sur la perpendiculaire à D au point ψ. La droite Δ est tangente en M à la parabole.

c) Si les deux points F et ψ sont du même côté du plan par rapport à D, la droite Δ rencontre la parabole en un point si elle est orthogonale à la directrice, en deux points sinon. La construction géométrique des points d'intersection est analogue à celle donnée dans le cas de l'ellipse à l'aide d'un cercle auxiliaire S appartenant au faisceau des cercles centrés sur Δ qui passent par F.

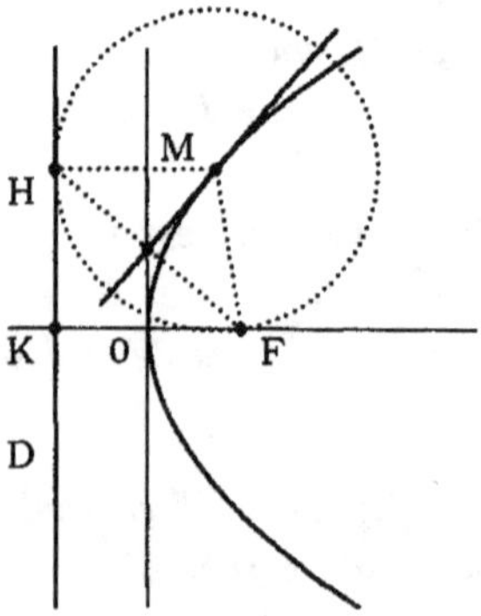

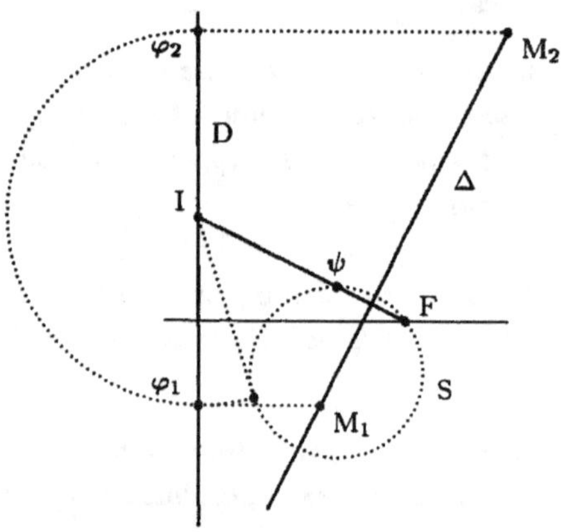

Une autre méthode peut être utilisée pour construire les cercles passant par F, centrés sur Δ et tangents à D. En effet, les cercles centrés sur Δ tangents à D se déduisent tous de l'un d'entre eux par des homothéties dont le centre est le point d'intersection de D et Δ si ces droites sont sécantes, par des translations si ces droites sont parallèles. Partant d'un cercle auxiliaire de cette famille, on recherche l'homothétie ou la translation qui le transforme en un cercle passant par F (voir exerc. 5).

PROPOSITION 5. – *Pour qu'une droite Δ soit tangente à la parabole $\mathcal{P}$, il faut et il suffit que le symétrique ψ du foyer par rapport à la droite Δ appartienne à la directrice. Le point de contact de la droite Δ et de*

la parabole $\mathcal{P}$ ***est alors le point de*** Δ ***qui se projette orthogonalement au point*** ψ ***sur la directrice.***

Si K est le projeté orthogonal du foyer sur la directrice, le sommet de la parabole est le milieu de FK et la tangente au sommet est la médiatrice de FK.

COROLLAIRE. – ***Les projections orthogonales du foyer de la parabole sur les tangentes décrivent la tangente au sommet.***

6. Tangentes aux coniques

A) ***Coniques à centre***

Conservons les notations du § 5 précédent, et considérons l'ellipse $\mathcal{E}$ **de foyers F et F′, de grand axe** $2a$, **où** $|FF'| < 2a$. **Etant donné un point P du plan, déterminons les tangentes à l'ellipse issues du point P. Pour qu'une droite** Δ **soit tangente à l'ellipse, il faut et il suffit que le symétrique** φ **du foyer F par rapport à** Δ **appartienne au cercle directeur de centre F′, de rayon** $2a$ **(prop. 3). Si l'on impose à la droite** Δ **de passer par P, le point** φ **appartient aussi au cercle C(P) de centre P, passant par F. Inversement, pour tout point d'intersection** φ **des cercles C(P) et** Φ', **la médiatrice de** $F\varphi$ **est tangente à l'ellipse au point M d'intersection avec** $F'\varphi$, **et passe par le point P.**

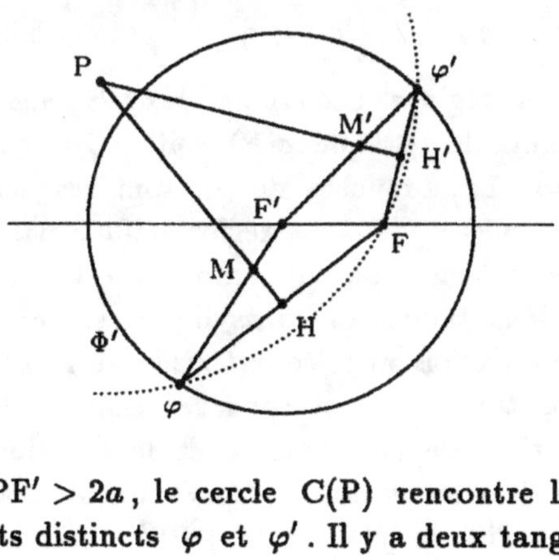

Si $PF + PF' > 2a$, **le cercle C(P) rencontre le cercle directeur** Φ' **en deux points distincts** φ **et** φ'. **Il y a deux tangentes distinctes à l'ellipse issues de P.**

Si $PF + PF' = 2a$, **les deux cercles sont tangents, et le point P appartient à l'ellipse. La tangente en P est l'unique tangente à l'ellipse issue de P.**

Si $\mathrm{PF}+\mathrm{PF}' < 2a$, les deux cercles sont disjoints, il n'y a pas de tangente à l'ellipse issue de P.

Les points P du plan tels que $\mathrm{PF}+\mathrm{PF}' < 2a$ sont les points intérieurs (strictement) à l'ellipse. Les points P tels que $\mathrm{PF}+\mathrm{PF}' > 2a$ sont les points extérieurs. Ce sont les points d'où l'on peut mener deux tangentes distinctes à l'ellipse. Tous les points d'une tangente, à l'exception du contact, sont extérieurs à l'ellipse. On peut démontrer directement que l'intérieur de l'ellipse est convexe en remarquant que la fonction $\mathrm{P} \mapsto \mathrm{PF}+\mathrm{PF}'$ est convexe (*cf.* exerc. 3).

Pour l'hyperbole $\mathcal{H}$ de foyers F et F', de grand axe $2a$, avec $|\mathrm{FF}'| > 2a$, la construction des tangentes issues d'un point P est la même. La discussion sur l'existence des points d'intersection des cercles Φ' et C(P), tenant compte du fait que le point F est extérieur à Φ', conduit aux résultats suivants.

Si $|\mathrm{PF}-\mathrm{PF}'| < 2a$, il y a deux droites issues de P qui sont tangentes ou asymptotes à l'hyperbole.

Si $|\mathrm{PF}-\mathrm{PF}'| = 2a$, le point P appartient à l'hyperbole. La tangente en P est l'unique tangente à l'hyperbole issue de P.

Si $|\mathrm{PF}-\mathrm{PF}'| > 2a$, il n'y a pas de tangente issue de P.

On a vu que l'hyperbole avait deux branches séparant le plan en trois régions ouvertes et connexes. La fonction $g(\mathrm{P}) = \mathrm{PF}-\mathrm{PF}'$ est continue. On a

$$g(\mathrm{F}') = 2c > 2a, \qquad g(\mathrm{O}) = 0, \qquad g(\mathrm{F}) = -2c < -2a.$$

Par suite les trois régions découpées par $\mathcal{H}$ sont respectivement l'ensemble des points P tels que $g(\mathrm{P})$ soit $> 2a$, compris entre $-2a$ et $2a$, ou $< -2a$. Les branches de $\mathcal{H}$ sont respectivement définies par $g(\mathrm{P}) = 2a$ et $g(\mathrm{P}) = -2a$. La région définie par $|\mathrm{PF}-\mathrm{PF}'| < 2a$ est parfois appelée *extérieur* de l'hyperbole. C'est l'ensemble des points d'où sont issues deux tangentes ou asymptotes. La région définie par $\mathrm{PF}-\mathrm{PF}' > 2a$ est parfois appelée *intérieur* de la branche d'équation $\mathrm{PF}-\mathrm{PF}' = 2a$. Cette région est convexe ; cela résulte en effet, pour l'hyperbole équilatère, de la convexité de la fonction $x \mapsto 1/x$ pour $x > 0$. Il n'y a pas de démonstration géométrique analogue à celle donnée pour l'ellipse (convexité de $f(\mathrm{P}) = \mathrm{PF}+\mathrm{PF}'$) ; la fonction g n'est pas convexe, pas même en restriction au demi-plan $\mathrm{PF}-\mathrm{PF}' > 0$.

PROPOSITION 6. – *Soient* Γ *une conique à centre, et* F *l'un de ses foyers. Si* M *et* M' *sont les contacts des tangentes issues d'un point* P

à la conique, la droite **FP** ***est bissectrice du couple des droites*** **FM** ***et*** **FM′.**

Les cercles C(P) et Φ′ se coupent en deux points φ et φ'. La droite F′P est la droite des centres ; elle est bissectrice du couple des droites F′φ et F′φ'. Comme les points M et M′ sont situés respectivement sur ces droites, la proposition est démontrée pour le foyer F′. ||

Remarque. **– Si Γ est une hyperbole, et si P est le point d'intersection de la tangente en M et d'une asymptote A, la droite FP est bissectrice du couple des droites FM et A′, où A′ est la parallèle à l'asymptote A issue de F.**

PROPOSITION 7. – ***Soient*** **Γ** ***une conique à centre,*** **F** ***et*** **F′** ***ses foyers. Si*** **T** ***et*** **T′** ***sont deux tangentes (ou asymptotes) à la conique issues d'un point*** **P**, ***les couples de droites*** **(T, T′)** ***et*** **(PF, PF′)** ***ont mêmes bissectrices.***

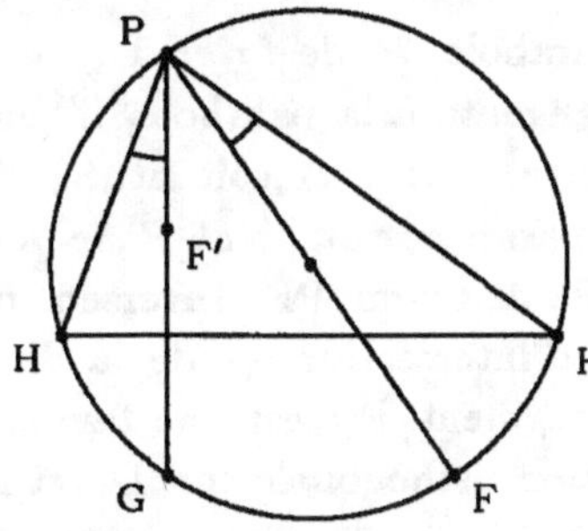

Reprenons les notations de la démonstration de la prop. 6. Le cercle C de diamètre PF passe par les milieux H et H′ des segments Fφ et Fφ' respectivement, puisque les droites PH et PH′ sont les médiatrices de ces segments. La droite PF′, droite des centres des cercles C(P) et Φ′, est orthogonale à la droite $\varphi\varphi'$, donc aussi à HH′ qui lui est parallèle. Soit G le deuxième point d'intersection de la droite PF′ et du cercle C. La corde FG, orthogonale à PF′, est parallèle à la corde HH′. Les deux segments HH′ et FG ont même médiatrice. La symétrie par rapport à cette médiatrice montre l'égalité des arcs H′G et FH du cercle C, donc l'égalité des angles inscrits (PH′, PG) et (PF, PH) (*cf.* II, exerc. 20). D'où la proposition. ||

Remarque. – Si P est un point de la conique, la tangente en P est bissectrice du couple de droites (PF, PF′). En effet, la tangente est l'axe de symétrie du triangle $FP\varphi$, isocèle en P. Afin que les employés du métro parisien puissent communiquer sans effort d'un quai à l'autre, les stations sont des cylindres à section elliptique dont les foyers sont situés au niveau des quais. Les sons émis d'un quai, après réflexion sur les parois, se concentrent sur l'autre quai.

Les deux propositions précédentes sont connues sous le nom de *théorèmes de Poncelet.* Jean Victor PONCELET (1788-1867), ancien élève de l'école Polytechnique, capitaine d'artillerie dans la Grande armée, fait prisonnier par l'ennemi en 1812, fut retenu en captivité à Saratov. L'histoire dit qu'il entreprit, sans documents, de reconstituer la théorie des coniques, et qu'il arriva à ces deux énoncés sur les tangentes qui semblaient ignorés des auteurs antérieurs. Revenu de captivité, il se consacra à la géométrie algébrique, domaine dans lequel on lui doit de pénétrants travaux.

B) *Parabole*

Considérons la parabole $\mathcal{P}$ de foyer F, de directrice D. Pour qu'une droite Δ soit tangente à la parabole, il faut et il suffit que le symétrique φ de F par rapport à Δ soit situé sur la directrice. Si on impose à la droite Δ de passer par un point P, le point φ appartient au cercle C(P) de centre P, de rayon PF. Inversement, le point P étant donné, pour tout point d'intersection φ de la directrice et du cercle C(P), la médiatrice du segment $F\varphi$ est une tangente à la parabole au point M dont la projection orthogonale sur D est le point φ.

Si la distance $d(\mathrm{P},\mathrm{D})$ de P à D est strictement inférieure à la longueur PF, le cercle C(P) rencontre la directrice en deux points distincts. La parabole a deux tangentes qui passent par P.

Si $d(\mathrm{P},\mathrm{D}) = \mathrm{PF}$, le point P appartient à la parabole, et la tangente en P est l'unique tangente issue de P.

Si $d(\mathrm{P},\mathrm{D}) > \mathrm{PF}$, aucune tangente ne passe par le point P. Les points P du plan tels que $d(\mathrm{P},\mathrm{D}) > \mathrm{PF}$ sont dits *intérieurs* à la parabole. Ils constituent un ensemble convexe dont la frontière est la parabole.

PROPOSITION 8. – *Si* M *et* M′ *sont les contacts des tangentes issues d'un point* P *à la parabole, la droite* FP *est bissectrice du couple des droites* FM *et* FM′.

Soient φ et φ' les points d'intersection du cercle C(P) et de la directrice D. Ce sont les projections orthogonales sur D des points de contact M et M'. Les droites Mφ et M'φ' sont parallèles à l'axe de la parabole. Les droites Pφ et Pφ' sont symétriques par rapport à la droite Px, diamètre du cercle C(P) parallèle à l'axe de la parabole. Les angles (φM, φP) et (φ'M', φ'P) sont opposés. Par symétries respectivement par rapport aux tangentes PM et PM', les angles (FM, FP) et (FM', FP) sont opposés, d'où la proposition. ||

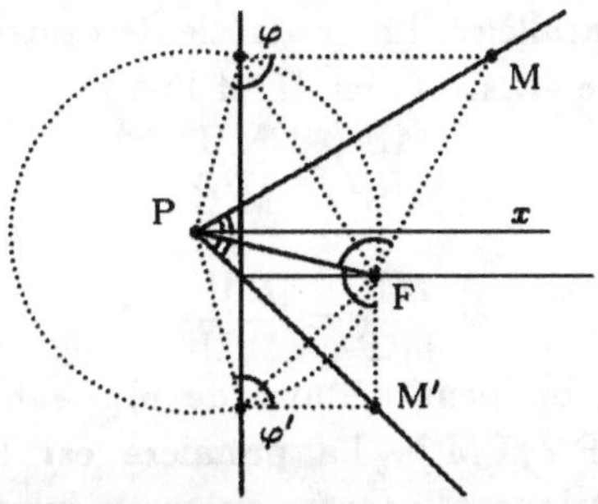

PROPOSITION 9. – *Si* M *et* M' *sont les contacts des tangentes issues d'un point* P *à la parabole, les couples de droites* (PM, PM') *et* (PF, Px) (*où* Px *est la parallèle à l'axe de la parabole issue de* P) *ont mêmes bissectrices.*

La démonstration est exactement celle de la prop. 7 où l'on remplace la droite PF' par la droite Px qui est bien orthogonale aux droites $\varphi\varphi'$ et HH'. ||

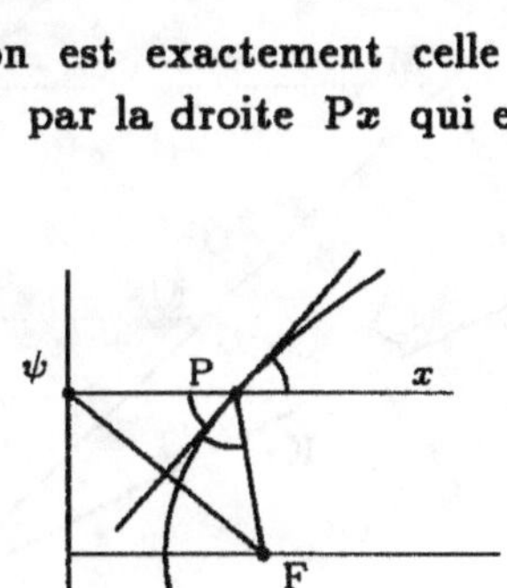

Remarque. – La tangente en un point P de la parabole est bissectrice du couple des droites PF et Px. Cette propriété est à l'origine de l'utilisation des miroirs paraboliques dans les télescopes astronomiques.

C) *Foyer et directrice*

PROPOSITION 10. – *Soit* Γ *une conique de foyer* F , *de directrice* D . *Si une droite coupe* Γ *en deux points* M *et* M′ , *et coupe le directrice en un point* U , *la droite* FU *est bissectrice du couple de droites* (FM, FM′) .

Soient H et H′ les projetés orthogonaux sur D des points M et M′ . Par définition de Γ , on a

$$\frac{\mathrm{MF}}{\mathrm{MH}} = \frac{\mathrm{M'F}}{\mathrm{M'H'}} = e,$$

où e désigne l'excentricité de la conique. Par ailleurs, comme les droites MH et M′H′ sont parallèles, l'homothétie de centre U qui transforme M′ en M , transforme aussi H′ en H et l'on a

$$\frac{\mathrm{MH}}{\mathrm{M'H'}} = \frac{\mathrm{MU}}{\mathrm{M'U}}.$$

On a donc

$$\frac{\mathrm{MF}}{\mathrm{M'F}} = \frac{\mathrm{MU}}{\mathrm{M'U}}. \tag{14}$$

De la relation (14) , on peut déduire de plusieurs manières que FU est bissectrice de (FM, FM′) . La première est la connaissance des coordonnées barycentriques du centre du cercle inscrit ou exinscrit dans le triangle FMM′ (III, exerc.5).

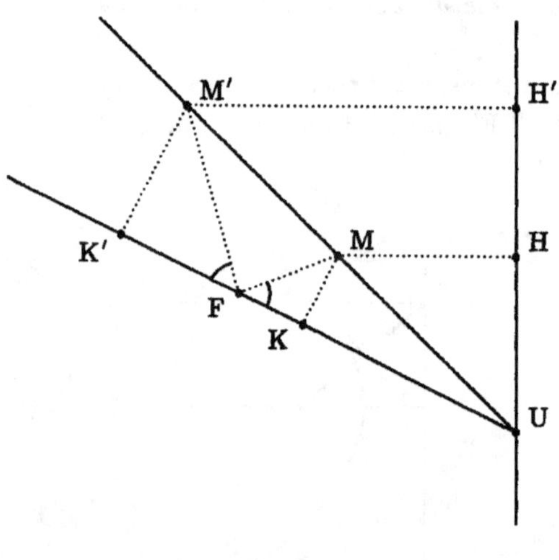

Une autre démonstration consiste à remarquer que l'ensemble des points P tels que

$$\frac{\mathrm{MP}}{\mathrm{M'P}} = \frac{\mathrm{MU}}{\mathrm{M'U}}$$

est un cercle de diamètre UU′ et que la division (MM′UU′) est harmonique. Le faisceau (FM, FM′, FU, FU′) est harmonique. Les droites FU et FU′ étant orthogonales, ce sont les bissectrices du couple (FM, FM′) (VII.8, exemple 1).

Directement, soient K et K′ les projetés orthogonaux de M et M′ sur la droite FU. On a

$$\frac{\mathrm{MF}}{\mathrm{M'F}} = \frac{\mathrm{MU}}{\mathrm{M'U}} = \frac{\mathrm{MK}}{\mathrm{M'K'}}.$$

Par suite les triangles FMK et FM′K′ sont semblables, d'où l'égalité des angles (FK, FM) et (FK′, FM′) au signe près.

COROLLAIRE. – *Si les tangentes en* M *et* M′ *à la conique* Γ *se coupent au point* P, *les droites* FP *et* FU *sont orthogonales.*

En effet, ces droites sont distinctes et ce sont les deux bissectrices du couple (FM, FM′) (prop. 6, 8 et 10).

PROPOSITION 11. – *Si la tangente en un point* P *de* Γ *rencontre la directrice en un point* T, *les droites* FP *et* FT *sont orthogonales.*

Certains ouvrages déduisent ce résultat du corollaire précédent par un raisonnement de passage à la limite. Le point de vue adopté dans ce chapitre est que les diverses coniques sont des courbes de classe $\mathcal{C}^\infty$ connues par leurs équations paramétriques. Nous avons rappelé (ou admis) que les tangentes sont les droites qui ont un unique point d'intersection avec la conique, à l'exception des parallèles à l'axe d'une parabole, et des parallèles à l'une des asymptotes d'une hyperbole. Pour démontrer la prop. 11, il nous faudrait étudier l'intersection d'une droite avec une conique définie par foyer et directrice afin de repérer les tangentes. Cette étude est voisine de celle donnée au B) pour la parabole. Nous en donnons le plan en exercice (exerc. 18). ||

COROLLAIRE. – *Une droite* Δ *passant par le foyer* F *rencontre la conique* Γ *en deux points* M *et* M′. *Les tangentes en* M *et* M′ *se coupent en un point de la directrice associée au foyer* F. *Si la droite* Δ *rencontre la directrice en un point* U, *la division* (U, F, M, M′) *est harmonique.*

La dernière assertion est immédiate car on a

$$\frac{\mathrm{MU}}{\mathrm{M'U}} = \frac{d(\mathrm{M},\mathrm{D})}{d(\mathrm{M'},\mathrm{D})} = \frac{\mathrm{MF}}{\mathrm{M'F}}.$$

La première est conséquence de la prop. 11. ||

D) *Résumé en images*

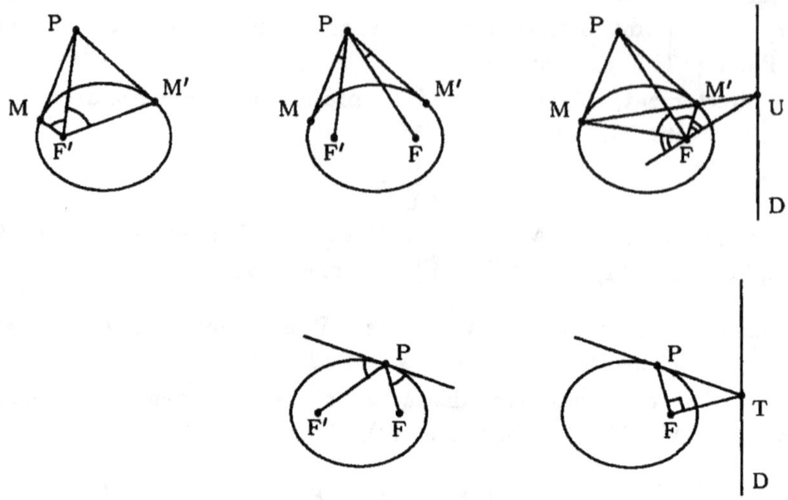

7. Propriétés particulières

A) *Ellipse*

On a vu au § 2 que l'ellipse $\mathcal{E}$ de grand axe $2a$, de petit axe $2b$, est décrite par les équations paramétriques

$$x = a\cos u, \qquad y = b\sin u.$$

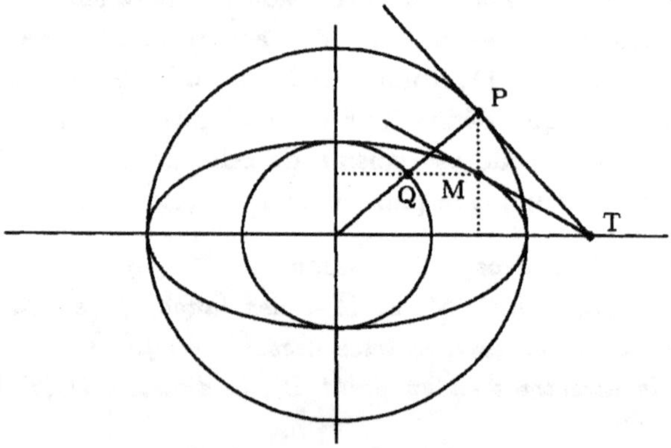

Le cercle de centre O, de rayon a (cercle principal), est transformé en l'ellipse $\mathcal{E}$ par l'affinité orthogonale de rapport b/a par rapport à l'axe $\overrightarrow{Ox}$. De même, l'ellipse est l'image du cercle de centre O, de rayon b (cercle secondaire), par l'affinité orthogonale de rapport a/b par rapport à l'axe $\overrightarrow{Oy}$. On en déduit une construction point par point de l'ellipse et de ses tangentes. La demi-droite d'angle polaire u, issue de l'origine, rencontre le cercle secondaire au point $Q = (b\cos u, b\sin u)$ et le cercle principal au point $P = (a\cos u, a\sin u)$. Le point $M = (a\cos u, b\sin u)$ de l'ellipse a même abscisse que P et même ordonnée que Q. Si la tangente en P au cercle principal coupe l'axe $\overrightarrow{Ox}$ en T, la droite MT est la tangente à l'ellipse en M.

B) *Hyperbole*

L'hyperbole $\mathcal{H}$ d'équation $\dfrac{x^2}{a^2} - \dfrac{y^2}{b^2} = 1$ a pour asymptotes les droites d'équations

$$\frac{x}{a} + \frac{y}{b} = 0, \qquad \frac{x}{a} - \frac{y}{b} = 0.$$

Prenons ces asymptotes convenablement orientées comme nouveaux axes de coordonnées $\overrightarrow{Ou}$ et $\overrightarrow{Ov}$ (non orthogonaux). Les vecteurs de base unitaires sont

$$\overrightarrow{U} = (\cos\theta, -\sin\theta), \qquad \overrightarrow{V} = (\cos\theta, \sin\theta),$$

où $\cos\theta = a/c$, $\sin\theta = b/c$. Le changement de coordonnées s'écrit

$$x = (u+v)\cos\theta, \qquad y = (-u+v)\sin\theta,$$

et l'équation de l'hyperbole $\mathcal{H}$ dans les nouvelles coordonnées est

$$uv = \frac{c^2}{4},$$

car $c^2 = a^2 + b^2$.

Soit M un point du plan, et soient $\overrightarrow{OP}$ et $\overrightarrow{OQ}$ les composantes de $\overrightarrow{OM}$ dans le repère $(\overrightarrow{U}, \overrightarrow{V})$. Pour que M soit situé sur l'hyperbole $\mathcal{H}$, il faut et il suffit que l'on ait $\overline{OP}.\overline{OQ} = c^2/4$.

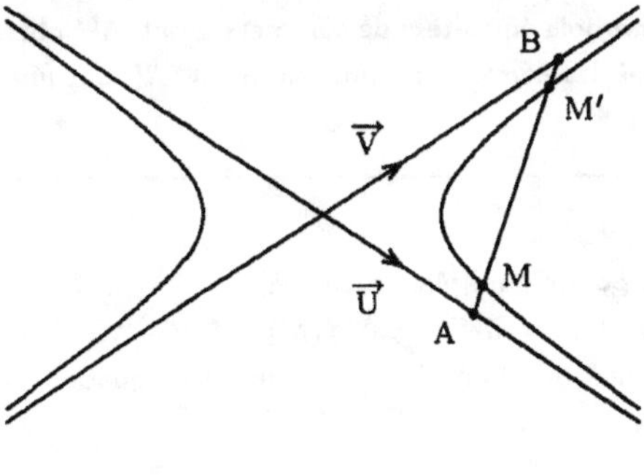

Proposition 12. – *Soit Δ une droite rencontrant les asymptotes de l'hyperbole $\mathcal{H}$ en des points* A *et* B. *Si la droite Δ rencontre l'hyperbole en deux points distincts* M *et* M′, *les segments* MM′ *et* AB *ont même milieu. Si la droite Δ est tangente à l'hyperbole en un point* M, *ce point est le milieu de* AB.

L'équation de la droite Δ passant par les points $A = (\alpha, 0)$ et $B = (0, \beta)$ s'écrit

$$\beta u + \alpha v - \alpha\beta = 0.$$

L'équation aux abscisses u des points d'intersection de Δ et de la courbe $\mathcal{H}(k)$ d'équation $uv = k$ s'écrit

$$\beta u^2 - \alpha\beta u + \alpha k = 0.$$

La demi somme des racines est $\alpha/2$. Si Δ coupe $\mathcal{H}(k)$ en M et M′, le point $(\alpha/2, \beta/2)$ est le milieu de MM′, indépendamment de la valeur de k. La proposition en résulte. ||

Exercices

1

Soient D une tangente à une ellipse de foyers F et F′, et soient H et H′ les projetés orthogonaux des foyers F et F′ sur la droite D. Démontrer la relation $\overrightarrow{FH} \cdot \overrightarrow{F'H'} = b^2$, où b désigne le demi petit axe de l'ellipse.
Quelle relation a-t-on pour une hyperbole ?

2

Dans $\mathbf{R}^2$, on considère la conique Γ d'équation

$$\frac{x^2}{a^2} + \frac{y^2}{a^2 - c^2} = 1,$$

ayant pour sommets les points $A = (a, 0)$ et $A' = (-a, 0)$.

a) Soient M un point du plan et m sa projection orthogonale sur $\overrightarrow{Ox}$. Démontrer que, pour que le point M appartienne à Γ, il faut et il suffit que l'on ait $m\mathrm{M}^2 = \overrightarrow{m\mathrm{A}} \cdot \overrightarrow{m\mathrm{A}'}$.

b) Démontrer que l'hyperbole équilatère de sommets A et A′, obtenue pour $c^2 = 2a^2$, est le lieu des points où les cercles passant par A et A′ ont une tangente parallèle à $\overrightarrow{Oy}$.

3

Soient F et F′ deux points d'un plan euclidien.

a) Démontrer que la fonction f définie par $f(\mathrm{M}) = \mathrm{MF} + \mathrm{MF}'$ est une fonction convexe dans le plan. En déduire que l'intérieur de l'ellipse d'équation $\mathrm{MF} + \mathrm{MF}' = 2a$, où $2a > \mathrm{FF}'$, est convexe.

b) Démontrer que la dérivée de f est donnée par

$$f'(\mathrm{M}).\vec{h} = \left(\frac{\overrightarrow{\mathrm{FM}}}{\mathrm{FM}} + \frac{\overrightarrow{\mathrm{F'M}}}{\mathrm{F'M}} \right) \cdot \vec{h}.$$

Retrouver ainsi le premier théorème de Poncelet.

c) Que peut-on dire pour une hyperbole, pour une parabole ?

4

Soit $\mathcal{E}$ une ellipse, F et F′ ses foyers, Φ' le cercle directeur centré en F′, O le centre de $\mathcal{E}$, $2a$ et $2b$ ses axes. Démontrer que, pour que les tangentes à $\mathcal{E}$ issues d'un point P soient orthogonales, il faut et il suffit que le cercle C(P) de centre P, de rayon PF, rencontre le cercle Φ' en deux points diamétralement opposés sur C(P). Démontrer que cette condition est équivalente à

$$\mathrm{PF}^2 + \mathrm{PF'}^2 = 4a^2,$$

puis à

$$\mathrm{PO}^2 = a^2 + b^2.$$

Le cercle de centre O, de rayon $\sqrt{a^2 + b^2}$ est appelé *cercle orthoptique* de l'ellipse. C'est le lieu des points d'où l'on peut mener deux tangentes à l'ellipse qui sont orthogonales. Etudier le même problème pour l'hyperbole, pour la parabole.

5

Considérons la parabole de foyer F, de directrice D, et une droite Δ rencontrant D en un point U. Soit C un cercle centré en un point I de Δ, tangent à D. Démontrer que, pour que la droite Δ rencontre la parabole, il faut et il suffit que la droite UF rencontre le cercle C. Dans ce cas, si m et m' sont les points d'intersection de C et de UF, et M et M′ les points communs à Δ et à la parabole, les droites Im, Im' et FM, FM′ sont deux à deux parallèles. Etudier à part les cas particuliers d'une droite Δ orthogonale ou parallèle à D.

6

Une droite passant par le foyer d'une parabole rencontre la parabole en deux points M et M′. Démontrer que les tangentes en M et M′ à la parabole se coupent orthogonalement en un point N de la directrice et que le cercle de diamètre MM′ est tangent en N à la directrice.

7

Démontrer que les milieux des cordes d'une parabole qui sont parallèles à une direction donnée appartiennent à une même droite parallèle à l'axe de la parabole.

8

Dans un plan euclidien, on suppose que les trois côtés d'un triangle ABC sont tangents à une parabole $\mathcal{P}$.

a) Démontrer que le foyer F de $\mathcal{P}$ appartient au cercle $\mathcal{C}$ circonscrit au triangle ABC. (On remarquera que les projections orthogonales α, β, γ de F sur BC, CA et AB sont alignées sur la tangente au sommet). Réciproque.

b) Démontrer que l'orthocentre du triangle ABC appartient à la directrice D de la parabole. Pour cela, on pourra d'abord démontrer que, si B′ est le second point d'intersection de la droite $F\beta$ et du cercle $\mathcal{C}$, la droite BB′ est parallèle à D. Puis, si B″ est le symétrique de F par rapport à β, on démontrera que HB″ et BB′ sont parallèles.

9

Dans $\mathbf{R}^2$, on considère la parabole $\mathcal{P}$ d'équation $y^2 = 4x$ et on note F le point $(1,0)$.

a) Soit $A = (0,\alpha)$, où $\alpha \neq 0$, un point de l'axe $\overrightarrow{Oy}$. Etudier l'intersection de la droite d'équation $y = \alpha + mx$ et de la parabole $\mathcal{P}$ suivant la valeur de m. En déduire l'équation de la tangente oblique T_A à la parabole $\mathcal{P}$ issue de A, et les coordonnées du point A′ de contact de T_A et de $\mathcal{P}$. Vérifier que T_A est perpendiculaire à la droite FA.

b) Soient $A = (0,\alpha)$ et $B = (0,\beta)$ deux points distincts sur l'axe $\overrightarrow{Oy}$, avec $\alpha \neq 0$, $\beta \neq 0$. Déterminer les coordonnées du point R d'intersection des tangentes T_A et T_B issues de A et B à $\mathcal{P}$. Quel est l'ensemble des points de $\mathbf{R}^2$ d'où sont issues deux tangentes à $\mathcal{P}$ orthogonales entre elles ?

c) Soit s la similitude directe de centre F qui transforme B en A. Déterminer en fonction de α et β la matrice de la similitude vectorielle $\vec{s}$.

d) On conserve les deux points A et B fixés des question précédentes. Soient $C = (0,\gamma)$, où $\gamma \neq 0$, un point variable de l'axe $\overrightarrow{Oy}$, T_C la tangente oblique à $\mathcal{P}$ issue de C, et P, Q les points d'intersection de T_C avec T_B et T_A respectivement. Ecrire les coordonnées des points P et Q, et vérifier que l'on a $s(P) = Q$. En déduire que les points F, P, Q et R sont cocycliques.

e) Déterminer les coordonnées de l'orthocentre du triangle PQR, et vérifier que c'est un point de la directrice de $\mathcal{P}$.

10

On considère une ellipse $\mathcal{E}$ de foyers F et F′. La tangente en un point M de $\mathcal{E}$ coupe le petit axe en T, et la normale en M coupe le petit axe en N.

a) Démontrer que les points M, F, F′, N et T appartiennent à un même cercle.

b) Si A et B sont les projections orthogonales de F sur la tangente et la normale, démontrer que la droite AB passe par le centre de l'ellipse.

11

Dans un plan affine euclidien, on considère deux cercles C_1 et C_2, de même rayon R, dont les centres O_1 et O_2 satisfont à $|O_1O_2| < R\sqrt{2}$. Un point M_1 décrit C_1 et un point M_2 décrit C_2 de telle sorte que $(\overrightarrow{O_1M_1}, \overrightarrow{O_2M_2}) \equiv \pi/2 \pmod{2\pi}$.

a) Déterminer le lieu du point d'intersection des droites O_1M_1 et O_2M_2.

b) Démontrer que la médiatrice du segment M_1M_2 passe par un point fixe F que l'on déterminera.

c) Démontrer que le lieu du milieu du segment M_1M_2 est le cercle C de centre O, milieu de O_1O_2, de rayon $R/\sqrt{2}$.

d) Démontrer que la droite M_1M_2 reste tangente à l'ellipse de cercle principal C, dont F est un foyer.

12

Dans un plan affine euclidien, on considère deux droites S et T, et un point F en dehors de ces droites. Deux points A et B décrivent respectivement S et T de façon que l'angle de droites (FA, FB) reste constant. Démontrer que le projeté orthogonal de F sur la droite AB décrit un cercle. En déduire que la droite AB reste tangente à une conique que l'on précisera.

13

a) Dans $\mathbf{R}^2$, un point α de l'axe $\overrightarrow{Ox}$ et un point β de l'axe $\overrightarrow{Oy}$ se déplacent de telle sorte que la longueur $\alpha\beta$ reste égale à un nombre donné ℓ. Soient a et b deux nombres réels > 0 tels que $a + b = \ell$. Démontrer que le point M du segment $\alpha\beta$ tel que $M\alpha = b$, $M\beta = a$, décrit l'ellipse d'équation

$$\frac{x^2}{a^2} + \frac{y^2}{b^2} - 1 = 0.$$

Même question avec $a - b = \ell$.

b) Soient α et β comme dans a), et soit C le point qui se projette en α et β sur $\overrightarrow{Ox}$ et $\overrightarrow{Oy}$ respectivement. Démontrer que le point C décrit le cercle $\mathcal{C}$ de centre O, de rayon ℓ. Si ω est le milieu de OC, démontrer que l'on a $(\overrightarrow{\omega\alpha}, \overrightarrow{\omega C}) \equiv 2(\overrightarrow{Ox}, \overrightarrow{OC}) \pmod{2\pi}$.

On désigne par Γ le cercle de centre ω de rayon $\ell/2$. Démontrer que dans le mouvement plan sur plan où le cercle Γ roule sans glisser à l'intérieur du cercle $\mathcal{C}$, les points α et β sont fixes dans le plan mobile Π, que tout point de Γ décrit un diamètre du cercle $\mathcal{C}$, et tout autre point de Π décrit une ellipse.

c) Dans un mouvement plan sur plan, si deux points α et β du plan mobile Π se déplacent sur deux droites Ou et Ov respectivement, démontrer que tout point du plan mobile décrit une ellipse ou un segment de droite de centre O (***théorème de La Hire***).

14

Dans $\mathbf{R}^2$, soit $\mathcal{H}$ une hyperbole dont les asymptotes sont deux droites U et V issues de l'origine O.

a) Une droite Δ rencontre $\mathcal{H}$ en M et N, U en A, et V en B. Démontrer que, si Δ varie en restant parallèle à une direction fixe, le produit $\overrightarrow{MA} \cdot \overrightarrow{MB}$ reste constant. (En notant P et Q les projections de M sur U et V, parallèlement à V et U respectivement, on pourra remarquer que les triangles MPA et BQM restent semblables à eux-mêmes et que le produit $\overline{QM}.\overline{PM}$ reste constant).

b) En déduire que les segments MN et AB ont même milieu.

15

Dans $\mathbf{R}^2$, on considère l'hyperbole équilatère $\mathcal{H}$ d'équation $xy = 1$.

a) Soient A et B deux points distincts sur $\mathcal{H}$, et I le milieu de AB. On suppose les points I et O distincts. Démontrer que les bissectrices de l'angle $(\mathrm{OI}, \mathrm{AB})$ sont parallèles aux asymptotes de $\mathcal{H}$.

b) Soient A, B, C trois points distincts sur $\mathcal{H}$. On suppose que le triangle ABC n'est pas rectangle, et on note H son orthocentre. On note A′ le symétrique de A par rapport à l'origine O. En appliquant a) aux cordes A′B et A′C de l'hyperbole, démontrer la relation $(\mathrm{A'B}, \mathrm{A'C}) \equiv -(\mathrm{AB}, \mathrm{AC}) \pmod{\pi}$. En déduire que les points A′, B, C et H appartiennent à un même cercle $\mathbf{C}$.

c) Soit Γ l'image de $\mathbf{C}$ par l'homothétie de centre A, de rapport $1/2$. Démontrer que Γ est le cercle des neuf points du triangle ABC, et qu'il passe par O.

d) On note D le point où la hauteur AH recoupe l'hyperbole $\mathcal{H}$, Q le milieu de AD et J le milieu de BC.

En utilisant a) et c), démontrer que le point H est sur l'hyperbole $\mathcal{H}$.

16

Dans $\mathbf{R}^2$, soit $\mathcal{E}$ l'ellipse d'équation

$$\frac{x^2}{a^2} + \frac{y^2}{b^2} - 1 = 0.$$

a) Soit Δ une droite issue de l'origine. Démontrer que les milieux des cordes de l'ellipse qui sont parallèles à Δ appartiennent à une même droite Δ' issue de l'origine. Démontrer que les milieux des cordes parallèles à Δ' appartiennent à Δ. (On pourra remarquer que, pour un cercle, les diamètres orthogonaux ont la propriété en question, et transformer ce résultat par affinité orthogonale).

On dit que les droites Δ et Δ' sont des ***diamètres conjugués*** de l'ellipse.

b) Soient respectivement M, N et M′, N′ les points de $\mathcal{E}$ appartenant à deux diamètres conjugués Δ et Δ'. Démontrer que l'aire du parallélogramme construit sur les vecteurs $\overrightarrow{OM}$ et $\overrightarrow{OM'}$ est égale à ab (*premier théorème d'Apollonius*).

Démontrer la relation $\mathrm{OM}^2 + \mathrm{OM'}^2 = a^2 + b^2$ (*deuxième théorème d'Apollonius*).

17

Dans $\mathbb{R}^2$, on considère les hyperboles $\mathcal{H}$ et $\mathcal{H}'$ d'équations respectives

$$(\mathcal{H}) \quad \frac{x^2}{a^2} - \frac{y^2}{b^2} - 1 = 0, \qquad (\mathcal{H}') \quad \frac{x^2}{a^2} - \frac{y^2}{b^2} + 1 = 0$$

On note U et V les asymptotes communes aux deux hyperboles.

a) Soit Δ une droite issue de l'origine. Démontrer que les milieux des cordes de l'hyperbole $\mathcal{H}$ qui sont parallèles à Δ appartiennent à la droite Δ' issue de l'origine caractérisée par $(\mathrm{U}, \mathrm{V}, \Delta, \Delta') = -1$. Démontrer que les milieux des cordes parallèles à Δ' appartiennent à Δ.

On dit que les droites Δ et Δ' sont des ***diamètres conjugués*** de l'hyperbole $\mathcal{H}$.

b) Soit Δ une droite issue de l'origine rencontrant $\mathcal{H}$ en deux points M et N. Démontrer que le diamètre conjugué Δ' rencontre $\mathcal{H}'$ en des points M′ et N′. Démontrer que le segment MM′ est parallèle à une asymptote, et que son milieu appartient à l'autre asymptote. Démontrer que la tangente à $\mathcal{H}$ en M et la tangente en M′ à $\mathcal{H}'$ se rencontrent en un point d'une asymptote.

Démontrer que l'aire du parallélogramme construit sur les vecteurs $\overrightarrow{\mathrm{OM}}$ et $\overrightarrow{\mathrm{OM}'}$ est égale à ab (***premier théorème d'Apollonius***).

Démontrer la relation $\mathrm{OM}^2 - \mathrm{OM}'^2 = a^2 - b^2$ (***deuxième théorème d'Apollonius***).

18

Au § 5, nous avons étudié l'intersection d'une droite et d'une conique dans le cadre de la définition bifocale des coniques. Cet exercice étudie directement l'intersection d'une droite et d'une conique définie par foyer et directrice.

Soit Γ la conique de foyer F, de directrice D, d'excentricité e. Pour tout point M du plan, on note $d(\mathrm{M}, \mathrm{D})$ la distance de M à D, et S(M) le cercle de centre M, de rayon $e\,d(\mathrm{M}, \mathrm{D})$. Pour qu'un point M appartienne à Γ, il faut et il suffit que le cercle S(M) passe par F.

a) Soit Δ une droite. Remarquer que les cercles S(M), où M parcourt Δ, se déduisent de l'un d'entre eux par des translations si Δ est parallèle à D, par des homothéties de centre U si Δ et D se rencontrent en U.

b) En déduire la construction des points d'intersection éventuels M et M′ de Δ et Γ, valable si Δ ne contient pas le foyer F. On choisit un point I de Δ, distinct de U. Pour que Δ rencontre Γ, il faut et il suffit que la droite FU rencontre le cercle S(I). Si FU rencontre S(I) en m et m', les parallèles à Im et Im' issues de F rencontrent Δ aux points M et M′ communs avec Γ.

c) Lorsque Δ rencontre Γ en deux points M et M′, démontrer que la droite FU est bissectrice de (FM, FM′).

d) Remarquer que le cas d'une droite Δ parallèle à l'axe (si Γ est une parabole) ou à une asymptote (si Γ est une hyperbole) correspond à un point U sur le cercle S(I).

e) Démontrer que, pour que la droite Δ soit tangente à Γ, il faut et il suffit que la droite FU soit tangente à S(I). En déduire que les droites FM et FU sont alors orthogonales.

f) On suppose $e \neq 1$ (conique à centre). Soit K le projeté orthogonal de F sur D. Soient A et A′ les points de Γ situés sur la droite FK, et soit O le milieu du segment AA′. Démontrer que le cercle S(O) coupe FK en A et A′.
Supposons la droite Δ orthogonale à D, et choisissons le point I à l'intersection de Δ et de la médiatrice de AA′. Démontrer que la division $(\mathrm{UF}mm')$ est harmonique. En déduire que le faisceau (FK, FI, FM, FM′) est harmonique, puis que I est milieu de MM′. On retrouve ainsi géométriquement que la médiatrice de AA′ est axe de symétrie pour Γ.

19

Le présent exercice donne, pour une conique à centre, une démonstration de l'équivalence de la définition bifocale et de la définition par foyer et directrice. On suit la démonstration du livre de H. Lebesgue, *Les coniques*.
Dans un plan affine euclidien, soient D une droite, F un point hors de D, et e un nombre réel > 0 et $\neq 1$. On note K la projection orthogonale de F sur D, et Δ la droite FK.
a) Démontrer qu'il existe un point O (unique) de Δ tel que, si F′ et D′ sont les symétriques de F et D par rapport à O, pour tout point M du plan, on ait

$$(1) \qquad \mathrm{MF}^2 - e^2\,\mathrm{MH}^2 = \mathrm{MF}'^2 - e^2\mathrm{MH}'^2,$$

en notant H et H′ les projections orthogonales de M sur D et D′ respectivement. (On remarquera que la relation (1) est équivalente à $4e^2\,\overrightarrow{\mathrm{OK}}\cdot\overrightarrow{\mathrm{OM}} - 4\,\overrightarrow{\mathrm{OF}}\cdot\overrightarrow{\mathrm{OM}} = 0$.)
b) Soit Γ la conique de foyer F, de directrice D, d'excentricité e. En remarquant que $\mathrm{FF}' = e^2\,\mathrm{HH}'$, démontrer que, si un point M appartient à Γ, on a

$$(2) \quad \begin{array}{l} (\iota)\ \ \mathrm{MF} + \mathrm{MF}' = \mathrm{FF}'/e \quad \text{si } 0 < e < 1, \\ (\iota\iota)\ \ \mathrm{MF} - \mathrm{MF}' = \mathrm{FF}'/e \quad \text{ou} \quad (\iota\iota\iota)\ \ \mathrm{MF}' - \mathrm{MF} = \mathrm{FF}'/e \quad \text{si } e > 1. \end{array}$$

c) Inversement, on veut démontrer qu'un point M satisfaisant à l'une des trois conditions (2) appartient à la conique Γ. Remarquer d'abord que, si M satisfait à (ι) on a nécessairement $0 < e < 1$, et que, si M satisfait à $(\iota\iota)$ ou $(\iota\iota\iota)$, on a $e > 1$. En utilisant la relation

$$(\overrightarrow{\mathrm{MF}} + \overrightarrow{\mathrm{MF}}')\cdot(\overrightarrow{\mathrm{MF}} - \overrightarrow{\mathrm{MF}}') = 2\,\overrightarrow{\mathrm{FF}}'\cdot\overrightarrow{\mathrm{OM}},$$

remarquer que le point M est situé dans l'une des trois régions du plan délimitées par D et D′ suivant la relation (ι), $(\iota\iota)$ ou $(\iota\iota\iota)$ satisfaite. Suivant la région où se trouve le point M, on a $\mathrm{HH}' = \pm\mathrm{MH} \pm \mathrm{MH}'$. En utilisant la relation (1) et la relation (2) satisfaite par M, démontrer que l'on a $\mathrm{MF} = e\,\mathrm{MH}$.

20

Etant donnée une conique, on recherche les sommets des cônes de révolution sur lesquels la conique est tracée.
a) Dans un plan Π, soit $\mathcal{E}$ l'ellipse de grand axe AA′, de foyers F et F′. Démontrer que le lieu des sommets S des cônes de révolution portant l'ellipse est l'hyperbole de

sommets F et F', de foyers A et A', dans le plan orthogonal à Π le long de la droite AA', privée des points F et F'. (On remarquera que, si S est le sommet d'un cône répondant à la question, on a $|SA' - SA| = FF'$.)

b) Etudier le même problème pour l'hyperbole, pour la parabole.

CHAPITRE IX

CONIQUES (géométrie projective)

Si l'idée de géométrie projective a pris forme dans les travaux de DESARGUES (1591-1661), qui étudia les polaires et utilisa le birapport, c'est au XIXe siècle que la théorie des coniques fut abordée, par toute une génération de mathématiciens, comme nous le faisons dans ce chapitre. Pour l'aspect historique, le lecteur pourra consulter le livre d'Amy Dahan-Dalmedico et Jeanne Peiffer, *Une histoire des mathématiques*. Nous nous contenterons de citer les noms de PONCELET (principes de la géométrie projective), de MÖBIUS (1790-1868) et CHASLES (1793-1880) (homographies et birapport), de VON STAUDT (1798-1867) (coordonnées homogènes), de PLÜCKER (1801-1868) (coordonnées tangentielles), de STEINER (1796-1863) (génération homographique des coniques).

Pour les questions qui vont être traitées dans ce chapitre, nous nous plaçons dans un cadre un peu plus large que le plan affine euclidien réel. Nous nous plaçons dans le plan projectif complexe $P_2(\mathbf{C})$. Un point de $P_2(\mathbf{C})$ est déterminé par un système $(x, y, z) \in \mathbf{C}^3 - \{0\}$ de coordonnées homogènes complexes. Le plan projectif réel est l'ensemble des points de $P_2(\mathbf{C})$ qui ont des coordonnées homogènes réelles. Le plan affine $\mathbf{R}^2$ s'identifie à l'ensemble des points de $P_2(\mathbf{R})$ dont la troisième coordonnée est $\neq 0$. Son complémentaire dans $P_2(\mathbf{R})$ est la droite de l'infini (*cf.* chap.VII, § 5). De même, le complémentaire de $\mathbf{C}^2$ dans $P_2(\mathbf{C})$ est la droite de l'infini complexe, notée D_∞, d'équation $z = 0$.

Les notions de birapport et d'homographie étudiées au chapitre VII s'étendent à la géométrie complexe.

1. Courbes algébriques du second degré

Une courbe algébrique du second degré dans $\mathbf{R}^2$ est l'ensemble des points (x, y) de $\mathbf{R}^2$ dont les coordonnées annulent un polynôme de degré 2. Une *courbe algébrique réelle du second degré* dans $P_2(\mathbf{C})$ est l'ensemble des points de $P_2(\mathbf{C})$ dont les coordonnées homogènes (x, y, z) annulent un polynôme $F(x, y, z)$ homogène de degré 2, à coefficients réels (non tous nuls) :

$$(1) \qquad F(x, y, z) = ax^2 + by^2 + cz^2 + 2a'yz + 2b'zx + 2c'xy = 0.$$

Nous utiliserons l'*identité d'Euler*, satisfaite par les polynômes homogènes, qui s'écrit pour le degré 2 :

$$(2) \qquad x\,F'_x + y\,F'_y + z\,F'_z = 2\,F.$$

Soit Γ la courbe d'équation (1). Un *point singulier* de Γ est un point où les trois dérivées partielles de F s'annulent. Un *point régulier* de la courbe est un point qui n'est pas singulier. Les points singuliers ont pour coordonnées les solutions non nulles du système linéaire homogène :

$$(3) \qquad \begin{cases} ax + c'y + b'z = 0, \\ c'x + by + a'z = 0, \\ b'x + a'y + cz = 0. \end{cases}$$

On dit que la courbe Γ est *décomposée* si F est un produit de deux facteurs du premier degré (à coefficients dans $\mathbf{C}$).

PROPOSITION 1. – *Pour qu'une courbe algébrique du second degré soit décomposée, il faut et il suffit qu'elle admette un point singulier.*

Supposons $F = D_1D_2$, où D_1 et D_2 sont deux facteurs du premier degré. On a alors $F'_x = (D_1)'_x D_2 + D_1(D_2)'_x$. Au point commun des droites d'équations $D_1 = 0$ et $D_2 = 0$, la dérivée partielle F'_x s'annule. De la même manière, toutes les dérivées partielles de F sont nulles en ce point.

Inversement, supposons qu'un point I de la courbe soit singulier. Par un changement projectif de coordonnées, on peut supposer que I est le point $(0, 0, 1)$. Le système (3) donne alors $a' = b' = c = 0$. D'où

$$F(x, y, z) = ax^2 + 2c'xy + by^2,$$

qui est bien produit de deux facteurs du premier degré (à coefficients dans $\mathbf{C}$). ||

Discutons maintenant l'existence de points singuliers suivant le rang de la forme quadratique F. Sa matrice est

$$A = \begin{pmatrix} a & c' & b' \\ c' & b & a' \\ b' & a' & c \end{pmatrix}$$

Si le rang de A est 3, il n'y a pas de point singulier, on dit que Γ est une *conique régulière.*

Si le rang de A est 2, il y a un unique point singulier I. La forme quadratique F est produit de deux formes linéaires distinctes. La courbe Γ est réunion de deux droites réelles, ou de deux droites complexes conjuguées distinctes, d'intersection I. Dans ce dernier cas, le point singulier est l'unique point réel de la courbe. Si le point I est à l'infini, les droites affines sont parallèles. Ainsi $x^2 - y^2 = 0$ est l'équation de la réunion des droites $x + y = 0$ et $x - y = 0$. L'équation $x^2 - z^2 = 0$ représente la réunion des deux droites $x = z$ et $x = -z$, le point singulier est le point $(0, 1, 0)$. Le cercle de rayon nul $x^2 + y^2 = 0$ est la réunion des droites $x + iy = 0$ et $x - iy = 0$. L'équation $x^2 + z^2 = 0$ est l'équation des droites parallèles complexes conjuguées $x = iz$ et $x = -iz$.

Si le rang de A est 1, il y a une droite de points singuliers. Par suite F est un carré D^2, où $D = 0$ est l'équation d'une droite réelle. On dit que Γ est une *droite double*, ou une droite comptée deux fois. On prendra garde que la forme linéaire D peut être à coefficients complexes même si $D = 0$ est l'équation d'une droite réelle. Ainsi $F = -x^2$ est le carré de $D = ix$; l'équation $ix = 0$ est celle de la droite réelle $x = 0$.

Si le rang de A est égal à 1 ou 2, on dit que Γ est une *conique décomposée.*

Nous avons commencé à utiliser le nom de *conique* pour désigner les courbes algébriques du second degré. C'était une anticipation de l'énoncé qui suit.

PROPOSITION 2. – *La partie affine d'une conique régulière est une ellipse, une hyperbole ou une parabole.*

Supposons $\det A \neq 0$, et considérons la forme quadratique de deux variables définie par les termes de degré 2 en (x, y)

$$F(x, y, 0) = ax^2 + 2c'xy + by^2,$$

dont la matrice est

$$A' = \begin{pmatrix} a & c' \\ c' & b \end{pmatrix}$$

Cette forme quadratique n'est pas nulle sinon la conique serait décomposée. Les valeurs propres s_1 et s_2 de la matrice symétrique A' sont réelles.

Si $\det A' \neq 0$, le rang du système linéaire

$$(4) \qquad \begin{cases} ax + c'y + b' = 0, \\ c'x + by + a' = 0, \end{cases}$$

est 2. On fait un premier changement de coordonnées, par translation, pour placer l'origine au point I de coordonnées affines (x_0, y_0) solution du système (4). Puis, par rotation des axes, on diagonalise la matrice A'. L'équation de Γ dans les nouvelles coordonnées (X, Y) s'écrit

$$(5) \qquad s_1X^2 + s_2Y^2 + h = 0.$$

Le terme constant est nécessairement réel et $\neq 0$ puisque la conique n'est pas décomposée. On peut démontrer que l'on a $h = \det A/\det A'$ (exerc. 1).

Si s_1 et s_2 sont de signe contraire (*i.e.* si $\det A' < 0$), l'équation (5) est l'équation d'une hyperbole rapportée à ses axes. Si s_1 et s_2 sont de même signe, on a l'équation d'une ellipse rapportée à ses axes. Si h est du signe des valeurs propres, il n'y a pas de point réel ; on dit parfois que Γ est une *ellipse imaginaire*, mais il est plus correct de parler d'ellipse sans point réel. Si le signe de h est opposé à celui des valeurs propres, Γ est une ellipse dont les longueurs des axes sont $2\sqrt{-h/s_1}$ et $2\sqrt{-h/s_2}$.

Supposons maintenant $\det A' = 0$. L'une des valeurs propres de A' est nulle, l'autre est $\neq 0$ car la conique est régulière. Par un changement affine de coordonnées, l'équation de Γ s'écrit

$$s_2Y^2 + kX = 0,$$

avec k réel et $\neq 0$, pour la même raison. Il s'agit d'une parabole. ||

Remarquons que, pour une conique à centre, la recherche du centre est un problème linéaire (système (4)), tandis que la recherche des axes est du second degré (recherche des valeurs propres et vecteurs propres de la matrice A').

PROPOSITION 3. – *La donnée de l'ensemble des points d'une courbe algébrique du second degré dans* $P_2(\mathbf{C})$ *détermine l'équation de la courbe, à un facteur multiplicatif près.*

Si la courbe Γ *possède un point réel régulier, la donnée des points réels de* Γ *détermine l'équation à un facteur multiplicatif près.*

La démonstration est indiquée en exercice (exerc. 2 et 3, d'après le livre de P. Samuel, *Géométrie projective*, pp. 52 et 113).

Remarque. – Etant données deux coniques régulières ayant des points réels, il existe une transformation homographique réelle transformant l'une en l'autre. En effet, on peut d'abord transformer ces coniques en paraboles, en transformant la tangente en un point en la droite de l'infini. Ensuite, les paraboles se déduisent les unes des autres par des transformations affines. Toutes les coniques régulières ont donc les mêmes propriétés projectives.

2. Intersection d'une conique et d'une droite

Comme au paragraphe précédent, soit Γ une courbe algébrique du second degré définie par l'équation $F(x,y,z)=0$. Réglons d'abord un petit problème de notations. Si M est un point de $P_2(\mathbf{C})$, et (x,y,z) un système de coordonnées homogènes de M, on écrira $(x,y,z)=\overrightarrow{M}$ et $F(x,y,z)=F(\overrightarrow{M})$. Il n'est pas possible d'écrire $F(M)$, car les divers systèmes de coordonnées homogènes de M donnent des valeurs différentes à F. La petite flèche nous rappellera cette difficulté. Il n'y aura pas d'ambiguïté à noter F la forme bilinéaire symétrique associée à la forme quadratique F, plutôt que d'utiliser une autre lettre. Cette forme bilinéaire est définie par

$$F(\overrightarrow{X}_0,\overrightarrow{X}_1)=\overrightarrow{X}_0\cdot A\overrightarrow{X}_1=\overrightarrow{X}_1\cdot A\overrightarrow{X}_0,$$

$$2\,F(\overrightarrow{X}_0,\overrightarrow{X}_1)=x_0F'_x(\overrightarrow{X}_1)+y_0F'_y(\overrightarrow{X}_1)+z_0F'_z(\overrightarrow{X}_1),$$

$$=x_1F'_x(\overrightarrow{X}_0)+y_1F'_y(\overrightarrow{X}_0)+z_1F'_z(\overrightarrow{X}_0).$$

Soit D une droite réelle définie par deux de ses points réels M_0 et M_1, de coordonnées homogènes $\overrightarrow{M}_0=(x_0,y_0,z_0)$, $\overrightarrow{M}_1=(x_1,y_1,z_1)$. La droite D est l'ensemble des points M de coordonnées homogènes $\overrightarrow{M}=u\overrightarrow{M}_0+v\overrightarrow{M}_1$, où $(u,v)\in\mathbf{C}^2-\{0\}$ représente un élément de la droite projective $\tilde{\mathbf{C}}$. L'équation aux (u,v) des points d'intersection de D et Γ est

$$F(u\overrightarrow{M}_0+v\overrightarrow{M}_1)=0,$$

qui s'écrit après développement de la forme quadratique :

$$u^2\,F(\overrightarrow{M}_0)+2uv\,F(\overrightarrow{M}_0,\overrightarrow{M}_1)+v^2\,F(\overrightarrow{M}_1)=0. \tag{6}$$

Supposons d'abord que l'un au moins des coefficients ne soit pas nul. L'équation (6) est une équation du second degré à coefficients réels. Elle admet soit deux solutions réelles (dans $\tilde{\mathbf{R}}$), soit une seule solution réelle (racine double), soit deux solutions complexes conjuguées distinctes.

Pour étudier le cas de la racine double, on peut supposer que M_0 est un point commun à D et Γ, c'est-à-dire $F(\overrightarrow{M}_0) = 0$. Pour que la racine $(1, 0)$ soit double, il faut et il suffit que l'on ait $F(\overrightarrow{M}_0, \overrightarrow{M}_1) = 0$ et $F(\overrightarrow{M}_1) \neq 0$.

Cela se produit dans deux cas. D'abord si le point M_0 est un point singulier de Γ, la forme linéaire $\overrightarrow{M} \mapsto F(\overrightarrow{M}_0, \overrightarrow{M})$ est identiquement nulle. Toute droite D, passant par M_0 sans être contenue dans Γ, rencontre Γ au seul point M_0.

Si maintenant M_0 est un point régulier de Γ, la forme linéaire $\overrightarrow{M} \mapsto F(\overrightarrow{M}_0, \overrightarrow{M})$ n'est pas identiquement nulle. Pour qu'elle s'annule en M_0 et M_1, il faut et il suffit que la droite D soit l'ensemble des points M tels que $F(\overrightarrow{M}_0, \overrightarrow{M}) = 0$, Ainsi, l'équation de la droite D est

$$xF'_x(\overrightarrow{M}_0) + yF'_y(\overrightarrow{M}_0) + zF'_z(\overrightarrow{M}_0) = 0. \tag{7}$$

Tenant compte de $F(\overrightarrow{M}_0) = 0$ et de l'identité d'Euler, cette équation s'écrit

$$(x - x_0)\,F'_x(\overrightarrow{M}_0) + (y - y_0)\,F'_y(\overrightarrow{M}_0) + (z - z_0)\,F'_z(\overrightarrow{M}_0) = 0. \tag{8}$$

Supposons les points M_0 et M à distance finie ; on obtient l'équation affine de D en prenant $z_0 = z = 1$, soit

$$(x - x_0)\,F'_x(\overrightarrow{M}_0) + (y - y_0)\,F'_y(\overrightarrow{M}_0) = 0. \tag{9}$$

Il s'agit de la tangente à la courbe Γ (chap. VI, § 2).

Si le point M_0 est à l'infini, on peut vérifier que la droite D est une asymptote (cas de l'hyperbole) ou la droite de l'infini (cas de la parabole). Une transformation projective ramenant le point M_0 à distance finie transforme la droite D en la tangente en ce point. On dira que la droite de l'infini est tangente à la parabole au point à l'infini de l'axe. On dit qu'une asymptote est tangente à l'hyperbole au point à l'infini de l'asymptote.

Il reste le cas où tous les coefficients de l'équation (6) sont nuls. Les relations $F(\overrightarrow{M}_0) = 0$, $F(\overrightarrow{M}_0, \overrightarrow{M}_1) = 0$ et $F(\overrightarrow{M}_1) = 0$ signifient que, dans $\mathbf{R}^3$, les vecteurs $A\overrightarrow{M}_0$ et $A\overrightarrow{M}_1$ sont tous deux orthogonaux aux vecteurs $\overrightarrow{M}_0$ et $\overrightarrow{M}_1$. Ils sont donc colinéaires. Il existe deux nombres réels u et v, non tous deux nuls, tels que $A(u\overrightarrow{M}_0 + v\overrightarrow{M}_1) = 0$. Le point

I de coordonnées homogènes $u\overrightarrow{\mathrm{M}}_0 + v\overrightarrow{\mathrm{M}}_1$ est un point singulier de Γ. La conique Γ est décomposée, et la droite D est contenue dans Γ.

Il n'y a pas de surprise avec les coniques décomposées. Pour les coniques régulières, on peut énoncer :

PROPOSITION 4. – *Une droite réelle rencontre une conique régulière en deux points réels, un point réel ou deux points complexes conjugués distincts dans le plan projectif complexe. Une droite qui n'a qu'un point commun avec la conique est la tangente en ce point si ce point est à distance finie.*

Supposons la conique Γ régulière. Pour qu'une droite D soit tangente à Γ, il faut et il suffit qu'il existe un point M_0 de Γ tel que D ait pour équation (7). En d'autres termes, pour que le vecteur $\overrightarrow{\mathrm{D}} = (u, v, w)$ de $\mathbf{R}^3$ soit un système de coordonnées homogènes d'une tangente à Γ, il faut et il suffit qu'il existe un vecteur $\overrightarrow{\mathrm{M}}_0$ non nul de $\mathbf{R}^3$ satisfaisant aux deux conditions

(10) $$\overrightarrow{\mathrm{M}}_0 \cdot \mathrm{A}\overrightarrow{\mathrm{M}}_0 = 0,$$

(11) $\overrightarrow{\mathrm{D}}$ et $\mathrm{A}\overrightarrow{\mathrm{M}}_0$ sont colinéaires.

Compte tenu de (11), la condition (10), qui signifie que M_0 est un point de Γ, est équivalente à

(12) $$\overrightarrow{\mathrm{D}} \cdot \overrightarrow{\mathrm{M}}_0 = 0,$$

qui exprime que M_0 est un point de D. L'existence de $\overrightarrow{\mathrm{M}}_0$ pour lequel (11) et (12) soient satisfaites est équivalente à

(13) $$\overrightarrow{\mathrm{D}} \cdot \mathrm{A}^{-1}\overrightarrow{\mathrm{D}} = 0.$$

L'équation (13) est appelée *équation tangentielle* de Γ.

Exemples. – 1) Pour l'ellipse d'équation

$$\frac{x^2}{a^2} + \frac{y^2}{b^2} - 1 = 0,$$

on a

$$\mathrm{A} = \begin{pmatrix} 1/a^2 & 0 & 0 \\ 0 & 1/b^2 & 0 \\ 0 & 0 & -1 \end{pmatrix} \qquad \mathrm{A}^{-1} = \begin{pmatrix} a^2 & 0 & 0 \\ 0 & b^2 & 0 \\ 0 & 0 & -1 \end{pmatrix}$$

L'équation tangentielle de l'ellipse est

$$a^2 u^2 + b^2 v^2 - w^2 = 0.$$

2) De même, l'hyperbole d'équation

$$\frac{x^2}{a^2} - \frac{y^2}{b^2} - 1 = 0$$

a pour équation tangentielle

$$a^2 u^2 - b^2 v^2 - w^2 = 0.$$

3) Pour la parabole d'équation

$$y^2 = 2px,$$

on a

$$A = \begin{pmatrix} 0 & 0 & -p \\ 0 & 1 & 0 \\ -p & 0 & 0 \end{pmatrix} \qquad A^{-1} = \begin{pmatrix} 0 & 0 & -1/p \\ 0 & 1 & 0 \\ -1/p & 0 & 0 \end{pmatrix}$$

L'équation tangentielle de la parabole est

$$p v^2 - 2 uw = 0.$$

Le fait remarquable est que l'équation tangentielle d'une conique régulière est une équation homogène du second degré, régulière elle aussi. On parle parfois de la *conique duale*. Par ailleurs, dans la relation $\overrightarrow{D} \cdot \overrightarrow{M} = 0$ qui exprime que le point M appartient à la droite D, les coordonnées du point et de la droite jouent des rôles similaires. Par conséquent, en échangeant les rôles des points et des droites, un résultat sur les coniques définies de façon ponctuelle donne un résultat sur les coniques définies de façon tangentielle. Ainsi, la prop. 4 peut être lue comme suit.

PROPOSITION 5. – *Par un point réel, passent deux tangentes réelles, une tangente réelle, ou deux tangentes complexes conjuguées distinctes à une conique régulière. Les points de la conique sont les points d'où est issue une seule tangente.*

L'ensemble des droites de coordonnées homogènes (u, v, w) satisfaisant à une équation $G(u, v, w) = 0$, où G est une forme quadratique, est appelé *enveloppe de deuxième classe.* Si la matrice B de la forme quadratique G est de rang 3, l'équation caractérise les tangentes à une conique régulière définie par la forme quadratique dont la matrice est B^{-1}. Si le rang de la matrice B est 2, la forme quadratique est produit de deux formes linéaires distinctes $ux_1 + vy_1 + wz_1$ et $ux_2 + vy_2 + wz_2$. L'équation caractérise les droites passant par l'un des points M_1 ou M_2 de coordonnées (x_1, y_1, z_1) et (x_2, y_2, z_2). Si le rang de B est égal à 1, la forme quadratique est le carré d'une forme linéaire, et sa nullité caractérise les droites passant par un point M.

3. Points conjugués, polaire, pôle

On considère toujours la conique Γ d'équation $F(x, y, z) = 0$.

DÉFINITION 1. – *On dit que deux points* P *et* P′ *de* $P_2(\mathbf{C})$ *sont* conjugués *par rapport à la conique* Γ *s'ils satisfont à* $F(\overrightarrow{P}, \overrightarrow{P}') = 0$.

La relation de conjugaison est l'orthogonalité relative à la forme quadratique F. La conique est l'ensemble des points qui sont conjugués d'eux-mêmes.

PROPOSITION 6. – *Si* Γ *est une conique régulière, l'ensemble des conjugués d'un point* P *par rapport à* Γ *est une droite.*

Cette droite est dite *polaire* du point P, et parfois notée $P^{\perp}$. C'est la droite D de coordonnées homogènes $\overrightarrow{D} = A\overrightarrow{P}$, ou encore

$$\overrightarrow{D} = (F'_x(\overrightarrow{P}), F'_y(\overrightarrow{P}), F'_z(\overrightarrow{P})).$$

PROPOSITION 7. – *Soit* Γ *une conique régulière. Si* P *est un point de* Γ, *sa polaire est la tangente en* P *à* Γ. *Si* P *est hors de* Γ, *sa polaire ne passe pas par* P ; *elle joint les contacts des tangentes issues de* P.

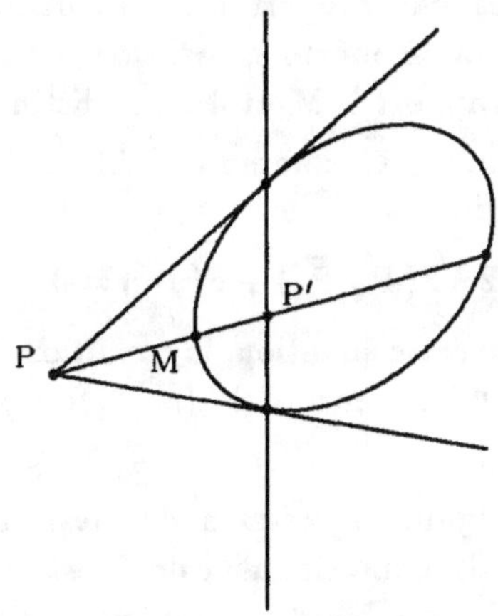

Si P est un point de Γ, l'équation de la tangente en P est $F(\overrightarrow{P}, \overrightarrow{M}) = 0$ (§ 2). Si le point P est hors de Γ, d'après ce qui précède, il est conjugué des contacts des tangentes issues de P. ||

Remarque. – Si P n'est pas un point de Γ, il admet un unique conjugué sur toute droite issue de P.

PROPOSITION 8. – *Si Γ est une conique régulière, toute droite est la polaire d'un unique point du plan.*

En effet, la droite D est la polaire du point P de coordonnées homogènes $\overrightarrow{P} = A^{-1}\overrightarrow{D}$, et de ce seul point. ||

Si D est la polaire de P, on dit que P est le *pôle* de D, et on écrit parfois $P = D^{\perp}$.

PROPOSITION 9. – *Supposons que Γ soit une conique régulière. Soit D une droite rencontrant Γ en deux points M et M', distincts ou confondus. Pour que deux points P et P' de D soient conjugués par rapport à Γ, il faut et il suffit que la division* (MM'PP') *soit harmonique.*

Si P et P' sont confondus, pour qu'ils soient conjugués par rapport à Γ, il faut et il suffit qu'ils coïncident avec un des points M ou M', d'où la proposition dans ce cas. Si P et P' sont distincts, paramétrons la droite D comme lieu des points N de coordonnées homogènes $\overrightarrow{N} = u\overrightarrow{P} + v\overrightarrow{P}'$. L'équation aux (u, v) des points d'intersection s'écrit

$$u^2\,F(\overrightarrow{P}) + 2\,uv\,F(\overrightarrow{P}, \overrightarrow{P}') + v^2\,F(\overrightarrow{P}') = 0.$$

Si P et P' sont conjugués par rapport à Γ et distincts, l'un des deux n'est pas sur Γ. On a la même conclusion si P et P' sont conjugués harmoniques par rapport à M et M', et distincts. Supposons $F(\overrightarrow{P}) \neq 0$, et prenons $\lambda = u/v \in \widetilde{\mathbf{C}}$ comme variable. L'équation aux λ des points d'intersection s'écrit

$$\lambda^2\,F(\overrightarrow{P}) + 2\,\lambda\,F(\overrightarrow{P}, \overrightarrow{P}') + F(\overrightarrow{P}') = 0.$$

Si μ et μ' sont les racines de cette équation, la condition $F(\overrightarrow{P}, \overrightarrow{P}') = 0$ est équivalente à $\mu + \mu' = 0$, ou encore à $(\infty, 0, \mu, \mu') = 0$. D'où la proposition. ||

Pour une conique singulière, certains des résultats précédents restent exacts, d'autres non. Un point singulier de Γ est conjugué de tout point du plan. Cependant, l'ensemble des conjugués d'un point P qui n'est pas un point singulier de Γ, est une droite, qu'on appelle encore la polaire de P. Si Γ est une droite double, cette droite est donc la polaire de tout point non singulier. Si Γ est décomposée en deux droites distinctes D et D' ayant un point commun I, la polaire d'un point régulier P de Γ est nécessairement la droite IP. Si les point P et P' n'appartiennent pas à Γ, la démonstration de la prop. 9 est encore valable. Les points P et P′ sont conjugués si les droites IP , IP′ , D et D′ constituent un faisceau harmonique. La polaire de P est la droite IP′ , mais la droite IP′ est aussi la polaire de tout point de la droite IP .

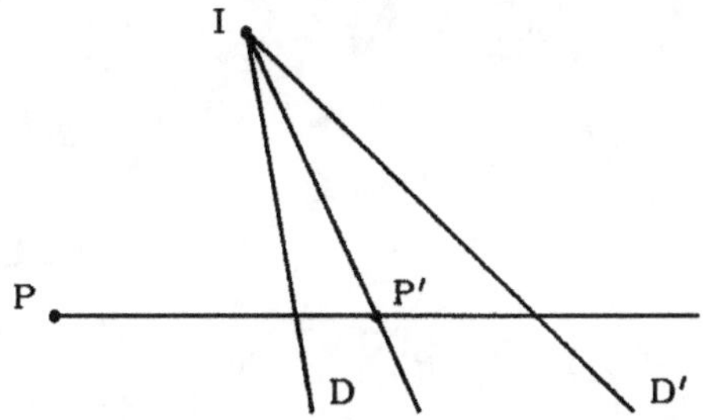

Corollaire. – *Soient* A , A′ , B , B′ *quatre points distincts sur une conique régulière* Γ . *Soient* I *le point d'intersection des droites* AA′ *et* BB′ , J *celui de* AB′ *et* A′B , *et* K *celui de* AB *et* A′B′ . *La droite joignant deux des points* I , J *ou* K *est la polaire du troisième.*

En effet, pour le point I par exemple, le faisceau de droites (KI, KJ, KA, KA′) est harmonique (VII.8, prop. 15). La droite KJ rencontre les droites IA et IB en des points appartenant à la polaire de I . Par suite, la droite KJ est la polaire de I . ||

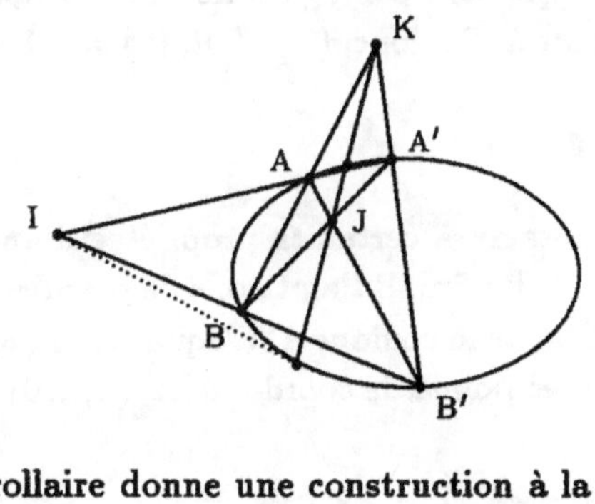

Le corollaire donne une construction à la règle de la polaire d'un point P par rapport à une conique régulière, ainsi que des tangentes issues de ce point à la conique.

Proposition 10. – *Supposons que* Γ *soit une conique régulière. Si le pôle* P *d'une droite* D *appartient à une droite* D′ , *le pôle* P′ *de* D′ *appartient à* D .

En effet, les points P et P′ sont conjugués. ||

DÉFINITION 2. – *Deux droites sont dites* conjuguées *par rapport à une conique régulière si le pôle de l'une est un point de l'autre.*

Analytiquement, les droites D et D′ sont conjuguées si leurs coordonnées homogènes satisfont à $\overrightarrow{D}' \cdot A^{-1}\overrightarrow{D} = 0$, ou encore à

$$A\overrightarrow{D}' \cdot \overrightarrow{D} = 0.$$

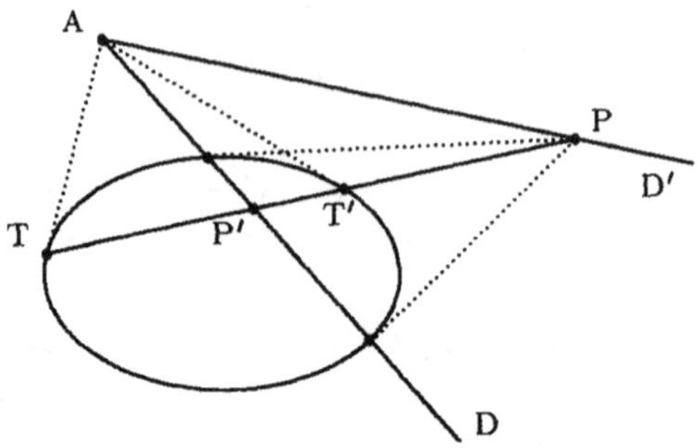

PROPOSITION 11. – *Supposons que* Γ *soit une conique régulière. Soient* D *et* D′ *deux droites conjuguées par rapport à* Γ *se coupant en un point* A *hors de* Γ. *Si* T *et* T′ *sont les contacts des tangentes issues de* A, *le faisceau* (AT, AT′, D, D′) *est harmonique.*

La droite TT′ est la polaire de A (prop. 7). Elle contient les pôles P et P′ de D et D′ qui sont conjugués de A. Les points P et P′ sont conjugués par rapport à Γ, donc $(T, T', P, P') = -1$ (prop. 9).

4. Diamètres

Ce paragraphe est consacré à certaines propriétés d'une conique régulière relatives à la droite de l'infini. Il s'agit donc de propriétés affines.

Les points d'intersection de la conique Γ d'équation $F(x, y, z) = 0$ avec la droite de l'infini sont les points de coordonnées $(x, y, 0)$ solutions de l'équation

$$F(x, y, 0) = ax^2 + 2c'xy + by^2 = 0.$$

Selon la discussion du § 2, la parabole est tangente à D_∞, l'hyperbole a deux points réels à l'infini, l'ellipse deux points complexes conjugués.

Plus précisément, les points à l'infini de l'hyperbole d'équation

$$\frac{x^2}{a^2} - \frac{y^2}{b^2} - 1 = 0$$

sont les points de coordonnées $(a, b, 0)$ et $(a, -b, 0)$. Les tangentes en ces points sont les asymptotes d'équations respectives $(x/a) - (y/b) = 0$ et $(x/a) + (y/b) = 0$.

Pour l'ellipse d'équation

$$\frac{x^2}{a^2} + \frac{y^2}{b^2} - 1 = 0,$$

les points à l'infini ont pour coordonnées $(a, ib, 0)$ et $(a, -ib, 0)$, et les tangentes en ces points ont pour équations $(x/a) - (y/ib) = 0$ et $(x/a) + (y/ib) = 0$.

Si Γ est une ellipse ou une hyperbole, le pôle I de la droite de l'infini est défini par les équations $F'_x(\overrightarrow{I}) = 0$, $F'_y(\overrightarrow{I}) = 0$. Si une droite D passant par I rencontre Γ en M et M′, la division (M, M', I, ∞_D) est harmonique (prop. 9), autrement dit, I est le milieu du segment MM′. Le point I est centre de symétrie de Γ. On retrouve ainsi des résultats connus.

Le point à l'infini de la parabole d'équation $y^2 - 2px = 0$ est le point X de coordonnées $(1, 0, 0)$. Ce point est le pôle de la droite de l'infini. Une droite D passant par X, distincte de la droite de l'infini, recoupe la parabole en unique point M. Ici, les points I, ∞_D et M′ sont confondus en X. On a bien une division harmonique, mais sans intérêt. On n'a pas envie de dire que le point X est centre de la parabole. Cependant, malgré la particularité affine de la parabole, on peut donner des définitions et des résultats communs.

DÉFINITION 3. – *On appelle* diamètre *de la conique* Γ *la polaire d'un point à l'infini.*

PROPOSITION 12. – *Si* P *est un point à l'infini n'appartenant pas à la conique, le diamètre polaire de* P *est le lieu des milieux des cordes parallèles passant par* P.

Cela résulte de la prop. 9. ||

Si P est un point à l'infini n'appartenant pas à Γ, le diamètre polaire de P a pour point à l'infini l'unique point à l'infini P′ conjugué de P. Le diamètre polaire de P et celui de P′ sont des droites conjuguées. Pour une conique à centre, le point P′ n'appartient pas non plus à Γ. Deux diamètres conjugués sont chacun le lieu des milieux des cordes parallèles à l'autre (*cf.* chap. VIII, exerc. 16 et suivants). Notons que, si une droite réelle rencontre la conique en deux points complexes conjugués M et $\overline{M}$, le milieu de $M\overline{M}$ est un point réel.

Pour une hyperbole, deux diamètres conjugués sont conjugués harmoniques par rapport aux asymptotes (prop. 11). En particulier, l'hyperbole et ses asymptotes découpent sur une droite deux segments qui ont même milieu.

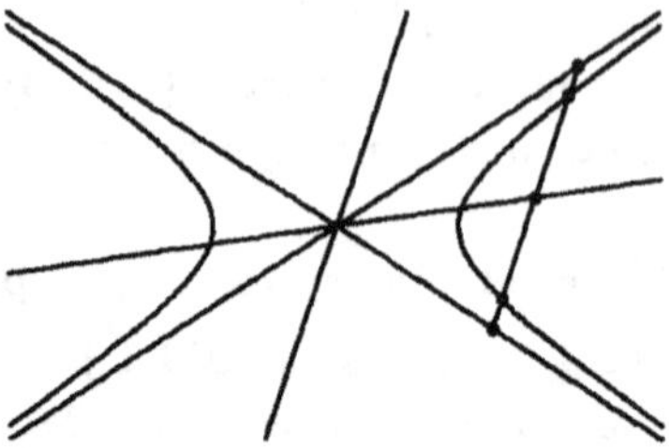

Si Γ est une parabole, il n'y a pas de réciprocité entre les diamètres. Le point P' est le point à l'infini de la parabole. Le diamètre polaire de P est une droite parallèle à l'axe de la parabole.

Remarques. - 1) La condition de conjugaison entre les points à l'infini de coordonnées homogènes $(1, m, 0)$ et $(1, m', 0)$ s'écrit

$$a + c'(m + m') + b\,mm' = 0.$$

2) Des diamètres conjugués et orthogonaux ont pour directions des directions propres de la forme quadratique $F(x, y, 0)$. Ces directions sont les directions des axes, appelées aussi *directions principales.* Pour un cercle, toutes les directions sont principales.

5. Homographies sur une conique

Nous avons vu au chap. VII, § 4, que le faisceau des droites passant par un point A du plan projectif peut être paramétré de diverses manières par la droite projective $\widetilde{\mathbf{R}}$. Si D et D' sont deux droites distinctes issues de A, au point (λ, λ') de $\widetilde{\mathbf{R}}$, on peut faire correspondre la droite $\lambda D + \lambda' D'$. Ou bien, on peut repérer une droite issue de A par son intersection avec une droite projective Δ ne passant pas par A. Tous les paramétrages obtenus se déduisent les uns des autres par des homographies. En d'autres termes, ces paramétrages munissent le faisceau F_A des droites issues de A d'une structure de droite projective. Il n'y a rien à dire de plus quand on se place dans le plan projectif complexe.

PROPOSITION 13. – *Soient* A *et* A′ *deux points réels distincts dans le plan projectif, et soit* h *une application homographique de* F_A *dans* $F_{A'}$. *Si la droite* AA′ *n'est pas sa propre image par* h, *le point d'intersection d'une droite* D *et de sa transformée* $h(D)$ *décrit une conique régulière, passant par* A *et* A′, *lorsque* D *parcourt* F_A.

Choisissons des coordonnées de sorte que A et A′ aient pour coordonnées $(1,0,0)$ et $(0,1,0)$. Une droite D passant par A s'écrit $y = tz$, une droite D′ passant par A′ s'écrit $x = t'z$. Supposons que la correspondance homographique h s'exprime, entre t et t', par la relation

$$p + qt + rt' + stt' = 0. \tag{14}$$

Les coordonnées (x, y, z) du point d'intersection de D et $h(D)$ satisfont à la relation obtenue en éliminant t et t' entre les équations de D et D′ et la relation (14), soit

$$pz^2 + qyz + rzx + sxy = 0. \tag{15}$$

Il s'agit bien d'une courbe du second degré.

Le déterminant de la forme quadratique vaut $\Delta = s(qr - ps)/4$. Il est nul si $qr - ps = 0$ ou si $s = 0$. Or on a bien $qr - ps \neq 0$, sinon l'homographie h serait dégénérée. Le cas de $s = 0$ correspond à $h(\infty) = \infty$; la droite AA′, qui est la droite de l'infini, se correspond alors à elle-même. Dans ce cas, on dit que l'homographie h est une homologie (*cf.* VII.6). L'équation (15) est celle d'une conique décomposée en la droite de l'infini $z = 0$, et la droite $pz + qy + rx = 0$.

Sous l'hypothèse de la proposition, la conique obtenue est régulière. Elle contient le point A′ qui est atteint lorsque D = AA′, et le point A, atteint lorsque $h(D) = AA'$. ||

Soient Γ une conique régulière, et A un point de Γ. Une droite D passant par A recoupe la conique en un unique point M. Notons π_A l'application de F_A dans Γ qui associe M à D. Lorsque D est la tangente en A, on prend M = A.

PROPOSITION 14. – *Soient* Γ *une conique régulière, et* A *et* A′ *deux points distincts sur* Γ. *L'application composée* $\pi_{A'}^{-1} \circ \pi_A$ *est une application homographique de* F_A *dans* $F_{A'}$.

Prenons A et A′ comme dans la démonstration de la prop. 13. Pour que les coordonnées (x, y, z) du point M d'intersection des droites $y = tz$ et $x = t'z$ satisfassent à l'équation (15), il faut et il suffit que t et t' satisfassent à la relation (14). D'où la proposition.

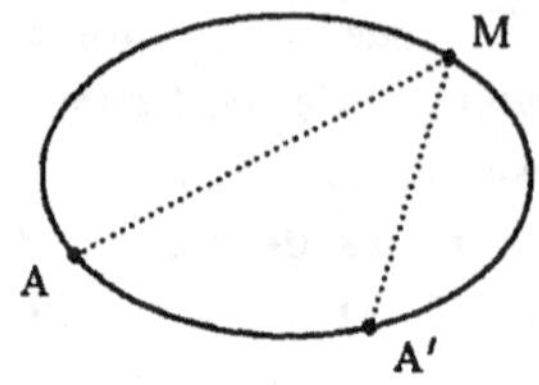

Pour être complètement rassurés, regardons le sort des tangentes. La tangente en A a pour équation $sy + rz = 0$; elle correspond à $t = -r/s$ et, par la relation (14), à $t' = \infty$ qui est le paramètre de la droite AA'. ||

COROLLAIRE. - *Soient* A, A', M, N, P, Q *six points d'une conique régulière. On a l'égalité des birapports*

$$(\mathrm{AM}, \mathrm{AN}, \mathrm{AP}, \mathrm{AQ}) = (\mathrm{A'M}, \mathrm{A'N}, \mathrm{A'P}, \mathrm{A'Q}).$$

En effet une homographie conserve les birapports. L'énoncé du corollaire est, en réalité, équivalent à celui de la proposition. ||

Il résulte de la prop. 14 que l'application π_{A} munit la conique Γ d'une structure de droite projective, indépendante du point A choisi. En particulier, π_{A} définit un paramétrage rationnel de la conique.

Exemple. - Prenons pour Γ le cercle d'équation $x^2 + y^2 - 1 = 0$ et pour A le point $(-1, 0)$ de $\mathbf{R}^2$. Le deuxième point d'intersection de Γ et de la droite d'équation $y = t(x+1)$ a pour coordonnées :

$$x = \frac{1-t^2}{1+t^2}, \qquad y = \frac{2t}{1+t^2}.$$

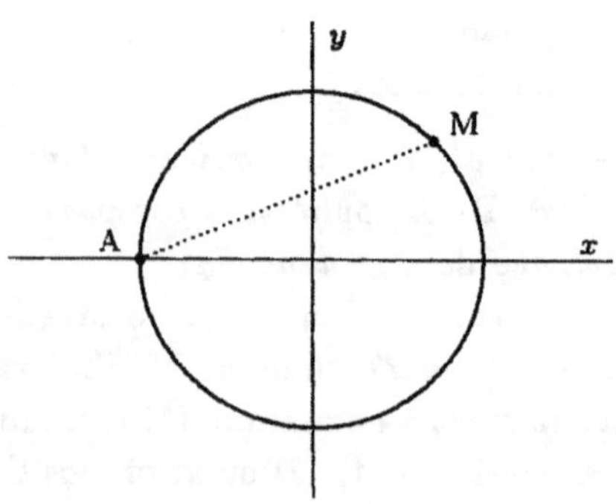

DÉFINITION 4. – *On dit qu'une application h d'une conique régulière Γ dans elle-même est* homographique *si, étant donné un point* A *de la conique, l'application $\pi_A^{-1} \circ h \circ \pi_A$, qui transforme la droite* AM *en la droite* $\mathrm{A}h(\mathrm{M})$, *est une homographie du faisceau* $\mathrm{F_A}$ *des droites passant par* A.

On dit aussi que h est une *homographie* sur Γ. Si h est une homographie sur Γ, pour tous points A et A′ de Γ, l'application $\pi_{A'}^{-1} \circ h \circ \pi_A$ est une application homographique de $\mathrm{F_A}$ sur $\mathrm{F_{A'}}$.

PROPOSITION 15. – *Soit h une homographie sur une conique régulière Γ. Si h possède deux points fixes distincts* U *et* V, *pour tout couple de points* A *et* B *de Γ, les droites* $\mathrm{A}h(\mathrm{B})$ *et* $\mathrm{B}h(\mathrm{A})$ *se rencontrent sur la droite* UV. *Si l'homographie a un unique point fixe* U, *le même résultat est exact en remplaçant la droite* UV *par la tangente en* U.

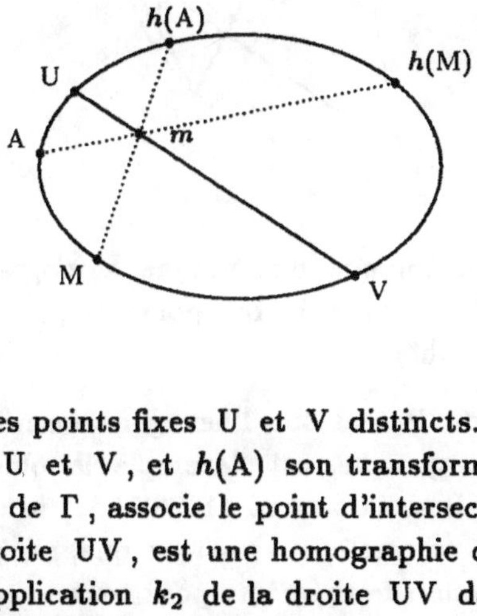

Supposons les points fixes U et V distincts. Soient A un point de Γ, distinct de U et V, et $h(\mathrm{A})$ son transformé. L'application k_1 qui, à un point M de Γ, associe le point d'intersection m de la droite $h(\mathrm{A})\mathrm{M}$ et de la droite UV, est une homographie de la conique Γ sur la droite UV. L'application k_2 de la droite UV dans Γ qui, au point m de UV, associe le deuxième point d'intersection de la droite $\mathrm{A}m$ et de Γ, est une homographie. L'application composée $k = k_2 \circ k_1$ est une homographie de la conique Γ, qui coïncide avec h aux trois points A, U et V. On a donc $h = k$ (chap. VII, prop. 4), d'où la proposition dans ce cas.

Si h a un unique point fixe, on procède de la même manière. Pour conclure à l'égalité $h = k$, il suffit alors de remarquer que k a un unique point fixe. ||

DÉFINITION 5. – *La droite* UV *est appelée* **axe** *de l'homographie.*

Une homographie h est entièrement déterminée par son axe et un couple A, $h(\mathrm{A})$, avec $h(\mathrm{A}) \neq \mathrm{A}$.

COROLLAIRE (théorème de Pascal). – *Soient* A, B, C, D, E, F *six points distincts sur une conique régulière. Les points d'intersection* $\mathrm{L} = \mathrm{AB} \cap \mathrm{DE}$, $\mathrm{M} = \mathrm{BC} \cap \mathrm{EF}$ *et* $\mathrm{N} = \mathrm{CD} \cap \mathrm{FA}$ *sont alignés.*

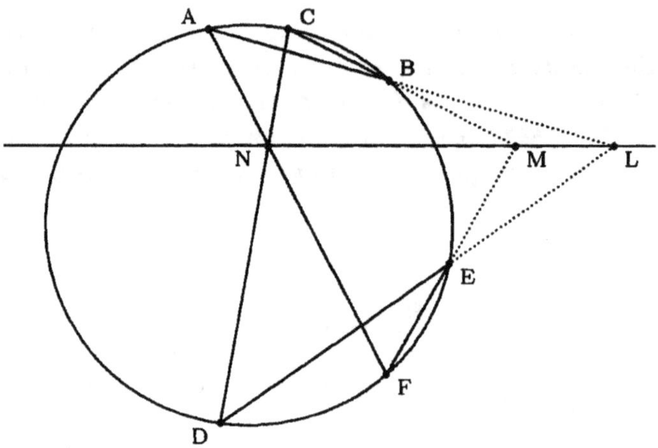

Il existe sur la conique une unique homographie h telle que $h(\mathrm{A}) = \mathrm{D}$, $h(\mathrm{C}) = \mathrm{F}$, $h(\mathrm{E}) = \mathrm{B}$. Les points L, M et N sont alignés sur l'axe de l'homographie. ||

Le théorème de Pascal sur l'hexagone inscrit, appelé par son auteur *hexagramme mystique*, est l'exemple le plus populaire d'une propriété projective. Blaise PASCAL (1623-1662) le démontra pour un hexagone inscrit dans un cercle, et remarqua que, par projection centrale dans l'espace, on obtenait le théorème pour toute conique.

On notera que, pour une conique décomposée, le théorème de Pappus (chap. VII, § 6) exprime le même résultat que le théorème de Pascal.

Nous avons énoncé et démontré le théorème en supposant les six points distincts. On obtient encore un énoncé exact lorsque certains couples de points sont confondus et que l'on remplace la droite qui les joint par une tangente. Ainsi, les tangentes au cercle circonscrit à un triangle, en chacun des sommets, rencontrent les côtés opposés en trois

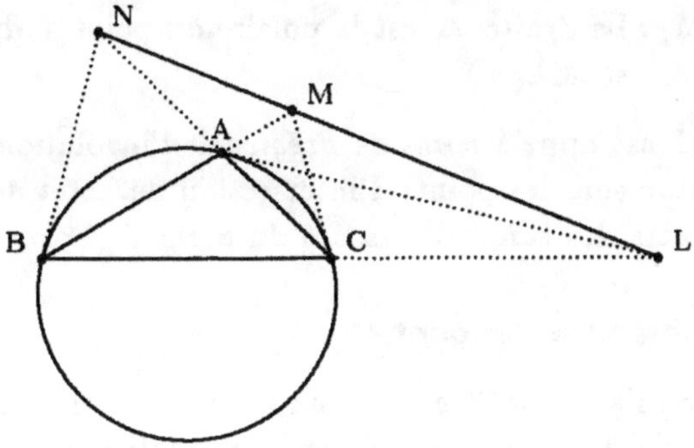

points alignés. On peut remplacer le cercle par toute conique circonscrite au triangle.

PROPOSITION 16 (Frégier). – *Soient* Γ *une conique régulière et* I *un point hors de* Γ. *L'application qui, à un point* M *de* Γ, *associe le deuxième point d'intersection de la droite* IM *et de la conique, est une involution sur* Γ *dont l'axe est la polaire du point* I.

Inversement, si h est une involution d'axe Δ *sur la conique, la droite* M*h*(M) *passe toujours par le pôle de* Δ.

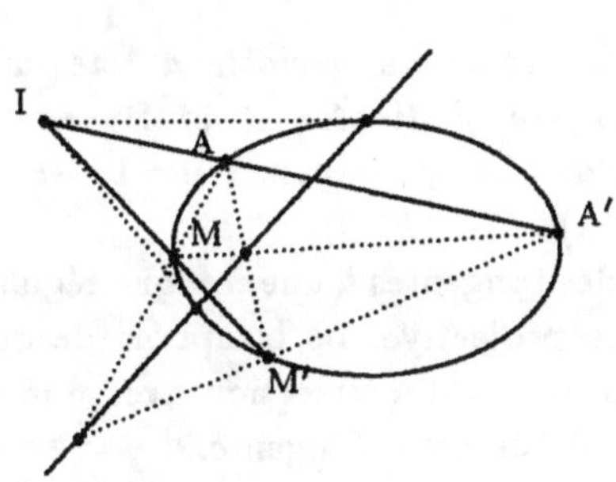

Soient A et A′, M et M′ les points d'intersection avec Γ de deux droites passant par I. Les droites AM et A′M′ se rencontrent sur la polaire Δ de I, il en est de même des droites AM′ et A′M (§ 3, cor. de la prop. 9). Supposons A et A′ distincts et fixés. L'homographie *h* d'axe Δ qui envoie A sur A′, envoie aussi M sur M′ et M′ sur M. L'application M ↦ M′ est homographique, et c'est bien une involution.

Inversement, si *h* est une involution d'axe Δ sur la conique, les droites A*h*(M) et *h*(A)M se rencontrent sur Δ, ainsi que les droites

AM et $h(A)h(M)$. La droite Δ est la polaire du point I d'intersection des droites $Ah(A)$ et $Mh(M)$. ||

Le point I est appelé *point de Frégier* de l'involution. Les points fixes de l'involution sont les points d'intersection de Δ et de la conique. Ce sont les contacts des tangentes issues du point de Frégier.

6. Homographies des tangentes

Ainsi qu'on l'a expliqué au § 2, un théorème ponctuel appliqué à la conique duale de Γ donne un théorème tangentiel sur la conique Γ. Les résultats du paragraphe précédent ont des traductions qui sont des théorèmes sur les tangentes aux coniques régulières.

PROPOSITION 17. – *Soient* D *et* D′ *deux droites réelles du plan projectif, et* h *une application homographique de* D *sur* D′. *Si le point d'intersection de* D *et* D′ *n'est pas sa propre image par* h, *les droites* $Ph(P)$, *où* P *parcourt* D, *sont les tangentes à une conique régulière.* (traduction de la prop. 13).

Si le point d'intersection de D et D′ est sa propre image, h est une homologie, les droites $Ph(P)$ passent par un point fixe (chap. VII, prop. 9).

PROPOSITION 18. – *Une tangente variable à une conique régulière rencontre deux tangentes fixes distinctes* D *et* D′ *en des points* P *et* P′. *L'application de* D *dans* D′ *qui envoie* P *en* P′ *est homographique.* (traduction de la prop. 14).

Ainsi, l'ensemble des tangentes à une conique régulière Γ est muni d'une structure de droite projective. Le birapport de quatre tangentes est le birapport de leurs points d'intersection avec une autre tangente. Il est indépendant du choix de cette tangente.

PROPOSITION 19. – *Le birapport de quatre tangentes est égal au birapport de leurs contacts sur la conique.*

Soit D une tangente (fixe) à la conique Γ et soit U le point de contact. Soit T une tangente (variable) à la conique, distincte de D, soit M son point de contact, et soit P le point d'intersection de T et D. L'application qui, à la tangente T, associe le point P d'intersection avec la tangente D, est homographique par définition de la structure de droite projective sur l'ensemble des tangentes à Γ. Par ailleurs, les coordonnées homogènes (u, v, w) de la polaire UM de P

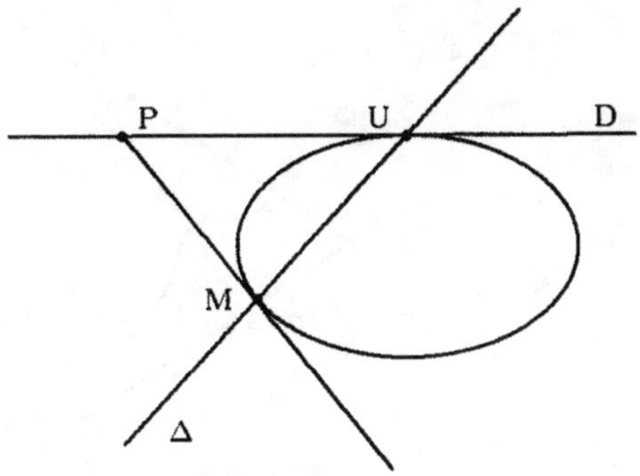

s'expriment par l'homographie $(u, v, w) = \mathrm{A}\,\overrightarrow{\mathrm{P}}$, où A est la matrice de la forme quadratique associée à l'équation de Γ . Par définition de la structure projective de Γ , l'application $\mathrm{UM} \mapsto \mathrm{M}$ de $\mathrm{F_U}$ dans Γ est homographique. D'où la proposition. ||

Exemple 1. - *Parabole*

Soient $\mathcal{P}$ une parabole dans $\mathbf{R}^2$, D et D′ deux tangentes à la parabole. Une tangente variable T rencontre D en P et D′ en P′ . L'homographie de D sur D′ ainsi définie est notée h . La droite de l'infini est tangente à la parabole, par suite $h(\infty_{\mathrm{D}}) = \infty_{\mathrm{D'}}$. L'application h est affine. Les points P et P′ décrivent des divisions semblables sur D et D′ (chap. V, § 6). Le centre I de la similitude a la propriété que l'angle $(\overrightarrow{\mathrm{IP}}, \overrightarrow{\mathrm{IP'}})$ est constant. Nous verrons ci-dessous (exemple 3) que le centre de la similitude est le foyer de la parabole.

Inversement, soient D une droite du plan et s une similitude plane directe, qui ne soit ni une homothétie, ni une translation, et dont le centre soit hors de D . Lorsque P parcourt D , les droites $\mathrm{P}s(\mathrm{P})$ enveloppent une parabole tangente à D et $s(\mathrm{D})$, dont le foyer est le centre de la similitude s .

Exemple 2. - *Hyperbole*

Dans $\mathbf{R}^2$, soit $\mathcal{H}$ une hyperbole de centre O , d'asymptotes D et D′ . Soit h l'homographie de D sur D′ définie par une tangente variable T rencontrant D en P et D en P′ . On a $h(\mathrm{O}) = \infty_{\mathrm{D'}}$ et $h(\infty_{\mathrm{D}}) = \mathrm{O}$. L'homographie h est donc définie par une relation

$$\overline{\mathrm{OP}}\;\overline{\mathrm{OP'}} = k, \tag{16}$$

entre les mesures algébriques de $\overrightarrow{\mathrm{OP}}$ et $\overrightarrow{\mathrm{OP'}}$ par rapport à des vecteurs directeurs arbitraires de D et D′ .

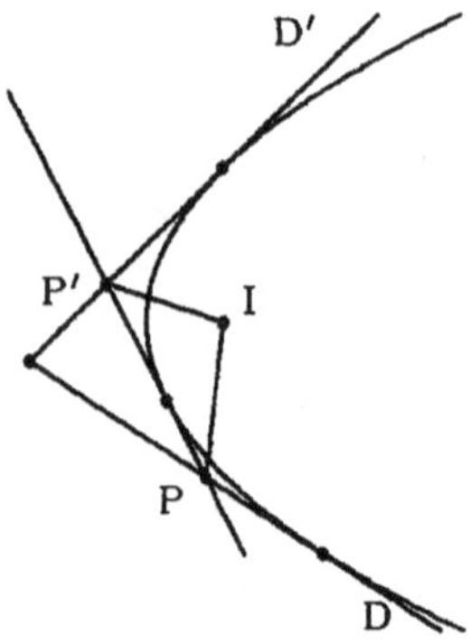

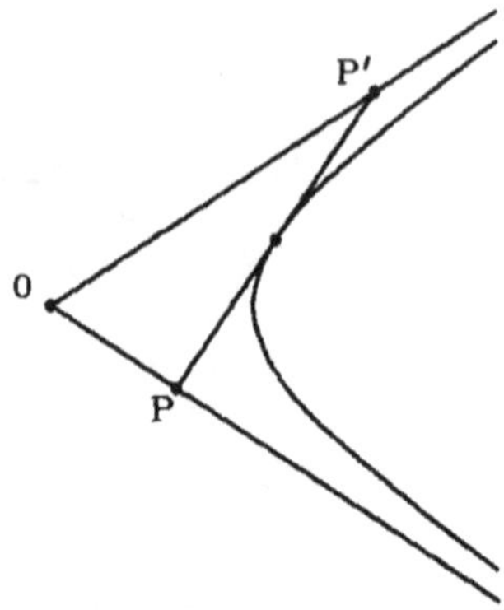

Inversement, si des points P et P' sur des droites D et D' issues de O satisfont à une relation (16), les droites PP' enveloppent une hyperbole d'asymptotes D et D'.

Remarque. - Points cycliques, droites isotropes, foyers

Afin de pouvoir donner un troisième exemple, ouvrons une courte parenthèse. Dans le plan projectif complexe, les points à l'infini I et $\bar{I}$ de coordonnées homogènes $(1, i, 0)$ et $(1, -i, 0)$ sont appelés ***points cycliques.*** Ce sont les points à l'infini de tout cercle du plan. Les droites *isotropes* d'un point A, à distance finie, sont les droites AI et A$\bar{I}$. Une droite isotrope n'est pas réelle car son point à l'infini ne l'est pas, mais elle contient un unique point réel, le point d'intersection avec la droite complexe conjuguée. La réunion des deux isotropes passant par un point réel A est une conique décomposée ; c'est le cercle de rayon nul centré en A. Par exemple, si A est l'origine O, l'équation $x^2 + y^2 = 0$ se décompose en $x + iy = 0$ et $x - iy = 0$.

La forme bilinéaire symétrique associée à la forme quadratique $x^2 + y^2$ est $xx' + yy'$. L'orthogonalité pour cette forme bilinéaire est l'orthogonalité ordinaire. L'application qui, à une droite D issue de O, associe la perpendiculaire D' issue de O, est une involution du faisceau de droites F_O dont les rayons doubles sont les isotropes de O. Pour que deux droites Δ et Δ' issues d'un point A, à distance finie, soient orthogonales, il faut et il suffit que l'on ait

$$(\Delta, \Delta', AI, A\bar{I}) = -1.$$

Plus généralement, si Δ et Δ' sont deux droites réelles issues de A, on a

$$(\Delta, \Delta', \mathrm{AI}, \mathrm{A\bar{I}}) = e^{-2i(\Delta,\Delta')},$$

où (Δ, Δ') est une mesure de l'angle des deux droites (formule de Laguerre, chap. VII, exerc. 6).

Soit Γ une conique régulière. Supposons d'abord que la droite de l'infini ne soit pas tangente à Γ (conique à centre). Les tangentes à Γ issues des points cycliques I et $\bar{\mathrm{I}}$ sont deux couples de droites non réelles Δ, Δ' pour le point I, $\bar{\Delta}$ et $\bar{\Delta}'$ pour le point $\bar{\mathrm{I}}$. Les droites Δ et $\bar{\Delta}$ sont les isotropes d'un point réel F, Δ' et $\bar{\Delta}'$ les isotropes d'un autre point réel F'. Les points d'intersection complexes conjugués $\Delta \cap \bar{\Delta}'$ et $\bar{\Delta} \cap \Delta'$ ne nous seront pas utiles ici.

Si Γ est une parabole, la droite de l'infini est tangente à Γ. Les autres tangentes Δ et $\bar{\Delta}$ issues de I et $\bar{\mathrm{I}}$ sont les isotropes d'un point réel F.

Nous avons tous les éléments, au chapitre précédent, pour vérifier que, dans les deux cas, les points d'où sont issues deux tangentes isotropes sont les foyers de la conique, et que les polaires des foyers sont les directrices associées. Nous donnerons une démonstration de ces faits au § 11.

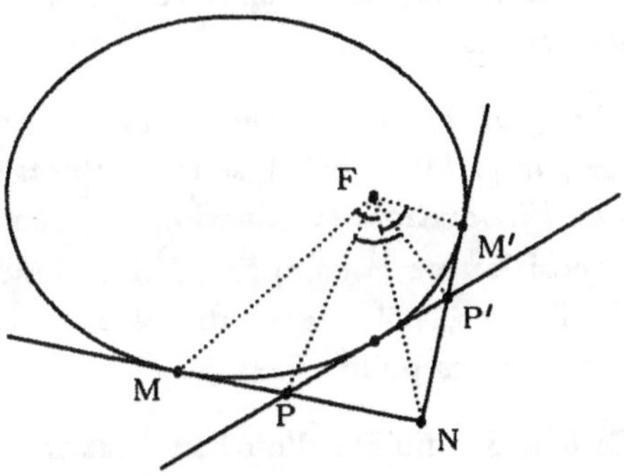

Exemple 3. - Soit Γ une conique régulière. Une tangente variable T rencontre deux tangentes fixes D et D' en P et P'. Si A est un point quelconque du plan, la correspondance entre AP et AP' est une homographie du faisceau $\mathrm{F_A}$ des droites issues de A. Les rayons doubles de cette homographie sont les tangentes issues de A. Si l'on prend pour point A un foyer F de la conique, le birapport $(\mathrm{FI}, \mathrm{F\bar{I}}, \mathrm{FP}, \mathrm{FP'})$ est constant ; l'angle de droites $(\mathrm{FP}, \mathrm{FP'})$ est constant.

Soient M et M′ les points de contact des droites D et D′ avec la conique, et soit N le point d'intersection de D et D′. L'homographie h de D sur D′ qui envoie P en P′, envoie M en N, et N en M′. On a donc l'égalité des angles de droites (FM, FN) et (FN, FM′). On retrouve ainsi le premier théorème de Poncelet.

PROPOSITION 20. (Brianchon). – *Soient* T_i, $1 \leq i \leq 6$, *six tangentes à une conique régulière, et soient* P_i, $1 \leq i \leq 5$, *les points d'intersection des tangentes consécutives* T_i *et* T_{i+1}, *et* $P_6 = T_6 \cap T_1$. *Les trois droites* P_1P_4, P_2P_5 *et* P_3P_6 *sont concourantes.* (traduction du théorème de Pascal).

Comme pour le théorème de Pascal, dans le cas de tangentes deux à deux confondues, on obtient que les droites joignant chaque sommet d'un triangle au point de contact du côté opposé avec une conique inscrite dans le triangle, sont concourantes.

Ce théorème a été démontré vers 1810 par BRIANCHON (1785-1864), à partir du théorème de Pascal, en utilisant la transformation dite par polaires réciproques par rapport à Γ. Cette démonstration repose sur le fait que, si trois points sont alignés, leurs polaires sont concourantes. Peu de temps après, PONCELET systématisa l'idée de dualité reposant sur la correspondance entre pôle et polaire. De son côté, PLÜCKER justifia la dualité par la similitude des calculs portant sur les points ou sur les droites.

PROPOSITION 22. – *Si* h *est une involution sur une conique régulière, les tangentes aux points* M *et* h(M) *se rencontrent sur la droite joignant les points fixes de l'involution.* (traduction du théorème de Frégier).

Cette proposition ne nous apprend rien. La droite Mh(M) passe par le point de Frégier, pôle de la droite des points fixes. Son pôle appartient à la droite des points fixes.

Exemple 4. - Le lieu des points d'où l'on peut mener deux tangentes à une parabole qui soient orthogonales, est une droite D. Les tangentes orthogonales à elles-mêmes sont les tangentes isotropes. Elles sont issues du foyer qui est donc le pôle de D. La droite D est la directrice.

7. Intersection de deux coniques

PROPOSITION 22. – *Deux coniques distinctes, n'ayant pas de droite en commun, se rencontrent en au plus 4 points.*

Si les deux coniques $\mathcal{C}$ et $\mathcal{C}'$ sont décomposées, la question ne présente pas de difficulté. Supposons la conique $\mathcal{C}$ régulière. Par une homographie du plan, on envoie un point A de $\mathcal{C}$, n'appartenant pas à $\mathcal{C}'$, au point X de coordonnées homogènes $(1,0,0)$, et la tangente en A sur la droite de l'infini. La conique $\mathcal{C}$ est alors une parabole d'axe parallèle à $\overrightarrow{Ox}$, d'équation

$$(y+pz)^2+qxz+rz^2=0.$$

Par une transformation affine, elle devient la parabole $y^2=xz$. Les coniques $\mathcal{C}$ et $\mathcal{C}'$ n'ont pas de point commun à l'infini. La recherche des points d'intersection est un problème affine. On fait $z=1$ et on remplace x par y^2 dans l'équation de $\mathcal{C}'$, on obtient une équation $\mathrm{E}(y)$ du quatrième degré en y (car il y a un terme en x^2 dans l'équation de $\mathcal{C}'$). Les points d'intersection sont les points $({y_i}^2, y_i)$, où y_i est une racine de l'équation $\mathrm{E}(y)$. ||

PROPOSITION 23. – *Par* 5 *points du plan, dont* 4 *ne sont pas alignés, il passe une unique conique.*

Lorsque l'on écrit que la forme quadratique $\mathrm{F}(x,y,z)$ s'annule sur les 5 points donnés, on obtient un système de 5 équations linéaires homogènes reliant les 6 coefficients de F. Un tel système a des solutions non nulles. S'il a deux solutions non proportionnelles, d'après la prop. 22, les deux coniques ont une droite en commun. D'après l'hypothèse, cette droite contient au plus 3 des points donnés. Il reste, en dehors de cette droite, au moins 2 autres points, et ces points déterminent la seconde droite composant la conique. ||

8. Faisceaux de coniques

DÉFINITION 6. – *Soient* F *et* G *deux polynômes homogènes de degré* 2, *à coefficients réels, non proportionnels. On appelle* faisceau linéaire *de coniques engendré par les coniques d'équations* $\mathrm{F}=0$ *et* $\mathrm{G}=0$ *l'ensemble des coniques ayant pour équation*

$$u\,\mathrm{F}(x,y,z)+v\,\mathrm{G}(x,y,z)=0,$$

où (u,v) *un couple de nombres complexes non tous deux nuls.*

Un faisceau est engendré par deux quelconques des coniques lui appartenant. Les points communs à deux coniques engendrant le faisceau sont communs à toutes les coniques du faisceau. Ils sont appelés *points de base* du faisceau. Si les deux coniques engendrant le faisceau n'ont pas une droite en commun, il y a au plus 4 points de base (prop. 22). Si deux coniques génératrices ont une droite en commun, toutes les coniques du faisceau sont décomposées en cette droite et une droite décrivant un faisceau linéaire. Nous écarterons ce type de faisceaux.

Pour les questions géométriques, nous nous intéressons surtout aux coniques réelles du faisceau, c'est-à-dire à u et v réels. Cependant, certaines coniques complexes du faisceau apparaîtront naturellement.

Par un point distinct d'un des points de base, il passe une unique conique du faisceau. En effet, l'équation $u\mathrm{F}(\overrightarrow{\mathrm{M}}) + v\mathrm{G}(\overrightarrow{\mathrm{M}}) = 0$ possède une unique solution homogène si $\mathrm{F}(\overrightarrow{\mathrm{M}})$ et $\mathrm{G}(\overrightarrow{\mathrm{M}})$ ne sont pas tous deux nuls.

PROPOSITION 24. – *Les coniques passant par 4 points, dont 3 ne sont pas alignés, constituent un faisceau.*

Par un choix convenable du repère, on peut supposer que les quatre points sont les points $\mathrm{O} = (0,0,1)$, $\mathrm{X} = (1,0,0)$, $\mathrm{Y} = (0,1,0)$ et $\mathrm{U} = (1,1,1)$ (chap. VII, prop. 8). Une conique passant par les points O, X et Y a pour équation

$$pyz + qzx + rxy = 0.$$

La condition de passer par U s'écrit $p+q+r=0$. On a donc bien un faisceau linéaire, engendré, par exemple, par les coniques d'équations $yz - zx = 0$ et $zx - xy = 0$. ||

PROPOSITION 25. – *Si, dans un faisceau, il y a une conique régulière, le faisceau possède au moins une conique réelle décomposée, et au plus trois coniques complexes décomposées.*

Supposons le faisceau engendré par une conique régulière d'équation $\mathrm{F} = 0$ et une autre conique d'équation $\mathrm{G} = 0$. La conique d'équation $\lambda\mathrm{F} + \mathrm{G} = 0$ est décomposée si le déterminant de la forme quadratique $\lambda\mathrm{F} + \mathrm{G}$ est nul. Ce déterminant s'écrit

$$\Delta(\lambda\mathrm{F} + \mathrm{G}) = \lambda^3\Delta(\mathrm{F}) + p\lambda^2 + q\lambda + \Delta(\mathrm{G}).$$

Il y a au moins une valeur réelle de λ, et au plus trois valeurs complexes, qui annulent ce déterminant. ||

Suivant le nombre de points de base, il y a divers types de faisceaux linéaires de coniques.

A) *Quatre points de base*

Trois des quatre points ne peuvent être alignés, sinon les coniques auraient une droite commune. Les coniques du faisceau sont toutes les coniques passant par les quatre points de base A, B, C, D (prop. 24).

Nous appellerons *faisceau général* un tel faisceau. Si l'un des points de base n'est pas réel, le point complexe conjugué est aussi un point de base.

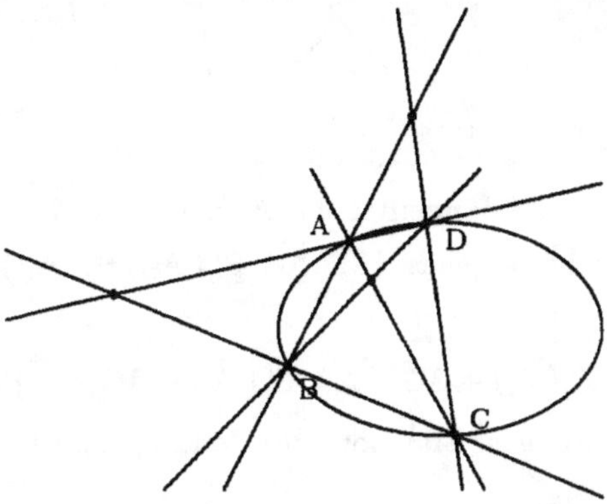

Les coniques décomposées sont les couples de droites (AB, CD), (AC, BD) et (AD, BC). Leurs points singuliers sont appelés *pôles* du faisceau. Ils sont deux à deux conjugués par rapport à toutes les coniques du faisceau (cor. de la prop. 9).

Exemple. - Le faisceau de cercles à points de base P et Q est le faisceau de coniques dont les points de base sont P, Q et les points cycliques I et $\bar{I}$. Un faisceau de cercles à points limites a pour points de base les points cycliques et deux points complexes conjugués sur l'axe radical.

B) *Trois points de base*

PROPOSITION 26. – *Si deux coniques régulières ont* 3 *points communs, elle sont tangentes en l'un de ces points.*

Soient $\mathcal{C}$ et $\mathcal{D}$ deux coniques régulières, d'équations $F = 0$ et $G = 0$, qui n'ont que trois points communs A, B, C. D'après la prop. 25, il existe un nombre réel λ tel que la conique $\mathcal{H}$ d'équation $F + \lambda G = 0$ soit décomposée. Les coniques $\mathcal{C}$ et $\mathcal{H}$ ont pour points communs les points A, B, C. Deux cas se présentent : ou bien le point singulier de $\mathcal{H}$ appartient à $\mathcal{C}$, ou bien l'une des droites composant $\mathcal{H}$ est tangente à $\mathcal{C}$ en un point régulier.

Dans le premier cas, si A est le point singulier de $\mathcal{H}$, on a

$$F'_x(\overrightarrow{A}) + \lambda G'_x(\overrightarrow{A}) = F'_y(\overrightarrow{A}) + \lambda G'_y(\overrightarrow{A}) = F'_z(\overrightarrow{A}) + \lambda G'_z(\overrightarrow{A}) = 0.$$

Les équations des tangentes à $\mathcal{C}$ et $\mathcal{D}$ au point A sont proportionnelles, les coniques sont tangentes.

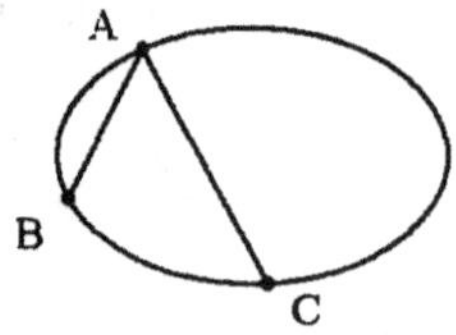

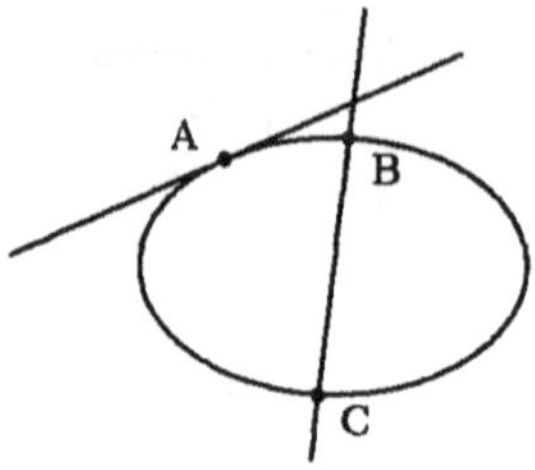

Dans le deuxième cas, les tangentes en A à $\mathcal{C}$ et à $\mathcal{H}$ sont les mêmes. Leurs coordonnées homogènes $(F'_x(\overrightarrow{A}), F'_y(\overrightarrow{A}), F'_z(\overrightarrow{A}))$ d'une part, et

$$(F'_x(\overrightarrow{A}) + \lambda G'_x(\overrightarrow{A}), F'_y(\overrightarrow{A}) + \lambda G'_y(\overrightarrow{A}), F'_z(\overrightarrow{A}) + \lambda G'_z(\overrightarrow{A})),$$

d'autre part, sont proportionnelles. Elles sont donc aussi proportionnelles à

$$(G'_x(\overrightarrow{A}), G'_y(\overrightarrow{A}), G'_z(\overrightarrow{A})).$$ ||

Les coniques d'un faisceau à trois points de base passent par trois points A, B et C, et ont une tangente donnée D au point A (par exemple). Il n'est pas difficile de voir que toutes les coniques ayant ces propriétés appartiennent au faisceau. Le point A qui correspond à une unique racine double d'une équation du quatrième degré est réel ainsi que la droite D. Les points B et C peuvent être réels ou complexes conjugués.

Il y a deux coniques décomposées dans le faisceau, le couple (D, BC) et le couple (AB, AC). Il n'y a que deux pôles, le point A et le point d'intersection de D et BC.

Exemples. - Le faisceau de cercles tangents

$$(x^2 + y^2) + \lambda x = 0$$

est le faisceau des coniques passant par les points cycliques et tangentes en O à l'axe $\overrightarrow{Oy}$. Le faisceau de paraboles

$$(y^2 - 1) + \lambda x = 0$$

est le faisceau des coniques tangentes au point X à la droite de l'infini et passant par les points de coordonnées $(0, 1)$ et $(0, -1)$.

C) *Deux points de base*

Nous indiquons, sans justifications, les deux types de faisceaux ayant deux points de base.

C1) *Coniques bitangentes.* Si deux coniques génératrices d'un faisceau sont tangentes en deux points, toutes les coniques du faisceau le sont. Réciproquement, le faisceau est constitué de toutes les coniques tangentes en un point A à une droite D, et en un point A' à une droite D'. Si $U = 0$ est l'équation de D, $U' = 0$ celle de D' et $V = 0$ celle de la droite AA', l'équation du faisceau est

$$u\,UU' + v\,V^2 = 0.$$

Les coniques décomposées sont le couple (D, D') et la droite double AA'.

Exemples. - Les hyperboles d'asymptotes données constituent un faisceau de coniques bitangentes à l'infini. Par exemple

$$xy + \lambda = 0$$

est l'équation du faisceau des hyperboles ayant les axes pour asymptotes. Le faisceau d'équation

$$(x^2 + y^2) + \lambda = 0$$

est un faisceau de cercles concentriques.

C2) *Coniques osculatrices.* Deux coniques régulières génératrices peuvent avoir un contact à l'ordre 3 en A et se couper simplement en B. On dit alors que les coniques sont *osculatrices* en A. Le contact à l'ordre 3 signifie que les rayons de courbure sont égaux. L'unique conique décomposée est le couple formé de la droite AB et de la tangente en A. Si $U = 0$ et $V = 0$ sont les équations de deux droites passant par A, et $F = 0$ l'équation d'une conique régulière tangente en A à $U = 0$, l'équation

$$u\,UV + v\,F = 0$$

est celle du faisceau de coniques osculatrices en A à la conique d'équation $F = 0$, passant par le second point d'intersection de la conique $F = 0$ et de la droite $V = 0$.

D) *Un point de base*

Deux coniques régulières génératrices ont un contact d'ordre 4. On dit qu'elles sont *surosculatrices* en ce point. Le faisceau est constitué de toutes les coniques ayant un contact d'ordre 4 en un point A avec une conique régulière $\mathcal{C}$. L'équation du faisceau est

$$u\,U^2 + F = 0,$$

où $F = 0$ est l'équation de $\mathcal{C}$, et $U = 0$ l'équation de la tangente en A. L'unique conique décomposée est la droite double $U^2 = 0$.

Exemple. - Avec une tangente commune à l'infini, et le point X pour contact, on obtient des faisceaux de paraboles se déduisant par translations parallèles à l'axe

$$y^2 - 2p(x - \lambda) = 0.$$

Pour mémoire les faisceaux de coniques décomposées sont le faisceau d'équation

$$\mathrm{D}(u\,\mathrm{U} + v\,\mathrm{V}) = 0,$$

dont nous avons déjà parlé, et le faisceau d'équation

$$u\,\mathrm{U}^2 + v\,\mathrm{V}^2 = 0,$$

qui a un seul point de base.

9. Pôles et polaires par rapport aux coniques d'un faisceau

PROPOSITION 27. – *Soit $\mathcal{F}$ un faisceau de coniques auquel appartient au moins une conique régulière.*

Si un point P *n'est point singulier d'aucune conique du faisceau, les polaires de* P *par rapport aux coniques du faisceau passent toutes par un même point et dépendent homographiquement de la conique.*

Si P *est point singulier d'une conique décomposée $\mathcal{C}$ du faisceau $\mathcal{F}$, il a même polaire par rapport à toutes les coniques du faisceau autres que $\mathcal{C}$.*

Si $\mathcal{F}$ est le faisceau d'équation $u\mathrm{F} + v\mathrm{G} = 0$, la polaire de P a pour équation

$$u\,\mathrm{F}(\overrightarrow{\mathrm{P}}, \overrightarrow{\mathrm{M}}) + v\,\mathrm{G}(\overrightarrow{\mathrm{P}}, \overrightarrow{\mathrm{M}}) = 0.$$

Si les formes linéaires $\overrightarrow{\mathrm{M}} \mapsto \mathrm{F}(\overrightarrow{\mathrm{P}}, \overrightarrow{\mathrm{M}})$ et $\overrightarrow{\mathrm{M}} \mapsto \mathrm{G}(\overrightarrow{\mathrm{P}}, \overrightarrow{\mathrm{M}})$ ne sont pas proportionnelles, la polaire de P décrit un faisceau de droites, et elle dépend homographiquement du paramètre (u, v). Pour que les deux formes linéaires soient proportionnelles, il faut et il suffit qu'il existe des paramètres (u_0, v_0), non tous deux nuls, tels que $u_0\mathrm{F}(\overrightarrow{\mathrm{P}}, \overrightarrow{\mathrm{M}}) + v_0\mathrm{G}(\overrightarrow{\mathrm{P}}, \overrightarrow{\mathrm{M}}) = 0$ pour tout point M. Autrement dit, P est point singulier de la conique d'équation $u_0\mathrm{F} + v_0\mathrm{G} = 0$. Pour cette conique, le point P n'a pas de polaire. Par rapport à toutes les autres coniques du faisceau, sa polaire est la même. ||

Les points singuliers des coniques décomposées sont appelés *pôles* du faisceau. Nous avons vu qu'un faisceau général a trois pôles. La polaire de chacun d'entre eux est la droite qui joint les deux autres. Si une conique décomposée du faisceau est une droite double, tous ses points sont des pôles.

Si P n'est point singulier d'aucune conique de $\mathcal{F}$, les polaires de P passent toutes par le point d'intersection P′ de deux d'entre elles. Le point P′ est l'unique point conjugué de P par rapport à toutes les coniques du faisceau. On dit que le point P′ est le point *conjugué* de P par rapport au faisceau $\mathcal{F}$. Le conjugué de P′ est le point P.

PROPOSITION 28. – *Soit* $\mathcal{F}$ *un faisceau général, et* D *une droite ne contenant aucun des trois pôles. Les pôles de* D *par rapport aux coniques non décomposées du faisceau décrivent une conique. Cette conique est aussi le lieu des conjugués des points de* D *par rapport au faisceau.*

Le pôle de la droite D par rapport à une conique non décomposée $\mathcal{C}$ du faisceau est l'intersection des polaires, par rapport à $\mathcal{C}$, de deux points P et Q de D. Ces polaires décrivent homographiquement les faisceaux de droites $F_{P'}$ et $F_{Q'}$. Leur point d'intersection décrit une conique, sauf dans le cas exceptionnel où la droite P′Q′ est la polaire de P et Q par rapport à une conique $\mathcal{D}$ du faisceau (prop. 13). Dans ce cas exceptionnel, la conique $\mathcal{D}$ est nécessairement décomposée, et la droite D contient son point singulier, ce que l'on a exclu par hypothèse.

Analytiquement, supposons le faisceau engendré par les coniques d'équations $F = 0$ et $G = 0$. Les équations des polaires de P et Q par rapport à la conique d'équation $uF + vG = 0$ s'écrivent

$$u\,F(\overrightarrow{P}, \overrightarrow{M}) + v\,G(\overrightarrow{P}, \overrightarrow{M}) = 0,$$

$$u\,F(\overrightarrow{Q}, \overrightarrow{M}) + v\,G(\overrightarrow{Q}, \overrightarrow{M}) = 0.$$

L'équation du lieu des points M d'intersection, obtenue en éliminant (u, v) entre les deux équations, est

$$F(\overrightarrow{P}, \overrightarrow{M})\,G(\overrightarrow{Q}, \overrightarrow{M}) - F(\overrightarrow{Q}, \overrightarrow{M})\,G(\overrightarrow{P}, \overrightarrow{M}) = 0. \tag{17}$$

Soit R un point de la droite D, de coordonnées homogènes $\overrightarrow{R} = u\overrightarrow{P} + v\overrightarrow{Q}$. Le point M conjugué de R, intersection des polaires de R par rapport aux deux coniques génératrices d'équations $F = 0$ et $G = 0$, est solution du système

$$u\,F(\overrightarrow{P}, \overrightarrow{M}) + v\,F(\overrightarrow{Q}, \overrightarrow{M}) = 0,$$

$$u\,G(\overrightarrow{P}, \overrightarrow{M}) + v\,G(\overrightarrow{Q}, \overrightarrow{M}) = 0.$$

L'équation du lieu du point M, lorsque R décrit la droite D, s'obtient en éliminant (u, v) entre les deux équations du système. C'est aussi l'équation (17). ||

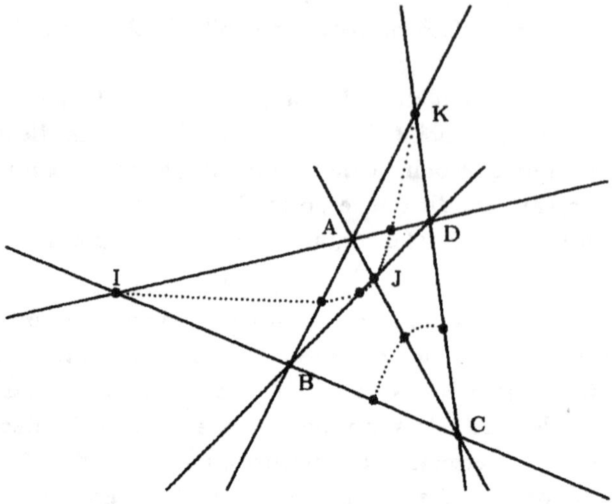

Si la droite D contient un pôle I du faisceau, son pôle décrit la droite JK joignant les deux autres pôles. Si la droite D est la droite JK, elle a pour pôle I par rapport à toutes les coniques du faisceau.

Si la droite D ne contient aucun des trois pôles du faisceau, la conique lieu des pôles de D est appelée *conique des neuf points*. Elle passe par les trois pôles I, J et K du faisceau. En effet, I est le conjugué du point d'intersection de D et JK par rapport à toutes les coniques du faisceau. Si A et B sont deux points de base, le conjugué harmonique, par rapport à A et B, du point d'intersection P de D et AB, est conjugué de P par rapport à toutes les coniques du faisceau. En prenant les six droites joignant deux points de base, on obtient six points de la conique.

En particulier, lorsque l'on prend pour D la droite de l'infini, on obtient la conique des centres. Elle passe par les points I, J, K, et par les milieux des six côtés du quadrangle dont les sommets sont les quatre points de base du faisceau.

10. Intersection avec une droite

PROPOSITION 29 (Desargues et Sturm). – *Les deux points d'intersection des coniques d'un faisceau par une droite ne contenant pas de point de base se correspondent par une involution.*

Soit $\mathcal{F}$ le faisceau engendré par les coniques d'équations $F = 0$ et $G = 0$. Soit D une droite ne contenant aucun des points de base du faisceau, et soient P et Q deux points distincts sur D. Soient M_1 et M_2 deux points de D de coordonnées homogènes $\vec{M}_1 = \lambda_1 \vec{P} + \mu_1 \vec{Q}$ et $\vec{M}_2 = \lambda_2 \vec{P} + \mu_2 \vec{Q}$. Pour exprimer que les points M_1 et M_2 sont les deux points d'intersection de la droite D et d'une conique du faisceau, nous devons écrire qu'il existe $(u, v) \in \mathbf{C} - \{0\}$ tels que les couples (λ_1, μ_1) et (λ_2, μ_2) soient les solutions homogènes de l'équation

$$u\,F(\lambda \vec{P} + \mu \vec{Q}) + v\,G(\lambda \vec{P} + \mu \vec{Q}) = 0.$$

Or on peut définir les couples (λ_1, μ_1) et (λ_2, μ_2) comme étant les solutions homogènes de l'équation

$$\lambda^2 \mu_1 \mu_2 - \lambda\mu\,(\lambda_1 \mu_2 + \lambda_2 \mu_1) + \mu^2 \lambda_1 \lambda_2 = 0. \tag{18}$$

Et, pour que deux polynômes du second degré aient les mêmes racines, il faut et il suffit qu'ils soient proportionnels. Ainsi, pour que les points M_1 et M_2 soient les points d'intersection de D et d'une conique d'équation $uF + vG = 0$, il faut et il suffit que le premier membre de l'équation (18) soit combinaison linéaire des polynômes

$$F(\lambda \vec{P} + \mu \vec{Q}) = \lambda^2 F(\vec{P}) + 2\,\lambda\mu\,F(\vec{P}, \vec{Q}) + \mu^2 F(\vec{Q}),$$
$$G(\lambda \vec{P} + \mu \vec{Q}) = \lambda^2 G(\vec{P}) + 2\,\lambda\mu\,G(\vec{P}, \vec{Q}) + \mu^2 G(\vec{Q}).$$

Pour cela, il faut et il suffit que le déterminant des coefficients soit nul, autrement dit

$$\det \begin{pmatrix} \mu_1\mu_2 & -(\lambda_1\mu_2 + \lambda_2\mu_1) & \lambda_1\lambda_2 \\ F(\vec{P}) & 2\,F(\vec{P}, \vec{Q}) & F(\vec{Q}) \\ G(\vec{P}) & 2\,G(\vec{P}, \vec{Q}) & G(\vec{Q}) \end{pmatrix} = 0. \tag{19}$$

La relation (19) est une relation involutive de la forme

$$a\,\lambda_1\lambda_2 + b\,(\lambda_1\mu_2 + \lambda_2\mu_1) + c\,\mu_1\mu_2 = 0.$$

Les couples des points d'intersection avec D de chacune des coniques génératrices satisfont (évidemment) à cette relation. L'involution est une homographie dégénérée si ces deux coniques ont un point commun sur la droite D. ||

COROLLAIRE 1. – *Si une droite ne contient aucun point de base, ni pôle, d'un faisceau, elle est tangente à deux coniques du faisceau.*

L'involution n'est pas dégénérée. Elle a deux points fixes distincts qui sont des points singuliers ou des contacts. ||

Prenons pour sécante la droite de l'infini. Si l'involution à l'infini définie par le faisceau n'est pas dégénérée, le faisceau possède deux coniques ayant une intersection double avec la droite de l'infini. Une telle conique est soit une parabole, soit un couple de droites parallèles.

Corollaire 2. – *Si deux hyperboles équilatères appartiennent à un faisceau, toutes les coniques du faisceau sont des hyperboles équilatères.*

Une hyperbole équilatère est une conique dont les points à l'infini sont conjugués par rapport aux points cycliques.

Si l'involution définie par le faisceau sur la droite de l'infini n'est pas dégénérée, il y a deux couples conjugués par rapport aux points cycliques. L'involution est donc la conjugaison par rapport aux points cycliques.

Si l'involution est dégénérée, les deux hyperboles équilatères données ont mêmes points à l'infini. Ce sont des points de base du faisceau. Toutes les coniques du faisceau sont des hyperboles équilatères de mêmes directions asymptotiques. ||

Soit $\mathcal{F}$ un faisceau général ayant ses points de base A, B, C, D à distance finie. Pour que $\mathcal{F}$ soit un faisceau d'hyperboles équilatères, il faut et il suffit que deux coniques décomposées, (BD, AC) et (CD, AB) par exemple, soient des couples de droites orthogonales. Le troisième couple (AD, BC) est alors, lui aussi, orthogonal. On retrouve ainsi – mais à quel prix – que les trois hauteurs d'un triangle sont concourantes.

Si trois points A, B et C sont situés sur une hyperbole équilatère $\mathcal{H}$, l'orthocentre D du triangle ABC appartient aussi à l'hyperbole. Pour démontrer cela, on peut supposer que le triangle n'a pas d'angle droit. Le faisceau $\mathcal{F}$ d'hyperboles équilatères engendré par $\mathcal{H}$ et par la conique décomposée (AD, BC) admet A, B et C pour points de base. Une conique décomposée de $\mathcal{F}$ est constituée de la droite AB et de la perpendiculaire issue de C, c'est-à-dire de CD. Le point D est donc le quatrième point de base.

Soit toujours $\mathcal{F}$ un faisceau général d'hyperboles équilatères ayant ses points de base A, B, C, D à distance finie. La conique des neuf points de $\mathcal{F}$, lieu des centres des coniques du faisceau, est un cercle. En effet, l'involution définie par le faisceau sur la droite de l'infini a pour points fixes les points cycliques. Ces points sont les contacts des coniques du faisceau tangentes à la droite de l'infini. Ils sont les pôles de la droite de l'infini par rapport à ces coniques, et appartiennent donc à la conique des neuf points. On retrouve ainsi le cercle d'Euler du triangle ABC.

Corollaire 3. – *Pour que, dans un faisceau de coniques, il y ait un cercle, il faut et il suffit que toutes les coniques du faisceau aient les mêmes directions principales.*

Les points fixes U et V de l'involution à l'infini définie par le faisceau sont des directions de diamètres conjugués pour toutes les coniques du faisceau. Pour que les points U et V soient conjugués par rapport aux points cycliques, il faut et il suffit qu'ils définissent des directions orthogonales. Le corollaire en résulte. ||

11. Foyers

A) *Foyers et directrices*

PROPOSITION 30. – *Les tangentes à une conique régulière issues d'un foyer de la conique sont isotropes. La polaire du foyer est la directrice correspondante.*

Inversement, supposons que les tangentes à une conique régulière réelle Γ, *issues d'un point réel* F *à distance finie, soient isotropes. Si la polaire de* F *est la droite de l'infini, la conique est un cercle de centre* F. *Si la polaire de* F *n'est pas la droite de l'infini, le point* F *est un foyer de la conique* Γ, *et sa polaire est la directrice associée.*

La conique Γ de foyer F, de directrice D, d'excentricité e, est l'ensemble des points M de $\mathbf{R}^2$ dont le rapport des distances à F et à D est égal à e. Soient (x_0, y_0) les coordonnées de F, et $ux + vy + w = 0$ l'équation de D, où l'on suppose $u^2 + v^2 = 1$. La condition $\mathrm{MF} = e\,d(\mathrm{M}, \mathrm{D})$ s'écrit

$$(x - x_0)^2 + (y - y_0)^2 - e^2(ux + vy + w)^2 = 0,$$

ou encore

$$((y - y_0) - i\,(x - x_0))((y - y_0) + i\,(x - x_0)) - e^2(ux + vy + w)^2 = 0.$$

Elle est de la forme $\lambda \mathrm{UU}' + \mu \mathrm{V}^2 = 0$, équation du faisceau de coniques tangentes aux droites d'équations $\mathrm{U} = 0$ et $\mathrm{U}' = 0$, aux points d'intersection avec la droite d'équation $\mathrm{V} = 0$. D'où la première assertion de la proposition.

Inversement, si les tangentes issues du point F, de coordonnées homogènes $(x_0, y_0, 1)$, sont isotropes, et si la polaire D de F a pour équation $ux + vy + wz = 0$, la conique Γ appartient au faisceau de coniques bitangentes d'équations

$$\lambda\left((x - x_0 z)^2 + (y - y_0 z)^2\right) + \mu\,(ux + vy + wz)^2 = 0. \tag{20}$$

La conique étant régulière, les coefficients λ et μ sont $\neq 0$, et on peut prendre $\lambda = 1$. Si $u = v = 0$, on a l'équation d'un cercle de centre

(x_0, y_0). Si u ou v n'est pas nul, on peut supposer $u^2 + v^2 = 1$. On a l'équation de la conique de foyer F, de directrice D, d'excentricité $\sqrt{-\mu}$ si $\mu < 0$, et une conique sans point réel si $\mu > 0$. ||

Si $\mathcal{P}$ est une parabole, les deux tangentes issues d'un point cyclique I sont la droite de l'infini, et une autre droite Δ. Les tangentes issues de $\bar{\mathrm{I}}$ sont la droite de l'infini et la droite complexe conjuguée $\overline{\Delta}$. Il y a un unique foyer, le point d'intersection de Δ et $\overline{\Delta}$. C'est un point réel.

Supposons que Γ soit une conique à centre, c'est-à-dire non tangente à la droite de l'infini. Les tangentes issues de I ne sont pas réelles. Ce sont deux droites Δ et Δ'. Les tangentes issues de $\bar{\mathrm{I}}$ sont les droites complexes conjuguées $\overline{\Delta}$ et $\overline{\Delta}'$. Il y a deux foyers réels F et F′ qui sont les points d'intersection de Δ et $\overline{\Delta}$ d'une part, de Δ' et $\overline{\Delta}'$ d'autre part. Il y a aussi deux foyers complexes, le point Φ, intersection de Δ et $\overline{\Delta}'$, et le point complexe conjugué $\overline{\Phi}$, intersection de $\overline{\Delta}$ et Δ'. Analytiquement, il n'y a pas de différence entre foyers réels et complexes. La conique a une équation de la forme de l'équation (20) si l'on prend pour (x_0, y_0) les coordonnées d'un foyer complexe, et pour $ux + vy + w = 0$ l'équation de sa polaire.

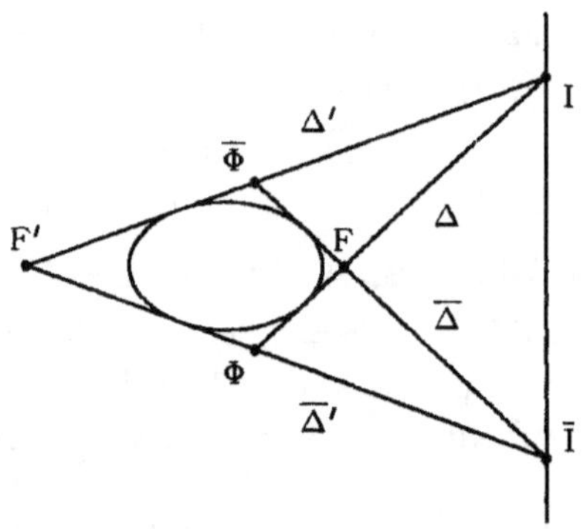

Considérons l'ellipse d'équation

$$\frac{x^2}{a^2} + \frac{y^2}{b^2} - 1 = 0,$$

où $0 < b < a$. On trouve les foyers réels F et F′ de coordonnées $(c, 0)$ et $(-c, 0)$, où $c^2 = a^2 - b^2$. Les directrices correspondantes sont les droites d'équation $x = a^2/c$ et $x = -a^2/c$. Pour ces deux foyers l'excentricité est c/a. Les foyers Φ et $\overline{\Phi}$ ont pour coordonnées $(0, ic)$ et $(0, -ic)$. Les directrices ont pour équations $y = -ib^2/c$ et $y = ib^2/c$. L'excentricité est ic/b. Pour une hyperbole, on a des résultats similaires (voir exerc. 10).

Soit Γ une conique dans $\mathbf{R}^2$ définie par un foyer F et la directrice associée D. Les propriétés du foyer et de la directrice qu'on vient d'établir permettent de retrouver les résultats sur les tangentes établis par des moyens élémentaires au chapitre précédent.

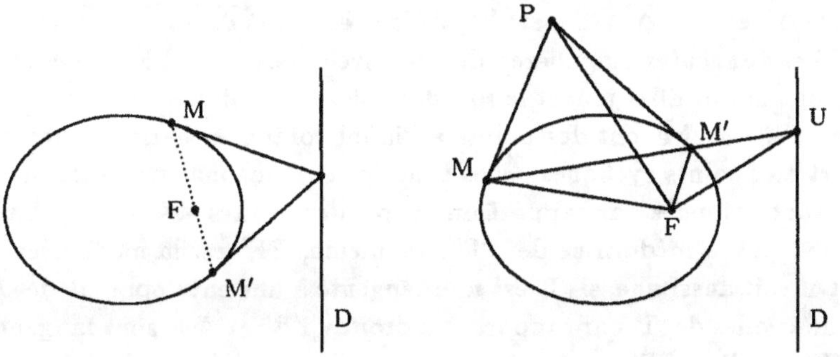

Si M et M′ sont deux points de Γ, et si la droite MM′ passe par le foyer F, les tangentes en M et M′ se rencontrent sur la directrice. En effet, le point d'intersection des tangentes en M et M′ est le pôle de la droite MM′. Il est conjugué de F.

Soit P un point du plan d'où l'on peut mener deux tangentes à Γ, et soient M et M′ les contacts de ces tangentes. Supposons que la droite MM′ rencontre D en un point U. La polaire de F est la droite D, la polaire de P est la droite MM′. La polaire de U est donc la droite FP. Les droites FU et FP sont conjuguées harmoniques par rapport au tangentes issues de F à la conique. Comme celles-ci sont isotropes, les droites FU et FP sont orthogonales.

B) *Coniques homofocales*

Soient F et F′ deux points distincts du plan $\mathbf{R}^2$. Une conique qui admet F et F′ pour foyers admet pour centre le milieu O du segment FF′ et pour axe la droite FF′. Elle est tangente aux droites isotropes Δ et $\overline{\Delta}$ issues de F et aux droites isotropes Δ' et $\overline{\Delta}'$ issues de F′.

Nous avons vu que les coniques passant par quatre points, dont trois ne sont pas alignés, sont les coniques d'un faisceau linéaire. Par dualité, les coniques qui sont tangentes à quatre droites, dont trois ne sont pas concourantes, sont les coniques d'un faisceau d'enveloppes de deuxième classe. Un *faisceau tangentiel* est l'ensemble des enveloppes d'équations tangentielles $\lambda F + \mu G = 0$, où F et G sont deux formes quadratiques en (u, v, w), non proportionnelles. Les propriétés données pour les faisceaux ponctuels se transposent, par dualité, aux faisceaux tangentiels.

Soit $\mathcal{F}$ le faisceau tangentiel des enveloppes tangentes aux droites Δ, $\overline{\Delta}$, Δ' et $\overline{\Delta}'$. Les enveloppes décomposées sont les couples de points d'intersections de ces droites prises deux par deux (F, F'), $(I, \overline{I})$ où $I = \Delta \cap \Delta'$ et $\overline{I} = \overline{\Delta} \cap \overline{\Delta}'$, et $(\Phi, \overline{\Phi})$ où $\Phi = \Delta \cap \overline{\Delta}'$ et $\overline{\Phi} = \overline{\Delta} \cap \Delta'$.

Les tangentes singulières de ces enveloppes sont FF', $\Phi\overline{\Phi}$ et la droite de l'infini. Elles jouent le rôle des pôles d'un faisceau ponctuel. Les droites FF' et $\Phi\overline{\Phi}$ ont des points à l'infini conjugués harmoniques par rapport aux points cycliques ; elles sont donc orthogonales. Les points F et F′ sont conjugés par rapport au couple des droites $\Phi\overline{\Phi}$ et D_∞ ; par suite $\Phi\overline{\Phi}$ est la médiatrice de FF'. De même, FF' est la médiatrice de $\Phi\overline{\Phi}$. On voit aussi que, si T est une tangente à une enveloppe Γ de $\mathcal{F}$, les symétriques de T par rapport aux droites FF' et $\Phi\overline{\Phi}$ sont tangentes à Γ. Les droites FF' et $\Phi\overline{\Phi}$ sont les axes de toutes les coniques de $\mathcal{F}$.

PROPOSITION 31. – *Par un point* P *de* $\mathbf{R}^2$ *n'appartenant ni à la droite* FF', *ni à la médiatrice du segment* FF', *il passe deux coniques de foyers* F *et* F′. *Les tangentes en* P *à ces deux coniques sont les deux bissectrices des droites* PF *et* PF′.

Par un point P qui n'appartient ni aux isotropes de F et F′ (droites de base du faisceau), ni aux axes FF' et $\Phi\overline{\Phi}$, ni à la droite de l'infini (droites singulières des enveloppes décomposées), il passe deux coniques ayant pour foyers F et F′ (traduction du cor. 1 de la prop. 29).

Les tangentes issues d'un tel point P aux coniques de $\mathcal{F}$ se correspondent par une involution (traduction de la prop. 29). Les droites fixes de cette involution sont les tangentes aux deux coniques de $\mathcal{F}$ passant par P. Les droites PI et $P\overline{I}$ se correspondent dans l'involution. Par suite les droites fixes sont orthogonales, et l'involution est la symétrie par rapport à ces droites. De même les droites PF et PF′ se correspondent par l'involution. D'où la proposition. ||

Remarque. – On retrouve ainsi que les tangentes issues d'un point P à une conique de foyers F et F′ ont les mêmes bissectrices que les droites PF et PF′ (deuxième théorème de Poncelet).

Exercices

1

Soit Γ une conique régulière d'équation

$$F(x,y,z) = ax^2 + by^2 + cz^2 + 2a'yz + 2b'zx + 2c'xy = 0.$$

a) Soit $I = (x_0, y_0, z_0)$ l'unique point tel que $F'_x(I) = F'_y(I) = 0$. En remarquant que (x_0, y_0, z_0) est solution du système

$$\begin{cases} ax + c'y + b'z = 0, \\ c'x + by + a'z = 0, \\ b'x + a'y + cz = F'_z(I)/2. \end{cases}$$

démontrer que l'on a, avec les notations de IX.1,

$$(\det A')\, F'_z(I) = 2 \det A.$$

b) Démontrer qu'un changement de variables affine ne change pas les dérivées partielles de F au point I. En déduire que, si un changement de variable affine transforme $F(x,y,z)$ en $s_1X^2 + s_2Y^2 + hZ^2$, on a $h = \det A / \det A'$ (en supposant $\det A' \neq 0$).

2

On se propose de démontrer que si deux équations $F(x,y,z) = 0$ et $F'(x,y,z) = 0$, homogènes de degré 2, définissent le même ensemble de points Γ de $P_2(\mathbf{C})$, elles sont proportionnelles.

Traiter d'abord le cas où Γ est une droite double.

Si Γ n'est pas une droite double, il y a trois points non alignés sur Γ. En prenant ces points pour points de base de $P_2(\mathbf{C})$, les équations s'écrivent

$$uyz + vzx + wxy = 0 \quad \text{et} \quad u'yz + v'zx + w'xy = 0.$$

Remarquer que, si Γ n'est pas décomposée, les coefficients u, v, w ne sont pas nuls, et que, en fixant $z = 1$, les deux équations définissent y comme fonctions homographiques de x.

3

Soit Γ une courbe algébrique de degré 2 dont l'origine soit un point régulier. On se propose de démontrer que deux équations de degré 2 de Γ sont proportionnelles.

a) Remarquer que toute équation de degré 2 de Γ s'écrit $Q(x,y) + L(x,y) = 0$, où Q est une forme quadratique et L une forme linéaire non nulle.

b) Soient $Q + L = 0$ et $Q_1 + L_1 = 0$ deux équations de Γ. En coupant Γ par la droite d'équations paramétriques $x = ta$, $y = tb$, où t parcourt $\mathbf{R}$, remarquer que les équations

$$t\,Q(a,b) + L(a,b) = 0 \quad \text{et} \quad t\,Q_1(a,b) + L_1(a,b) = 0$$

ont même solution en t pour tous a et $b \in \mathbf{R}$. En déduire d'abord que L et L_1 sont proportionnelles, puis que $Q + L$ et $Q_1 + L_1$ le sont aussi.

4

Soit A un point d'une conique régulière Γ. Si deux droites orthogonales D et D′ variables, issues du point A, recoupent Γ en M et M′, démontrer que la droite MM′ passe par un point fixe.

5

Soient L, M, N, P quatre points distincts sur une conique régulière Γ. Soit Δ une droite ne contenant aucun de ces points, et rencontrant Γ en deux points C et C′. On note A, A′, B, B′ les points d'intersection de Δ avec les droites LM, NP, MP, LN respectivement.

a) Démontrer que (A, A'), (B, B'), (C, C') sont trois couples de points se correspondant dans une involution sur la droite Δ.

b) En déduire la relation

(D) $$\frac{AB.AB'}{AC.AC'} = \frac{A'B.A'B'}{A'C.A'C'}.$$

La relation (D) est, en réalité, nécessaire et suffisante pour que les trois couples proviennent d'une involution.

c) Dans le cas particulier où B et B′ sont confondus au milieu de CC′, retrouver le résultat de l'exercice 9 du chap. VI (le papillon).

d) Enoncer la conclusion dans le cas particulier où $B = B'$ et $C = C'$.

Ce problème et sa solution sont dûs à Desargues.

6

Soit Γ une conique régulière d'équation $F(x, y, z) = 0$.

a) Démontrer que l'ensemble des deux tangentes à Γ, issues d'un point P, a pour équation

$$F(\vec{M}, \vec{M})\, F(\vec{P}, \vec{P}) - F(\vec{P}, \vec{M})^2 = 0.$$

b) Démontrer que l'ensemble des points P d'où l'on peut mener deux tangentes à Γ orthogonales entre elles, est une droite si Γ est une parabole, un cercle de même centre que Γ dans le cas d'une conique à centre. (Ecrire que les points cycliques sont conjugués par rapport aux deux tangentes).

c) Déterminer le rayon du cercle trouvé lorsque la conique a pour équation

$$\alpha x^2 + \beta y^2 + \gamma z^2 = 0.$$

Application à une ellipse ou une hyperbole d'axes $2a$ et $2b$.

Préciser la droite dans le cas de la parabole d'équation $y^2 - 2pxz = 0$.

Pour une parabole, le lieu des points d'où l'on peut mener deux tangentes orthogonales, est la directrice. Pour une conique à centre, le cercle trouvé est appelé *cercle orthoptique*.

7

Soient Γ une conique régulière et A et B deux points dans le plan de Γ.

a) Déterminer le lieu des points P du plan tels que les droites PA et PB soient conjuguées par rapport à Γ. On remarquera que cette condition signifie que le pôle de la droite PA appartient à la droite PB. On sera amené à distinguer trois cas :

α) Si les points A et B sont conjugués par rapport à Γ, le lieu cherché est la réunion des droites polaires de A et B.

β) Si les points A et B ne sont pas conjugués par rapport à Γ, la droite PA est la polaire du point M d'intersection de PB et de la polaire $A^{\perp}$ de A. La correspondance entre les droites PA et PB est homographique.

$\beta 1$) Si la droite AB ne se correspond pas à elle-même, le point P décrit une conique passant par A et B.

$\beta 2$) Remarquer que la droite AB se correspond à elle-même si elle est tangente à Γ. Démontrer que le lieu de P est alors constitué de cette tangente et de la polaire du point d'intersection des tangentes à Γ, autres que AB, issues de A et B.

b) Supposons que A et B soient les points cycliques. Il est alors équivalent de dire que les droites PA et PB sont conjuguées ou que les tangentes à Γ issues de P sont orthogonales (prop. 11). En appliquant a), démontrer que le lieu des points d'où l'on peut mener des tangentes orthogonales à une conique à centre est un cercle $\mathcal{C}$.

Le cas où A et B sont conjugués par rapport à Γ correspond à l'hyperbole équilatère, le cercle $\mathcal{C}$ est décomposé en les droites isotropes issues du centre de Γ.

Si la conique Γ est une parabole, le lieu est constitué de la droite de l'infini et de la polaire du foyer.

8

a) Soient Γ une conique régulière, et PQR un triangle conjugué par rapport à Γ, c'est-à-dire tel que chaque côté du triangle soit la polaire du sommet opposé. Soit $\mathcal{C}$ une conique passant par les points P, Q et R.

Démontrer que tout point A de $\mathcal{C}$ est sommet d'un triangle conjugué par rapport à Γ, dont les sommets appartiennent à $\mathcal{C}$. (Soient M et N les points d'intersection de Γ et de la polaire Δ de A par rapport à Γ. On démontrera que les points M et N sont conjugués par rapport aux coniques décomposées du faisceau à points de base A, P, Q, R. On en déduira qu'ils sont conjugués par rapport aux points d'intersection B et C de Δ et $\mathcal{C}$).

b) Démontrer que les sommets de deux triangles conjugués par rapport à une même conique Γ sont six points d'une même conique.

c) Etant donnés six points A, B, C, A', B', C' d'une conique $\mathcal{C}$, démontrer qu'il existe une conique Γ par rapport à laquelle les triangles ABC et $A'B'C'$ soient conjugués.

d) Démontrer que le cercle circonscrit à un triangle conjugué par rapport à une hyperbole équilatère passe par le centre de l'hyperbole.

9

a) Démontrer que, pour que les points A, B, C, D du plan appartiennent à un même cercle, il faut et il suffit que les couples de droites (AB, CD) et (AC, DB) aient des bissectrices parallèles. Les bissectrices du troisième couple (AD, BC) sont alors parallèles aux précédentes. (Utiliser la condition pour qu'un faisceau de coniques contienne un cercle, corollaire 3 de IX.10).
b) Si deux paraboles d'axes orthogonaux ont quatre points communs, ces points appartiennent à un même cercle.
c) Si le cercle osculateur à une conique Γ, en un point A, recoupe Γ en un point B, les bissectrices de AB et de la tangente en A sont parallèles aux axes de Γ.

10

En identifiant les équations

$$(x-x_0)^2+(y-y_0)^2-e^2(ux+vy+w)^2=0 \qquad \text{et} \qquad \frac{x^2}{a^2}+\frac{y^2}{b^2}-1=0,$$

déterminer les foyers réels et complexes de l'ellipse ainsi que les directrices associées.
Résoudre la même question pour l'hyperbole d'équation $\dfrac{x^2}{a^2}-\dfrac{y^2}{b^2}-1=0$.

11

a) Démontrer que les coniques de $\mathbf{R}^2$ qui ont pour foyers les points $F=(c,0)$ et $F'=(-c,0)$ sont les coniques d'équation

$$\frac{x^2}{c^2+\lambda}+\frac{y^2}{\lambda}-1=0,$$

où λ est un nombre réel différent de 0 et de $-c^2$.
b) Rechercher les coniques de foyers F et F′ passant par un point M du plan. Vérifier que, si le point M n'appartient pas aux axes, il passe par M une hyperbole et une ellipse de foyers F et F′.

12

Démontrer que les centres des coniques d'un faisceau tangentiel sont alignés. Dans le cas d'un faisceau général, la droite des centres contient les milieux des diagonales du quadrilatère formé par les quatre tangentes de base.

13

a) Démontrer que les cercles orthoptiques des coniques d'un faisceau linéaire tangentiel $\mathcal{G}$ appartiennent à un faisceau de cercles.
Application : les trois cercles ayant pour diamètres les diagonales d'un quadrilatère appartiennent à un même faisceau.
b) Supposons que le faisceau $\mathcal{G}$ soit un faisceau tangentiel de paraboles (une des tangentes de base est la droite de l'infini). Démontrer que les directrices des paraboles

du faisceau $\mathcal{G}$ passent toutes par un même point H. Démontrer que les hauteurs du triangle formé par les trois autres tangentes de base jouent le rôle des directrices pour les enveloppes décomposées du faisceau, et passent par le point H.

En déduire que l'orthocentre du triangle formé par trois tangentes à une parabole appartient à la directrice.

Index

Notations

$\vec{x} \cdot \vec{y}$: produit scalaire, I.1
$||\vec{x}||$: norme euclidienne, I.1
$M_2(\mathbf{R})$: algèbre des matrices carrées 2×2, I.2
1_n : matrice unité $n \times n$
$\mathbf{O}_2(\mathbf{R})$ ou $\mathbf{O}(2)$: groupe orthogonal, I.2
$\mathbf{SO}_2(\mathbf{R})$ ou $\mathbf{SO}(2)$: groupe spécial orthogonal, I.3
Re : partie réelle, I.4
Im : partie imaginaire, I.4
$\mathbf{U}(1)$ ou $\mathbf{U}$: groupe unitaire, I.4
exp : fonction exponentielle, I.4
$\cos\theta$: fonction *cosinus*, I.4
$\sin\theta$: fonction *sinus*, I.4
$R(\theta)$, rot_θ : rotation vectorielle d'angle θ, I.4
$(\vec{u}, \vec{v})$: angle de deux vecteurs du plan, I.4
p_D : projection orthogonale d'image D, I.5
(D, D') : angle de deux droites du plan, I.6

sym_D : symétrie orthogonale d'axe D, I.5, II.3
$tr_{\vec{u}}$: translation de vecteur $\vec{u}$, II.3
$rot_{(I,\theta)}$: rotation de centre I, d'angle θ, II.3
$\widehat{A}$: angle dans un triangle, II.4

Ga(E) : groupe affine, III.3, III.4
Gl(E) : groupe linéaire, III.3
$\mathcal{T}(E)$: groupe des translations, III.3, III.4
$h_{(I,k)}$: homothétie de centre I, de rapport k, III.6

$\mathbf{O}_3(\mathbf{R})$ ou $\mathbf{O}(3)$: groupe orthogonal, IV.1
$\mathbf{SO}_3(\mathbf{R})$ ou $\mathbf{SO}(3)$: groupe spécial orthogonal, IV.1
$(\vec{x}, \vec{y}, \vec{z})$: produit mixte, $\vec{x} \wedge \vec{y}$: produit vectoriel, IV.3
$\mathbf{H}$: algèbre des quaternions, IV.4
$\mathbf{Sp}(1)$ ou $\mathbf{S}$: groupe des quaternions de norme 1, IV.4

$\widetilde{\mathbf{R}}$: complétion projective de $\mathbf{R}$, VII.1
$\mathrm{P}_1(\mathbf{R})$: droite projective réelle, VII.1
$\mathrm{PGl}_2(\mathbf{R})$: groupe projectif de $\mathbf{R}$, VII.1
(x_1, x_2, x_3, x_4) : birapport de quatre nombres, VII.2
$\mathrm{P}_2(\mathbf{R})$: plan projectif réel, VII.5

F : foyer, D : directrice, e : excentricité, VIII.1
p : paramètre, $2a$: grand axe, $2b$: petit axe,
$2c$: distance focale, VIII.2

$\overrightarrow{\mathrm{M}}$: coordonnées homogènes d'un point, IX.2
$\overrightarrow{\mathrm{D}}$: coordonnées homogènes d'une droite, IX.2
$\mathrm{P}^{\perp}$: polaire du point P, IX.3
$\mathrm{D}^{\perp}$: pôle de la droite D, IX.3
I, $\bar{\mathrm{I}}$: points cycliques de $\mathrm{P}_2(\mathbf{C})$, IX.6
Φ, $\overline{\Phi}$: foyers complexes, IX.11

Bibliographie

ARNAUDIES (Jean-Marie), *Les cinq polyèdres réguliers de* $\mathbf{R}^3$ *et leurs groupes*, CDU, Paris (1969)

ARNAUDIES (Jean-Marie) et FRAYSSE (Henri), *Cours de mathématiques*, vol. 4, Dunod, Paris (1990)

ARNAUDIES (Jean-Marie) et BERTIN (José), *Groupes, algèbre et géométrie*, vol. 1, Ellipses, Paris (1993)

BERGER (Marcel), *Géométrie*, 2 vol., Nathan, Paris (1990)

BKOUCHE (Rodolphe) et LEHMANN (Daniel), *Initiation à la géométrie*, PUF, Paris (1988)

CASANOVA (G.), *Cours de mathématiques spéciales*, vol. 3, Belin, Paris (1958)

COLLET (Michel) et GRISO (Georges), *Le cercle d'Euler*, Vuibert, Paris (1987)

COXETER (H.S.M.) et GREITZER (S.L.), *Redécouvrons la géométrie*, trad. française, Dunod, Paris (1971)

DAHAN-DALMEDICO (Amy) et PEIFFER (Jeanne), *Une histoire des mathématiques, Routes et dédales*, Seuil, Paris (1986)

DELTHEIL (Robert) et CAIRE (Daniel), *Géométrie, classe de mathématiques*, Baillère & fils, 3e éd. (1945), rééd. Jacques Gabay, Paris (1989)

DOUBROVINE (Boris), NOVIKOV (Sergueï) et FOMENKO (Anatoli), *Géométrie contemporaine*, vol. 1 et 2, Mir, Moscou (1982)

DUBUC (Serge), *Géométrie plane*, PUF, Paris (1971)

EUCLIDE, *Les œuvres d'Euclide*, Traduction de F. Peyrard, librairie Albert Blanchard, Paris (1993)

FRESNEL (Jean), *Méthodes modernes en géométrie*, Hermann, Paris (1996)

GODEAUX (Lucien), *Les géométries*, Armand Colin, Paris (1960)

GREENBERG (Marvin J.), *Euclidean and non-euclidean geometries*, Freeman & Co, New York, 3rd ed. (1993)

LEBESGUE (Henri), *Les coniques*, Gautier-Villars, Paris (1942), rééd. Jacques Gabay, Paris (1988)

LEBOSSÉ (C.) et HÉMERY (C.), *Géométrie, classe de mathématiques, programme 1945*, Nathan, Paris (1961), rééd. Jacques Gabay, Paris (1990)

MARCINKOWSKI (Stéphane), *Le nombre* π, ACDS, Amiens (1992), distribué par la librairie Blanchard, Paris

MARTIN (Georges E.), *Transformation geometry*, Springer, UTM, (1982)

MNEIMÉ (Rached) et TESTARD (Frédéric), *Groupes de Lie classiques*, Hermann, Paris (1986)

SAMUEL (Pierre), *Géométrie projective*, PUF, Paris (1986)

SAUSER (Pierre), *Algèbre et Géométrie, Terminale C*, Ellipses, Paris (1983)

SIDLER (Jean-Claude), *Géométrie projective*, InterEditions, Paris (1993)

SORTAIS (René et Yvonne), *Géométrie de l'espace et du plan*, Hermann, Paris (1988)

SORTAIS (René et Yvonne), *Géométrie du triangle*, Hermann, Paris (1987)

TATON (René), *Histoire générale des sciences*, tome 2, *La science moderne*, PUF, Paris, (1958)

TAUVEL (Patrice), *Mathématiques générales pour l'agrégation*, Masson, Paris (1992)

TISSERON (Claude), *Géométries affine, projective et euclidienne*, Hermann, Paris (1988)

TRIGNAN (Jean), *La géométrie des nombres complexes*, Bréal, Rosny (1993)

Imprimé en France par
LIGHTNING SOURCE
www.lightningsource.fr

IMPRIM'VERT
Votre imprimeur agit pour l'environnement

www.ingramcontent.com/pod-product-compliance
Lightning Source LLC
LaVergne TN
LVHW050644051026
849532LV00002B/520
* 9 7 8 2 7 0 5 6 6 3 3 3 9 *